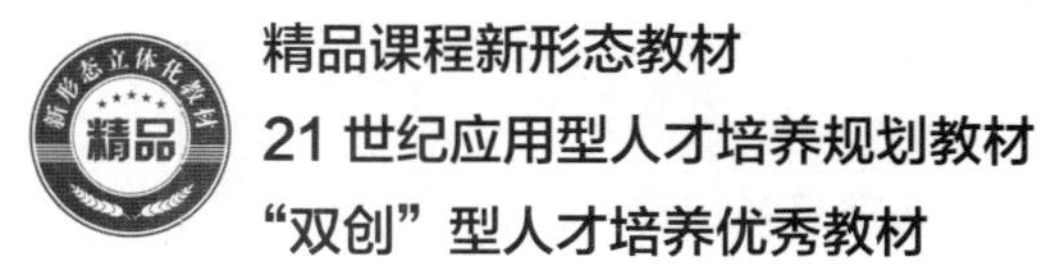

精品课程新形态教材

21 世纪应用型人才培养规划教材

“双创”型人才培养优秀教材

计算机导论

JISUANJI DAOLUN

主 编 叶 杨 黄天开 明素华

内容提要

本书分为九章，内容包括计算机基础知识、计算机的组成、Office 2016 系列软件、数据库概念、算法和数据结构、软件工程以及计算机网络基础知识。

本书适宜作为计算机及计算机应用专业的教材，也适宜计算机爱好者自学使用。

图书在版编目(CIP)数据

计算机导论/叶杨，黄天开，明素华主编．—上海：上海交通大学出版社，2018(2024 重印)

ISBN 978-7-313-20070-9

Ⅰ.①计… Ⅱ.①叶…②黄…③明… Ⅲ.①电子计算机—高等学校—教材 Ⅳ.①TP3

中国版本图书馆 CIP 数据核字(2018)第 201925 号

计算机导论

主　　编：叶　杨　黄天开　明素华

出版发行：上海交通大学出版社　　地　　址：上海市番禺路 951 号

邮政编码：200030　　电　　话：021-64071208

印　　制：三河市龙大印装有限公司　　经　　销：全国新华书店

开　　本：787mm×1092mm　1/16　　印　　张：15.5

字　　数：355 千字

版　　次：2018 年 9 月第 1 版　　印　　次：2024 年 1 月第 3 次印刷

书　　号：ISBN 978-7-313-20070-9

定　　价：46.00 元

《计算机导论》编委会

前　言

习近平总书记在党的二十大报告中指出，“加快发展数字经济，促进数字经济和实体经济深度融合”。新一代信息技术与各产业结合形成数字化生产力和数字经济，是现代化经济体系发展的重要方向。

计算机导论是计算机学科各专业一门重要的入门性导引类专业基础必修课程。该课程教学的两个基本的目标和任务是认知与导学。本书向读者介绍整个学科的概貌，进行整个学科正确的认知与导学，为学生顺利完成大学的学习任务提供必要的专业认识基础，同时，也给学生的学习留下大量的疑问和问题，为后续课程的教学留下“伏笔”，真正使导论课程的教学起到初步认知与正确导学的作用，能够引导和帮助学生按照学科专业的特点和要求来开展学习，顺利完成学业。

本书介绍了计算机科学中各个领域的基础知识，主要包括计算机系统的基础知识（组成、工作原理、数制和编码、运算基础、逻辑代数与逻辑电路等）、计算机系统的硬件（中央处理器、存储器、输入/输出系统、整机结构、系统结构等）、计算机系统的软件（程序设计语言、数据结构、编译原理、操作系统、软件工程等）、计算机系统的应用（网络、数据库、图像处理）以及操作系统 Windows 和常用办公软件操作指南。随着信息社会的不断发展，大学生不但要掌握计算机操作的基本技能，而且要具有熟练使用计算机处理复杂事务的能力。

本书分为九章，系统地介绍了计算机科学中各个领域的基础知识，从实用的角度出发介绍计算机的理论技术、使用方法与技巧。旨在为大学计算机专业学生提供计算机系统知识，使他们对计算机科学有一个整体认识。本书内容包括计算机基础知识、计算机的组成、Office 2016 系列软件、数据库概念、算法和数据结构、软件工程以及计算机网络基础知识等。

由于编者水平有限，加之时间仓促，书中存在的疏漏之处，敬请广大读者批评指正。

编　者

目　录

第1章　计算机基础

计算机也称为电子数字计算机，它是一种能够按照事先存储的程序，自动、高速地进行大量数值计算和各种信息处理的现代化智能电子设备。计算机既可以进行数值计算，又可以进行逻辑计算，还具有存储记忆功能。

计算机是由硬件和软件组成的一个完整系统，两者是不可分割的。由于电子计算机能够模仿人脑的功能，如记忆、分析、推理、判断等，所以人们又把它称为“电脑”。

1.1　计算机的发展

英文的 computer（计算机）这个单词出现于 1646 年，但是它的原意并不是计算机，而是指完成计算工作的人，直到 20 世纪 40 年代第一台现代电子计算机出现后，这个词才被赋予了现在的含义。

1. 计算机的发展简史

世界上公认的第一台通用电子数字计算机 ENIAC（Electronic Numerical Integrator and Calculator，电子数字积分器和计算器）如图 1-1 所示，它是由美国宾夕法尼亚大学莫尔学院的物理学教授约翰·莫克利（John Mauchly，1907—1980）和研究生埃克特（J. Preper Eckert，1919—1995）等组成的科研小组建造的。1943 年 4 月，美国陆军阿伯丁弹道实验室与宾夕法尼亚大学莫尔学院签订合同，开始研制 ENIAC，1945 年年底宣告研制成功，并于 1946 年 2 月 15 日公诸于世。ENIAC 当时的造价约 48 万美元，占地面积 170 m^2，约相当于 10 间普通房间的大小，重达 30 t，耗电量 150 kW。它使用 18 000 个电子管、70 000 个电阻、10 000 个电容、1 500 个继电器、6 000 多个开关，每秒执行 5 000 次加法或 400 次乘法，是继电器计算机的 1 000 倍、手工计算的 20 万倍。虽然 ENIAC 体积庞大、耗电量多，运算速度和当前的计算机相比微不足道，而且还不是存储程序计算机，但它作为第一台电子数字计算机，在整个计算机发展史上具有划时代的意义。

图 1-1　ENIAC 计算机

ENIAC 诞生后短短的几十年间，计算机功能越来越强，技术越来越完善。在推动计算机发展的各种因素中，电子元器件的更新起着决定性的作用，相继使用了电子管、晶体管、中小规模集成电路和大规模、超大规模集成电路作为计算机的基本元器件。每一次更新都使计算机的体积和耗电量大大减小，功能更强大，价格更便宜，应用领域进一步拓宽。根据计算机硬件所采用的基本元器件，将计算机的发展过程分成以下四代。

第一代计算机（1946—1955 年）采用电子管作为基本元器件。用阴极射线管、汞延迟线、磁芯、磁鼓等作为主存储器；用穿孔卡片机作为数据和指令的输入设备；运算速度为几千次/秒至几万次/秒；程序设计使用机器语言或汇编语言。第一代计算机的特点是体积大、运算速度慢、能耗高、可靠性低。

第二代计算机（1956—1963 年）采用晶体管作为基本元器件。用铁氧体磁芯作为主存储器；用磁带、磁盘作为外部存储器；运算速度为几十万次/秒；在软件方面配置了子程序库和批处理管理程序，并且推出 Ada、FORTRAN、COBOL、ALGOL 等高级程序设计语言及相应的编译程序。由于第二代计算机使用了晶体管，与第一代计算机相比，它的特点是体积小、运算速度快、能耗低、可靠性高。高级程序设计语言的广泛使用，将计算机从少数专业人员手中解放出来，使其成为广大科技人员都能够使用的工具，推进了计算机的普及与应用。

第三代计算机（1964—1971 年）采用中、小规模集成电路作为基本元器件。1958 年，第一个集成电路问世。集成电路是指将大量的晶体管和电子线路组合在一块硅晶片上，故又称其为芯片。小规模集成电路每个芯片上的元器件数量在 100 个以下，中规模集成电路每个芯片上则可以集成 100～10 000 个元器件。1965 年，DEC（Digital Equipment Corporation，数字设备公司）推出了第一台商业化的使用集成电路为主要元器件的小型计算机 PDP-8，从而开创了计算机发展史上的新纪元。第三代计算机采用半导体存储器作为主存储器；用磁带、磁芯、磁盘作为外存储器；使用微程序设计技术简化处理机的结构；在软件方面则广泛引入多道程序、并行处理、虚拟存储系统以及功能完备的操作系统，同时还提供了大量面向用户的应用程序。这一代计算机的特点是体积更小、运算速度更快，可靠性和存储容量进一步提高。

第四代计算机（1971 年至今）采用大规模或超大规模集成电路作为基本元器件。每块芯片上集成的元器件数超过 10 000 个。用大容量的半导体存储器作为内存储器；在体系结构方面进一步发展了并行处理、多机系统、分布式计算机系统和计算机网络系统；在软件方面发展了数据库系统、分布式操作系统、高效而可靠的高级语言以及软件工程标准化等，并逐渐形成软件产业部门。这一代计算机的特点是体积更小，运算速度超过每秒几百万次，存储容量和可靠性又有了很大提高，造价更低。

四代计算机的发展历程简史如表 1-1 所示。

表 1-1　四代计算机的发展历程简史

代　数	基本元器件	存储器	软件	应　用
第一代 1946—1955 年	电子管	磁芯、磁鼓	机器语言、 汇编语言	科学计算

续表

代　数	基本元器件	存储器	软件	应　用
第二代 1956—1963 年	晶体管	磁芯、磁带、 磁盘	汇编语言、 高级语言	数据处理，工业控制， 科学计算
第三代 1964—1971 年	中小规模 集成电路	半导体、磁芯、 磁盘、磁带	操作系统、 高级语言	系统模拟，系统设计， 大型科学计算
第四代 1971 年至今	大规模与超大 规模集成电路	半导体、磁盘、 光盘	数据库、操作 系统、网络软件	事务处理、智能模拟、 大型科学计算， 普遍应用于各领域

除了上面列出的四代计算机外，从 20 世纪 80 年代开始，日本、美国和欧洲纷纷开始新一代计算机（第五代计算机）的研究。

新一代计算机与前四代计算机的本质区别是：计算机的主要功能将从信息处理上升为知识处理，使计算机具备人类的某些智能，又称为人工智能计算机。通常认为，第五代计算机具有以下几个方面的功能：

（1）具有处理各种信息的能力。

（2）具有学习、联想、推理和解释问题的能力。

（3）具有人类的自然语言的能力。

2．计算机的发展趋势

计算机作为计算、控制和管理的有力工具，极大地推动了科研、国防、工业、交通、电力、通信等各行各业的发展。目前，计算机的发展表现为 5 种趋向：巨型化、微型化、多媒体化、网络化和智能化。

（1）巨型化：指发展高速、大存储容量和强功能的巨型计算机，这既是为了满足天文、气象、宇航、核反应等尖端科学以及基因工程、生物工程等新兴科学发展的需要，也是为了使计算机具有学习、推理、记忆等功能。巨型机的研制反映了一个国家科学技术的发展水平。

（2）微型化：指利用微电子技术和超大规模集成电路技术，研制出体积小、重量轻、耗电少、可靠性高的微型计算机。如各种笔记本计算机、PDA（掌上计算机）等，都是在向微型化方向发展。

（3）多媒体化：指计算机不仅具有处理文本信息的能力，而且具有处理声音、图像、动画、影像（视频）等多种媒体的能力。正是由于多媒体计算机技术的发展，计算机与人的交互界面越来越友好，使人能以接近自然的方式与计算机交互。

（4）网络化：指利用现代通信技术和计算机技术，把分布在不同地点的计算机互联起来，组成一个规模大、功能强的计算机网络。网络化的目的是使网络内众多的计算机系统共享相互的硬件、软件、数据等计算机资源。

（5）智能化：使计算机具备模拟人的感觉、行为、思维过程的能力，从而使其具备“视觉”“听觉”“语言”“行为”“思维”“逻辑推理”“学习”“证明”等能力。智能化使计算机突破了“计算”这一初级含义，从本质上扩充了计算机的能力，因此，也有人称智能计算机为新一代计算机。

1.2 计算机的分类

从不同角度来看，计算机有以下几种分类方式。

1. 根据计算机处理的数据的类型划分

根据计算机处理的数据类型可将计算机分为数字电子计算机和模拟电子计算机。

数字电子计算机所处理的数据是在时间和幅度上离散的、不连续变化的数字量，一般为由“0”和“1”两个数字构成的二进制数（“0”表示低电平，“1”表示高电平）。通常所说的电子计算机就是指数字电子计算机。

模拟电子计算机所处理的数据是在时间和幅度上连续变化的模拟量，即用连续变化的电压表示数据信息。

2. 根据计算机的用途划分

根据计算机的用途可将计算机分为通用计算机和专用计算机。

通用计算机能解决多种类型的问题，通用性强，一般的数字电子计算机都属于通用计算机。专用计算机是为解决某个特定问题而专门设计的，它对该类问题能表现出最有效、最快速和最经济的特性。

3. 根据计算机的规模和处理能力划分

根据计算机的规模和处理能力可将计算机分为5大类，即巨型机、大型机、小型机、工作站和微型计算机。

（1）巨型机。巨型机（super computer）也称超级计算机。巨型计算机数据存储量很大、规模大、结构复杂、价格昂贵。它采用大规模并行处理的体系结构，CPU由数以万计的处理器组成（见图1-2），有极强的运算处理能力，运算速度达每秒1 000万次以上，对国民经济、社会发展、国家安全，尤其是国防现代化建设起着极其重要的作用，在密码分析、核能工程、航空航天、基因研究、气象预报、石油勘探等领域有着广阔的应用前景。2016年6月20日，新一期全球超级计算机500强榜单公布，使用中国自主芯片制造的“神威·太湖之光”取代“天河二号”登上榜首，峰值性能达到3.168万亿次每秒，核心工作频率为1.5 GHz。

（2）大型机。大型机（main frame）也称主干机。它指运算速度快、处理能力强、存储容量大、可扩充性好、通信联网功能完善、有丰富的系统软件和应用软件、规模较大的计算机，通常用于大型企事业单位，在信息系统中起着核心作用，承担主服务器功能。大型机的运行速度和规模都不如巨型机，结构（见图1-3）也较为简单，而且价格更为便宜，因此应用更为普遍。

（3）小型机。小型机（minicomputer）是运行原理上类似于微型机，但性能及用途

图 1-2　巨型计算机

又与它们截然不同的一种高性能计算机（见图 1-4）。小型机比大型机的价格低，却拥有几乎相同的处理能力。现在生产小型机的厂商主要有 IBM 和 HP 及国内的浪潮、曙光等。小型机曾经对计算机的应用普及起了很大的推动作用，但后来受到微型机的严重挑战，市场大为缩水，现在主要作为小型服务器使用。

图 1-3　大型机　　　　图 1-4　小型机

（4）工作站。工作站（workstation）是指具有高速运算能力、大存储容量、较强的网络通信功能及很强的图像处理功能的计算机（见图 1-5）。它的专用性较强、兼容性较差，主要用于特殊的专业应用领域，如图像处理、计算机辅助设计等。

图 1-5　某品牌图形工作站

（5）微型计算机。微型计算机（microcomputer）也称微机或个人计算机（PC），它是大规模集成电路发展的产物。微型计算机体积小、功耗低、可靠性高、灵活性和适用性强，而且价格低、产量大，因此，它是当今使用最为广泛的计算机类型。微型计算机还分为台式机和便携机两类（见图 1-6），后者包括笔记本电脑、平板电脑等，具有体积小、重量轻等特点，可以不使用交流电源，便于外出使用。

图 1-6　台式机、笔记本电脑和平板电脑

随着计算机技术和微电子技术的飞速发展，上述 5 类机型的划分界限已越来越不明显，并且有更多新类型的计算机不断出现。如嵌入式计算机，它以应用为中心，软硬件可裁减，适用于对功能、可靠性、成本、体积、功耗等综合性严格要求的应用系统的专用计算机系统。嵌入式计算机早已走进人们的生活和生产，如掌上 PDA、移动计算设备、电视机顶盒、手机上网、数字电视、汽车导航仪、家庭自动化系统、住宅安全系统、自动售货机、工业自动化仪表与医疗仪器等。如图 1-7 所示列出了几种常见的嵌入式计算机设备。

图 1-7　数字电视机顶盒、汽车导航仪、自动化仪表

1.3　计算机的应用

自电子计算机问世以来，计算机技术以惊人的速度发展，并广泛深入科学技术、国民经济、社会生活的各个领域，对人类社会的发展产生巨大而深远的影响。目前计算机主要应用在以下几个方面：

1. 科学计算

科学计算又称数值计算。在近代科学和工程技术中常常会遇到大量复杂的科学问题，因此，科学研究、工程技术的计算是计算机应用的最基本且最早领域。

科学计算的特点是计算公式复杂、计算量大以及数值变化范围大，原始数据相应

较少。这类问题只有具有高速运算和信息存储能力以及高精度的计算机系统才能完成。例如，数学、物理、化学、天文学、地学、生物学等基础科学的研究，以及在航天飞船、飞机设计、船舶设计、建筑设计、水利发电、天气预报、地质探矿等方面的大量计算都可以使用计算机来完成。

2. 数据处理

数据处理又称信息处理。据统计，世界上80%以上的计算机主要用于数据处理。数据处理是对数值、文字、图表等信息数据及时地加以记录、整理、检索、分类、统计、综合和传递，得出人们所要求的有关信息。它是目前计算机应用最广泛的领域。

数据处理的特点是原始数据多、时间性强，计算公式相应比较简单。应用于如财贸、交通运输、石油勘探、电报电话、医疗卫生等方面的计划统计、财务管理、物资管理、人事管理、行政管理、项目管理、购销管理、情况分析、市场预测等工作。目前，在数据处理方面已进一步形成事务处理系统（TPS)、办公自动化系统（OAS)、电子数据交换系统（EDI)、管理信息系统（MIS)、决策支持系统（DSS）等应用系统，使人们从大量繁杂的数据统计与管理事务中解脱出来，极大地降低了劳动强度，提高了工作效率与工作质量。

3. 实时控制

实时控制又称为过程控制。过程控制是指利用计算机进行生产过程、实时过程的控制，它要求极快的反应速度和很高的可靠性，以提高产量和质量，节约原料消耗，降低成本，以达到过程的最优控制。

过程控制的特点是要求实时性强，即计算机做出反应的时间必须与被控过程的实际时间相适应。因此，计算机广泛应用于石油化工、水电、冶金、机械加工、交通运输及其他国民经济部门中生产过程的控制以及导弹、火箭和航天飞船等的自动控制。

4. 计算机辅助设计和制造

计算机辅助设计是指用计算机帮助工程技术人员进行设计工作，使设计工作半自动化甚至全自动化，不仅大大缩短设计周期、降低生产成本、节省人力物力，而且还能保证产品质量。

目前，计算机辅助系统已广泛应用在大规模集成电路、计算机、建筑、船舶、飞机、机床、机械，甚至服装的设计中。如计算机辅助设计（CAD)、计算机辅助制造(CAM)、计算机集成制造系统（CIMS)、计算机辅助测试（CAT)、计算机辅助教学(CAI）等。

5. 人工智能

人工智能（Artificial Intelligence，AI）是使计算机能模拟人类的感知、推理、学习和理解等某些智能行为，实现自然语言理解与生成、定理机器证明、自动程序设计、自动翻译、图像识别、声音识别、疾病诊断，并能用于各种专家系统和机器人构造等。人工智能在机器人研究方面取得较为显著的成就，如机器人的视觉、触觉、嗅觉、声音识别技术。手写字的识别技术、智能决策系统、专家系统等方面的应用已经比较广泛。

6. 多媒体技术

多媒体技术使得计算机可将文字、音频、图形、动画和视频图像等多种技术集于一身，并采用了图形界面、窗口操作、触摸屏等技术，使计算机兼具电视机、录像机、录音机和游戏机的功能。随着微电子、计算机、通信和数字化声像技术的飞速发展，多媒体计算机技术迅速崛起，极大地改善了人机界面，也改变了计算机的使用方式，给人类的工作、生活和娱乐带来了深刻的变化。

7. 网络通信

网络通信是利用通信设备和线路将不同地理位置、功能独立的多个计算机系统连接起来形成一个计算机网络。利用计算机网络，可以使一个地区、一个国家，甚至世界范围内的各计算机之间实现软件、硬件和信息资源共享，这样可以大大促进地区间、国际间的通信与各种数据的传递与处理，同时也改变了人们的时空概念。计算机网络的应用已渗透到社会生活的各个方面。

Internet 是一个典型的国际性广域网，它的应用非常广泛，包括网页浏览、资料查询、电子邮件、及时消息、视频会议、远程使用计算机、文件传输等。

8. 仿真

仿真是对设想的或实际的系统建立模型，对模型进行实验并观察其行为的一个过程。仿真用于了解一个系统的行为，或评估不同参数、运行策略的效果，是解决设计问题的一个有效手段。

例如，设计一座大桥，用计算机建立起大桥模型后，通过计算机仿真，可以模拟不同车流情况下大桥的承受情况，观察大桥受到重压和震动时开裂的情况，甚至是经受战争攻击和自然灾害的能力等。以此为设计人员提供更多有价值的参数，同时可以节省一笔实验测试的费用。

一、单选题

1. 计算机历史上各个发展阶段划分的依据是（　　）。

A. 计算机的系统软件　　B. 计算机的处理速度

C. 计算机的应用领域　　D. 计算机的主要元器件

2. 世界上第一台电子数字计算机采用的主要逻辑部件是（　　）。

A. 电子管　　B. 晶体管　　C. 继电器　　D. 光电管

3. 用晶体管作为电子部件制成的计算机属于（　　）。

A. 第一代　　B. 第二代　　C. 第三代　　D. 第四代

二、填空题

1. 世界上第一台电子计算机诞生于________年，该计算机的英文缩写是________。

自第一台计算机发明以来，计算机发展一共经历了________个时代。以________为主要元器件的计算机称为第三代计算机。第四代计算机的主要元器件是________。

2. 根据计算机的用途划分，可将计算机分为________机和________。

3. 根据计算机的规模和处理能力划分，可将计算机分为 5 大类，即________、________、小型机、工作站和________。

4. 巨型机的英文是________，也称超级计算机。

5. 工作站是指具有________、________、较强的网络通信功能及很强的________的计算机。

三、简答题

1. 计算机的发展经历了哪几个阶段？各阶段的主要特征元件是什么？
2. 计算机的发展趋势是什么？
3. 计算机的分类有哪几种？
4. 计算机的应用有哪些？

第 2 章　计算机系统

2.1　计算机系统的组成

一个完整的计算机系统由硬件系统和软件系统两部分组成（见图 2-1），两者协调工作，缺一不可。

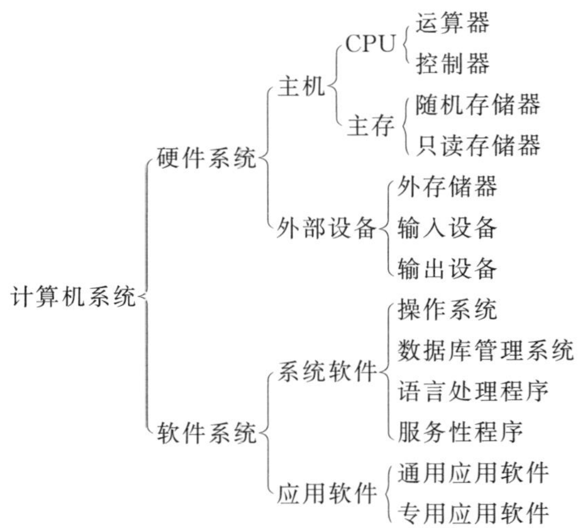

图 2-1　计算机系统的组成

硬件是计算机中各种看得见、摸得着的物质实体，是计算机系统的“物质基础”。

软件是为运行、维护、管理及应用计算机所编制的所有程序及文档资料的总和，是计算机系统的“灵魂”。

随着计算机技术的发展，计算机应用逐渐渗透到科学研究、生产、工作等各个领域，计算机依赖于不断发展的硬件技术和各式各样的软件。没有安装软件的计算机称为“裸机”，它几乎不能做任何工作；如果没有硬件基础的支持，软件根本毫无用处。可见，计算机硬件系统与计算机软件系统是相互依存、相互促进的关系，它们协调工作以实现计算机系统的各种功能。

2.2 计算机的硬件系统

2.2.1 计算机的工作原理

当前，几乎所有的电子计算机结构都基于冯·诺依曼结构（以美籍匈牙利科学家 John von Neumann 的名字命名），该结构具有以下 3 个主要特征：

（1）计算机硬件由运算器、控制器、存储器、输入设备和输出设备构成，如图 2-2 所示。

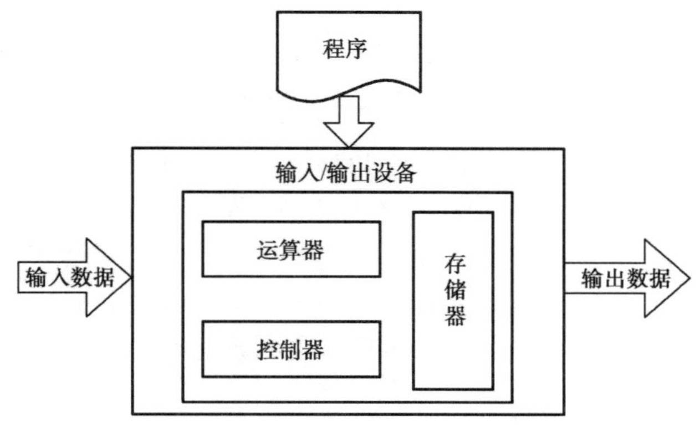

图 2-2　冯·诺依曼结构

程序和数据通过输入设备进入计算机，并存储在计算机的存储器（内存储器）中。

存储器是计算机中的存储机构，输入的程序、数据、运算的中间结果以及将要输出的结果等都存放在存储器中。

控制器根据程序指令在存储器中的存放地址，从存储器中取出指令，对该指令进行分析，并通过控制器向其他部件发控制信号（如图 2-3 中的虚线所示）控制指令的执行。当前一条指令执行之后从存储器中取下一条指令。

运算器的主要功能是实现算术运算或逻辑运算（例如，对一列数据求和是算术运算，比较数据的大小并排序为逻辑运算）。参与运算的操作数来源于内存储器（也可能直接来自输入设备），运算的结果会放回内存储器（或者直接输出到输出设备）。

输出设备将计算机的处理结果送到计算机外部，如输出到显示器或打印机上。

（2）计算机采取“存储程序”的工作方式。所谓存储程序原理，简单地说，就是程序存储在计算机内部，计算机能在程序控制下自动执行。存储程序原理是所有现代电子计算机的基础，也是冯·诺依曼模型的核心，按此原理设计的计算机称为存储程序计算机。

计算机采取存储程序工作方式意味着人们要事先编制好程序。当需要运行某个程序时，程序和数据装入计算机的主存储器中，计算机将自动地、连续地从存储器中取出指令、分析指令并执行指令，而无须人工干预。

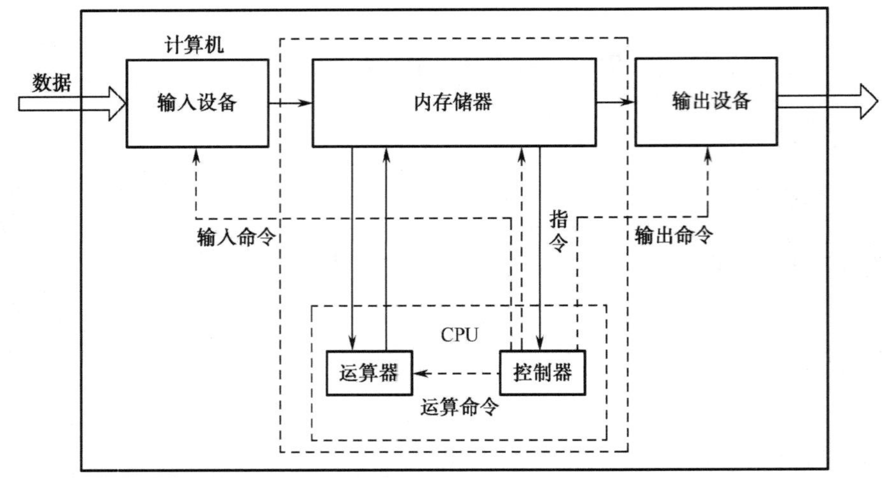

图 2-3　计算机基本工作原理图

(3) 采用二进制。计算机中，程序和数据同时存放在计算机内存中，这就要求它们必须采用统一的格式进行存储。在电子电路中，电压的高低、开关的闭合和断开等都可以用两种状态来表示，为了便于描述，人们使用 0、1 这两个符号来表示上面所有的两种状态。二进制运算、传输可靠性高，技术上容易实现，运算规则相对于其他进制而言更加简单。在计算机中，指令和各种形式的数据都是以二进制的形式进行存储、处理的。

2.2.2　计算机的硬件组成

根据冯·诺依曼体系结构计算机硬件包含五大部件，下面分别进行介绍。

1. 运算器和控制器

运算器又称算术逻辑部件（Arithmetical Logic Unit，ALU），是执行算术运算和逻辑运算的功能部件。算术、逻辑运算包括加、减、乘、除四则运算，与、或、非等逻辑运算以及数据的传送、移位等操作。

控制器（controller）是整个计算机系统的控制中心，它指挥计算机各部分协调地工作，保证计算机按照预先规定的目标和步骤有条不紊地进行操作及处理。控制器从内存中逐条取出指令，分析每条指令规定的是什么操作（操作码），以及进行该操作的数据在存储器中的位置（地址码）。然后，根据分析结果，向计算机其他部分发出控制信号。控制过程为：根据地址码从存储器中取出数据，对这些数据进行操作码规定的操作。根据操作的结果，运算器及其他部件要向控制器反馈信息，以便控制器决定下一步的工作。

将运算器和控制器封装在一起，就是中央处理器（Central Processing Uint，CPU）。中央处理器是计算机的核心部件，是整个计算机的控制指挥中心。如图 2-4 所示为各种 CPU。

2. 存储器

存储器（memory）的主要功能是存储程序和各种数据信息，并能在计算机运行中高速自动完成指令和数据的存取。

存储器按其在计算机中的作用可分为内存储器（internal memory，内存、主存）、辅助存储器（auxiliary memory，secondary memory，辅存、外存）和高速缓冲存储器（cache，快存）。

（a）4004 CPU （b）386 CPU （c）486 CPU （d）Pentium pro

（e）AMD Opteron （f）Core i7 （g）龙芯 3 号

图 2-4 各种 CPU

（1）内存储器。内存储器，简称主存，作用是存放 CPU 正在运行和将要运行的程序和数据。主存根据存取方式的不同分为：随机存储器（Random Access Memory，RAM）和只读存储器（Read Only Memory，ROM）。这两种存储器都采用半导体材料制成。

RAM 是一种可读/写的存储器，存储器中的每个单元的数据可以随时读出、写入或修改；计算机断电后，RAM 中的内容随之丢失。RAM 通常用于存放用户输入的程序和数据。我们常说的计算机的内存条（见图 2-5）属于 RAM。

ROM 是一种只读性的存储器，其中的信息只可读出而不能写入；计算机断电后，ROM 中内容保持不变。ROM 通常用于存放固定不变的程序和数据。一般固化在 ROM 中的是机器的自检程序、初始化程序、基本输入/输出设备的驱动程序等。如基本输入/输出系统（BIOS）保存在 ROM 中，每次启动计算机时，由 BIOS 引导系统启动。

随着 CPU 主频的提升，主存的存取速度成为计算机系统性能的一个“瓶颈”。若 CPU 工作速度较高，但内存存取速度较低，则会造成 CPU 需要较长等待时间，显然不利于计算机总体性能的发挥。要解决这个问题，可以使用新型或更快的主存储器；或者在 CPU 和主存间插入一个容量较小，而速度较快的存储器——Cache。目前常用的方法是后者，它能保证在不增加成本的前提下，提高存储系统的速度。

（2）Cache。Cache 是一种高速的随机存储器，它的速度介于主存和 CPU 之间，用来缓和主存和 CPU 之间的速度差异，其容量比主存小得多。在计算机硬件系统中，Cache 位于 CPU 与主存之间，如图 2-6 所示。

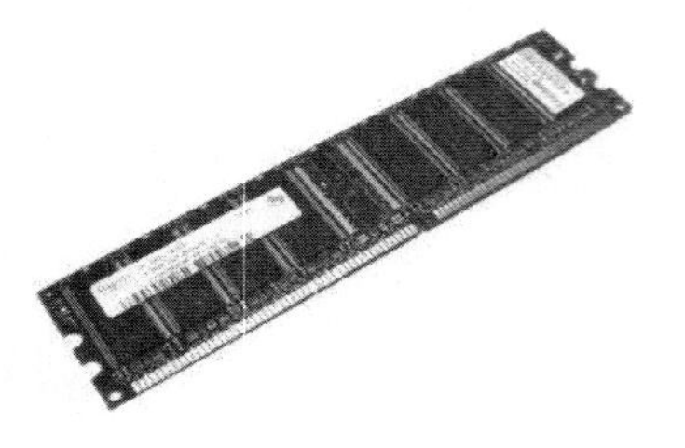

图 2-5　内存条

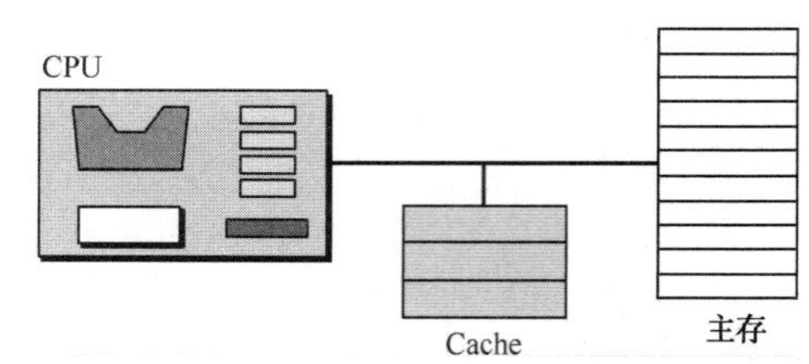

图 2-6　Cache 的位置

(3) 外存储器。外部存储器又称辅助存储器，它是内存的扩充。外存的存储容量大、价格低，但存储速度较慢，一般用来存放大量暂时不用的程序、数据和中间结果。常用的辅助存储器有软盘、硬盘、移动硬盘、光盘、U 盘等。

根据各种外存储器构成和工作原理不同，可以分为以下 3 类：

①磁存储设备（magnetic storage devices）。磁存储设备采用磁性材料以存储和保存信息，存储的信息断电后仍能够保存，并且一般不会由于外界干扰而丢失，也不会因长时间保存而衰亡，比较常见的磁存储设备有软盘、硬盘、移动硬盘、磁带等。计算机中的绝大部分程序和数据都以文件形式保存在硬盘上，根据需要调入内存，如操作系统、应用程序、用户数据等。硬盘是计算机系统不可缺少的存储设备之一。

②光存储设备（optical storage devices）。光存储设备是由光盘驱动器和光盘片组成的光盘驱动系统，通过光学的方法读/写数据。根据读/写功能的不同，可将用于计算机系统的 CD 光盘分为 3 种：只读型光盘、一次性写入光盘和可擦写型光盘。DVD 光盘与 CD 光盘的直径、厚度相同，但是存储密度要远远高于 CD 光盘。与 CD 光盘类似，DVD 光盘根据读/写功能的不同也分为 3 种：DVD-ROM、DVD-R 和 DVD-RW。DVD 光盘信息的读取必须通过 DVD 驱动器进行。随着 DVD 驱动器价格的降低，目前 DVD 光盘正逐渐取代 CD 光盘。光盘必须通过机电装置才能存取信息，这些机电装置称为驱动器，简称光驱。光盘和光驱如图 2-7 所示。

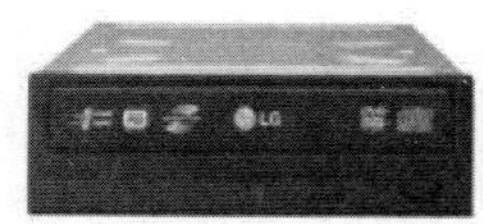

图 2-7　光盘和光驱

③固态存储器（solid-state storage）。固态存储器（又称闪存，flash memory）是新一代存储器，采用 Flash Memory 为存储介质，通过 USB（通用串行总线）接口与主机相连，即插即用，断电后存储的数据不会丢失。

3. 输入设备

输入设备可以帮助使用者将外部信息（如文字、数字、声音、图像、程序、指令等）转变为数据输入计算机中，以便加工和处理。输入设备是人们和计算机系统之间进行信息交换的主要装置之一。键盘、鼠标、扫描仪、光笔、手写输入板、游戏杆、语音输入装置等都属于输入设备，如图 2-8 所示。

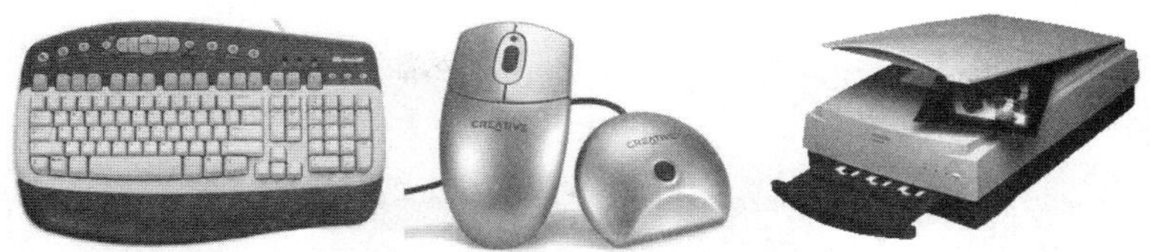

图 2-8　输入设备

4. 输出设备

输出设备的作用是把计算机对信息加工的结果返回给用户。可见，输出设备是计算机实用价值的生动体现。输出设备分为显示输出、打印输出、绘图输出、影像输出及语音输出 5 大类。打印机、显示器、音箱等都属于输出设备，如图 2-9 所示。

图 2-9　输出设备

2.2.3　微型计算机的硬件配置

微型计算机的硬件系统由主机箱和外部设备两大部分组成。如图 2-10 所示是从外部可看到的典型微型计算机系统组成。

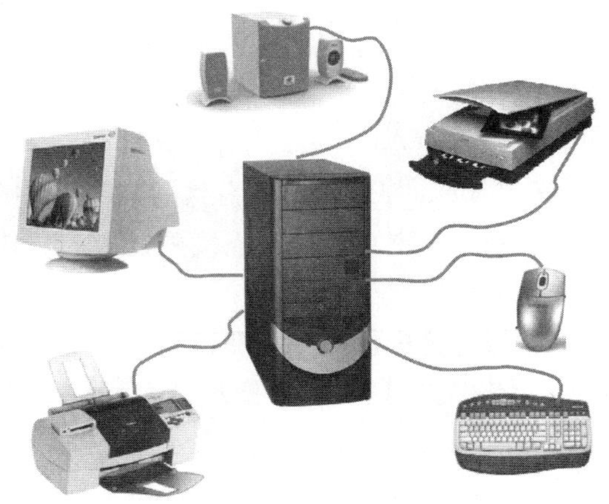

图 2-10　微型计算机硬件系统的组成

1. 主机箱

主机箱包含外部的机箱和内部的各种部件，注意不要将主机箱和前面介绍的主机混淆。主机箱内主要装有电源、主板、各种驱动卡（又称适配器）、各种驱动器等。如

图 2-11 所示是从主机箱内部可看到的微型计算机内各个部件。

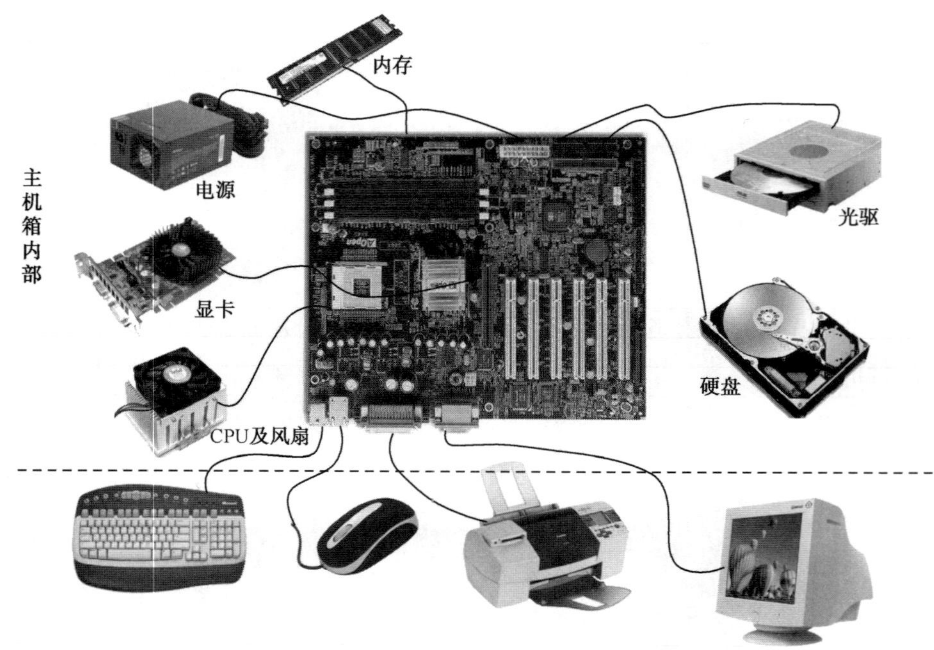

图 2-11 微型计算机主机箱的内部结构

（1）电源。电源的作用是将供电线路送来的 220 V 交流电压变成微型计算机所需要的±5 V 或±12 V 的直流电压。5 V 电压用于微型计算机电路工作，12 V 电压用于驱动磁盘驱动器工作。

（2）主板。主板（mother board）是计算机系统中最大的一块电路板，主板上布满各种电子元件、插槽、接口等。这些器件各司其职，并将所有周边设备紧密联系在一起。如果把 CPU 比作人的心脏，那么主板可比作血管和神经。有了主板，CPU 才可以控制硬盘、光驱、鼠标、键盘等设备。

主板上有 CPU、只读存储器 ROM、系统内存（RAM）、PCI 扩充插槽（目前大部分显卡、网卡、声卡、内置 Modem 均采用 PCI 总线接口）、AGP 扩充插槽、I/O 接口（如 COM1 或 PS/2 通常连接鼠标、COM2 通常连接外置 Modem、LPT1 通常连接打印机）。

（3）总线。总线（bus）是计算机各种功能部件间传送信息的公共通信干线，由导线组成的传输线束。按照所传输的信息种类，微型计算机的总线可以划分为数据总线（data bus）、地址总线（address bus）和控制总线（control bus），分别用来传输数据、数据地址和控制信号，如图 2-12 所示。

总线是一种内部结构，它是 CPU、内存、输入设备、输出设备用来传递信息的公用通道，微型计算机的各个部件与总线相连接，外部设备通过相应的接口电路与总线连接，从而形成计算机硬件系统。

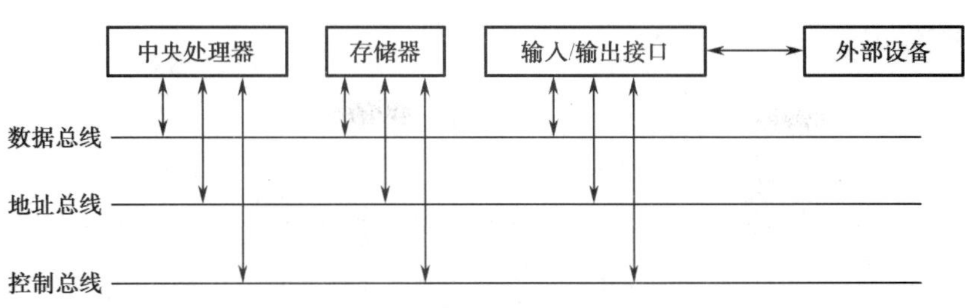

图 2-12　微型计算机的 3 种总线

(4) 驱动卡。又称为适配器、输入/输出接口，它是外部设备与 CPU 连接的纽带。CPU 将外设需执行的命令发送给驱动卡，驱动卡负责解释 CPU 的命令，并转换成外部设备所能识别的控制信号来控制外部设备的机电装置进行工作。

驱动卡通过主板上的扩展槽与 CPU 连接，以接收 CPU 的控制命令，外部设备通过外接电缆与驱动卡连接。主板上的扩展槽一般有 4～8 个，上面可以接插显卡、声卡、防病毒卡、网卡、视频卡等各种驱动卡。

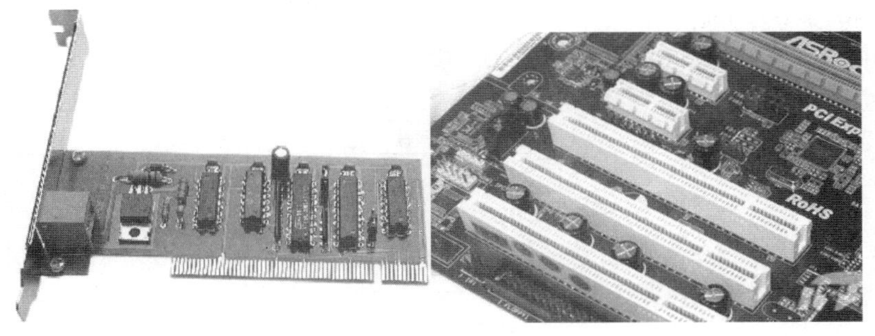

图 2-13　驱动卡和主板扩展槽

(5) 驱动器。常用的驱动器有软盘驱动器（软驱）、硬盘驱动器（硬盘）和光盘驱动器（光驱）。软盘驱动器和光盘驱动器的作用是读取放入驱动器内的软盘或光盘，供计算机处理。而硬盘和硬盘驱动器是一体的，计算机可以随时进行读取。

2. 外部设备

外部设备是指微型计算机的输入设备和输出设备。各种外部设备均通过主板上扩展槽中的驱动卡进行连接，因此，硬盘驱动器虽然位于主机箱内部，但却属于外部设备。

2.3　计算机的软件系统

目前日常工作学习生活中常使用的计算机实际上是在硬件系统上安装了软件系统的计算机。在计算机的硬件确定后，计算机功能的强弱、计算机工作效率的高低和方便用户使用计算机的程度等由软件实现。

2.3.1 软件及其功能

软件是指计算机运行所需要的程序、数据和有关文档资料的集合。程序是为解决某一个问题而设计的一连串指令的符号表示，它是软件的主体，一般保存在软盘、硬盘或光盘上。文档资料是在软件开发过程中建立的技术资料，为软件的使用和维护提供依据。随软件产品发布的文档资料主要是使用手册。使用手册中包括该软件产品的功能介绍、软件运行环境的要求、软件的安装方法、操作说明和错误信息说明等。软件的运行环境是指运行该软件所需要的硬件和软件的配置。

作为用户与计算机硬件之间的桥梁，软件的主要功能如下：

(1) 实现对计算机硬件资源的控制与管理，协调计算机各组成部分工作。

(2) 在硬件提供基本功能的基础上，扩展计算机的功能。

(3) 向用户提供方便灵活的计算机操作界面。

(4) 为专业人员提供开发计算机软件的工具和环境等。

按照其功能划分，软件通常分为系统软件和应用软件两大类。

在计算机硬件系统（裸机）上，首先需要加载操作系统，其他软件都加载在操作系统上，并在它的管理下运行，如图 2-14 所示。

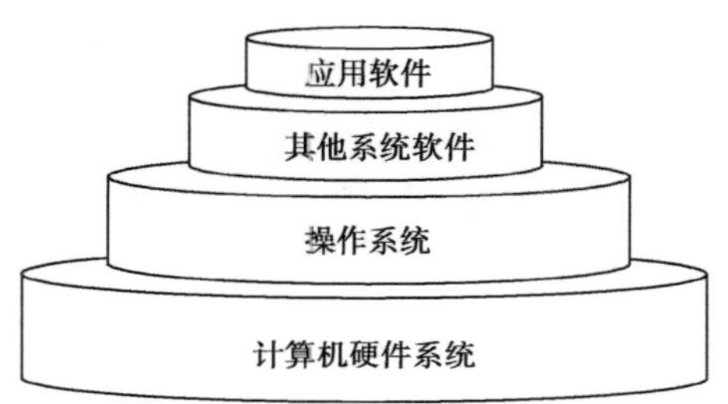

图 2-14 计算机软件系统层次示意图

2.3.2 系统软件

系统软件是指管理、控制和维护计算机硬件和软件资源的软件，它介于硬件和应用软件之间，一般由计算机生产厂家或软件公司提供使用和管理计算机的通用软件。系统软件包括操作系统、语言处理程序、数据库管理软件、常用服务程序等。

1. 操作系统

操作系统（Operating System，OS）是系统软件的核心。它直接运行在裸机之上，负责管理计算机系统的全部软件资源和硬件资源。

(1) 操作系统的功能。操作系统通常具有处理机管理、存储器管理、设备管理、文件管理和操作系统与用户之间的接口五大功能。

①处理机管理主要解决 CPU 的分配策略，即实施方法及资源的回收等问题。

②存储器管理主要是对内存储器，以及内存储器中用户区域的管理，包括存储分配、存储共享、存储扩充、存储保护和地址映射等功能。

③设备管理是指操作系统对外部设备（外部存储器和输入/输出设备）进行全面的

管理，实现对设备的分配，启动指定的设备进行实际的输入/输出操作，并在操作完成后进行善后处理。

④文件管理指对计算机的软件资源进行管理，实现对文件的存储和检索，为用户提供方便灵活的文件操作以及实现文件共享，并提供安全、保密等措施。

⑤操作系统与用户之间的接口使用户和程序员能够更方便地获得操作系统的服务。

(2) 操作系统的分类。按照功能的不同可分为：单用户操作系统、多用户操作系统、批处理操作系统、分时操作系统、实时操作系统、网络操作系统和分布式操作系统。

单用户操作系统是微型计算机中广泛使用的操作系统，又可分为单任务和多任务两类。例如，DOS 操作系统属于单用户单任务操作系统，早期版本的 Windows 属于单用户多任务操作系统。

与单用户操作系统相反，多用户操作系统同时面向多个用户，使系统资源为多个用户共享，UNIX 操作系统即为多用户操作系统。

批处理操作系统以作业为处理对象，连续处理在计算机系统运行的作业流，这类操作系统的特点是作业的运行完全由系统自动控制，系统的吞吐量大，资源的利用率高。

分时操作系统使多个用户同时在各自的终端上联机使用同一台计算机，CPU 按优先级给各个终端分配时间，轮流为各个终端服务。分时操作系统侧重于及时性和交互性，使用户的请求尽量在较短的时间内得到响应。由于计算机具有高速运算能力，使每个用户都感觉自己在独占这台计算机。常用的分时操作系统有 UNIX、XENIX 和 Linux 等。

实时操作系统可以对随机发生的外部事件在限定的时间内做出响应，进而对该事件进行处理。外部事件一般指与计算机系统相联系的设备的服务要求或数据采集。实时操作系统在工业生产过程控制和事务数据处理中得到了广泛应用。常用的实时操作系统有 RDOS。

为计算机网络配置的操作系统称为网络操作系统，它负责网络管理、网络通信、资源共享和系统安全等工作。常用的网络操作系统有 Novell 公司的 Netware、Microsoft 公司的 Windows 2000 Server/Advanced Server 及 Windows NT 等。

分布式操作系统是用于分布式计算机系统的操作系统。分布式计算机系统由多个并行的处理机组成，分布式操作系统可为其提供高度的并行性及有效的同步算法和通信机制，自动实行全系统范围的任务分配并自动调节各处理机的工作负载，如 MDS、CDCS 操作系统等。

(3) 典型的操作系统。计算机的操作系统种类很多，常见的有 DOS、Windows、UNIX、Linux、Mac OS 等。

①DOS 操作系统。DOS 是英文 Disk Operating System 的缩写，即磁盘操作系统，是一种字符界面的操作系统。通过一些接近于自然语言的 DOS 命令，可以完成大多数的日常操作。另外，DOS 系统还能有效地管理各种软硬件资源。

②Windows 操作系统。Windows 是目前微机中使用最广泛的操作系统，也称为视

窗操作系统，采用图形用户界面（Graphic User Interface，GUI），使用户可以直观、方便地管理计算机的各种资源。从微软1985年推出Windows 1.0以来，Windows系统从最初运行在DOS下的Windows 3.x，到现在风靡全球的Windows XP、Windows 7、Windows 8、Windows 10，其中Windows 10也成为了微机中最受用户欢迎的操作系统之一。

③UNIX操作系统。UNIX操作系统是一个通用的、多用户、交互式的分时操作系统，可以安装在不同的计算机系统上。UNIX的特点是具有开放性，用户可以方便地向UNIX系统中逐步添加新的功能与工具，这样可使UNIX系统功能越来越完善。同时，UNIX还具有强大的网络通信与网络服务功能，因此，它也是很多分布式系统中服务器上广泛使用的一种网络操作系统。

④Linux操作系统。Linux是一种自由和开放源码的类UNIX操作系统，它可以安装在各种计算机硬件设备中，如手机、平板电脑、台式计算机、大型机等。目前存在着许多不同的Linux，但它们都使用了Linux内核。

Linux操作系统具有如下特点：它是一个免费软件，用户可以自由安装并自由修改源代码；Linux操作系统与UNIX操作系统兼容；支持几乎所有的硬件平台。

⑤Mac OS。Mac系统是苹果机专用系统，基于UNIX内核的图形化操作系统，增强了系统的稳定性、性能以及响应能力。它提供无与伦比的2D、3D和多媒体图形性能以及广泛的字体支持和集成的PDA功能。Mac系统由苹果公司自行开发，一般情况下在其他计算机上无法安装。

2. 语言处理系统

计算机语言是人和计算机交换信息的一种工具，它不是自然语言，而是人们根据描述问题的需要设计出来的。用计算机解决实际问题时，人们必须首先将解决该问题的方法和步骤按一定规则用计算机语言描述出来，形成计算机程序，之后将计算机程序输入计算机内，计算机即可按照人们事先设定的步骤自动执行。随着计算机技术的发展，计算机语言经历了由低级向高级发展的历程，不同风格的语言不断出现，逐步形成了计算机语言的体系。

（1）计算机语言的分类。按照计算机语言接近人类自然语言的程度，可将计算机语言分为三类：机器语言、汇编语言和高级语言。

①机器语言。机器语言是直接用计算机指令作为语句与计算机交换信息的语言。计算机指令是一串由“0”和“1”组成的二进制代码，指令的格式和含义是设计者规定的，它能被计算机硬件直接理解和执行。机器语言与计算机硬件的逻辑电路有关，不同类型的计算机，指令的编码不同，拥有的指令条数也不同。

用机器语言编写的程序，计算机能识别并可直接运行。但由于机器语言很难记忆，编写程序很困难，编程效率低且容易发生差错，而且它与硬件有关，所以程序的可移植性差。

②汇编语言。汇编语言是一种与计算机机器语言较为接近的符号语言，它采用有意义的符号来代替二进制的计算机指令，这些符号称为助记符，如用add表示加法，用sub表示减法，以方便人们编写程序。但汇编语言依赖于特定计算机的指令集，与

计算机硬件有关，程序的可移植性差。因此，汇编语言与机器语言一样，也是一种低级语言。

由于计算机只能识别用机器语言编写的程序，而不能直接执行用汇编语言编写的程序，所以必须将汇编语言程序翻译成机器语言程序才能被计算机执行。翻译工作一般由计算机完成，用来翻译汇编语言程序的翻译程序称为汇编程序。用汇编语言编写的程序称为汇编语言源程序，经汇编程序翻译后得到的机器语言程序称为目标程序。

③高级语言。由于机器语言和汇编语言与计算机硬件直接相关，用这两种语言编写的程序可移植性差，用它们编程较为困难。因此人们创造出与计算机指令无关、表达方式更接近于被描述的问题，更易于被人们掌握和书写的语言，这就是高级程序设计语言，简称高级语言。

(2) 常用的高级语言。

①BASIC：是一种简单易学的计算机高级语言。尤其是 Visual Basic 语言，具有很强的可视化设计功能，给用户在 Windows 环境下开发软件带来了方便，是重要的多媒体编程工具语言。

②FORTRAN：是科学和工程计算领域中的传统编程语言，它首先引入变量、表达式语句、子程序等概念，成为以后出现的其他高级程序设计语言的重要基础，且至今在科学计算领域仍充满着生命力。

③COBOL：是通用的面向商业语言，主要用于进行数据处理，应用于商业和管理方面。其特点是语法结构与英语类似。

④C：C 语言具有灵活的数据结构和控制结构，表达力强，可移植性好。用 C 语言编写的程序兼有高级语言和低级语言两者的优点，表达清楚且效率高。C 语言主要用于系统软件的编写，也适用于科学计算等应用软件的编制。

⑤PASCAL：是一种描述算法的结构化程序设计语言，适用于教学、科学计算、数据处理和系统软件的开发。

⑥SQL：即结构化的查询语言，是一种关系数据库的标准语言，主要用于对数据库中的数据进行查询和其他相关操作。上面提到的几种语言，解决问题时必须详细地描述问题的解法和处理过程。然而用 SQL 语言解决问题，只要提出需要完成的工作目标即可。因此前面几种语言称为过程语言，而 SQL 语言称为目标语言。

⑦C＋＋：在 C 语言基础上发展起来的。C＋＋保留了结构化语言 C 的特征，同时融合了面向对象的能力，是一种有广泛发展前景的语言。

⑧Java：该语言是近几年比较流行的高级语言。它是一种面向对象的编程语言，简单、安全、可移植性强。适用于网络环境的编程，多用于交互式多媒体应用。

⑨LISP：是 20 世纪 60 年代开发的一种表处理语言，适用于人工智能程序设计，具有较强的表达能力，可以进行符号演算，公式推导及其他各种非数值处理。

⑩Prolog：是一种逻辑程序设计语言，广泛应用于人工智能领域。

(3) 高级语言的翻译。用高级语言编写的程序与汇编语言程序类似，不能被计算机无法识别，必须先将它们翻译成机器语言程序，才能由计算机执行。翻译高级语言的方式有编译方式和解释方式两种。

①编译方式是先由编译程序将高级语言编写的源程序翻译成机器语言程序，生成目标代码，再将目标代码与子程序库相连接，生成可执行程序，再由计算机来执行。

②解释方式是由解释程序对高级语言源程序逐句进行分析，边翻译边执行，直至程序的结束。解释方式不生成目标程序。

与解释方式相比，采用编译方式，程序执行速度快，而且一旦编译完成后，生成的可执行程序可以脱离编译程序而独立运行，所以大多数高级语言采用编译方式，如C语言、FORTRAN 语言等，而 BASIC 语言、LISP 语言等采用解释方式。

3. 数据库管理软件

数据库（Data Base，DB）是以一定的组织方式存储具有相关性的数据的集合。数据库管理系统（Data Base Management System，DBMS）是帮助用户建立、管理、维护和使用数据库，从而对数据进行管理的软件，它是用户和数据库之间的接口。数据库软件是用于数据管理的软件系统，具有信息存储、检索、修改、共享和保护的功能。目前流行的数据库软件有 Oracle、SQL Server、DB2、Sybase、Access、FoxPro 等。

4. 常用服务程序

现代计算机系统提供多种服务程序，这些服务程序方便用户管理和使用计算机，例如：可提供方便的编辑环境的编辑程序，可检测计算机硬件故障并对故障定位的诊断程序，可检查出程序中的某些错误的测试程序等。

2.3.3 应用软件

应用软件是指设计用来完成某个特定功能的软件，它主要面向计算机用户，因而也称为用户软件。根据应用软件的应用范围不同，又可以分为通用应用软件和专用应用软件两类。常用的 IE 浏览器、Microsoft Word、Acrobat Reader、腾讯 QQ 等都属于通用应用软件；一些专业处理所用的多媒体处理软件、排版印刷软件、机器人控制软件等属于专用应用软件。

常见应用软件包括以下几种：

(1) 办公软件：微软 Office、WPS。

(2) 图像处理软件：Adobe Photoshop、picasa、光影魔术手。

(3) 媒体播放器：爱奇艺、搜狐视频、暴风影音、酷我音乐。

(4) 媒体编辑器：会声会影、爱剪辑、Edius。

(5) 图像浏览工具：ACDSee、美图秀秀、光影魔术手。

(6) 动画编辑工具：Flash、OpenGL、3dsmax、。

(7) 即时通信工具：QQ、微信。

(8) 翻译软件：金山词霸 PowerWord、MagicWin。

(9) 防火墙和杀毒软件：金山毒霸、诺顿、360 安全卫士。

(10) 阅读器：CajViewer、Adobe Reader。

(11) 汉字输入法：微软输入法、QQ 拼音、搜狗拼音。

(12) 系统优化/保护工具：Windows 优化大师、360 安全卫士、数据恢复文件

EasyRecovery Pro、硬件检测工具 everest。

(13) 下载软件：迅雷、BT、网际快车。

(14) 压缩软件：WINRAR、快压。

(15) 文本编辑器：UltraEdit、Notepad＋＋。

2.4　Windows 基础知识

2.4.1　Windows 的发展史

1985 年 11 月 20 日，微软发布了 Windows。最初的 Windows 仅仅是为 MS-DOS 系统提供的图形界面，以方便用户理解。Windows 最初被称为界面管理器（Interface Manage），但微软最终决定将产品改名为 Windows。1987 年 12 月 9 日，Windows 2 开始发售。窗口叠放、桌面图标、键盘快捷键和控制面板在这一版本中首次出现。1990 年 5 月 22 日，Windows 3 亮相。这是首个大获成功的 Windows 版本，在两年内卖出 1000 万份。Windows 3.0 支持 16 位色，这对系统的界面设计带来了极大的改善。程序管理器、文件管理器、纸牌游戏、红心大战和扫雷游戏随系统一同推出。1993 年 7 月 27 日，Windows 进入现代计算机时代。Windows NT 是一款全新的 32 位操作系统，可以支持更好的 PC 硬件。该系统主要面向商用电脑和服务器。NT 为 Windows 引入标准程序接口直到 Windows 8 为止。1995 年 8 月 24 日，Windows 95 发布引起轰动。该系统在发布后 5 周内售出 700 万份。系统界面重新经过修改，开始菜单首次出现，桌面也重新经过设计。Windows 95 发布后，Windows 系统的外观再来出现重大改变。IE 浏览器也随该系统出现。1998 年 6 月 25 日，Windows 98 揭开面纱。该系统支持 DVD 播放，并添加了快捷启动栏－用户可以通过该功能启动常用程序。Windows 98 也是第一个原生支持 USB 接口的 Windows 系统（Windows 95 需要在更新后才能支持）。2000 年 2 月 17 日，Windows 2000 发布。作为 Windows NT 的继任版本，该系统大部分被安装在商用 PC 中。这是最后一个专为企业开发的 Windows 系统，之后发售的 Windows XP 分别为消费者和企业用户提供了不同的版本。2000 年 9 月 14 日，微软推出 Windows ME。该系统因缺陷太多饱受批评，但仍为 Windows 系统引入了许多新功能，例如 CD 烧录器、照片查看器。Windows ME 是最后一版基于 MS-DOS 开发的操作系统，销售周期仅有一年出头。2001 年 10 月 25 日，大获成功，同时也广受欢迎的操作系统 Windows XP 发布。Windows XP 的蓝色界面迅速赢得消费者青睐。Windows XP 引入新功能包括双栏开始菜单、在线安全更新、网络设置向导、Windows Messenger 和遥控桌面。2006 年 11 月 8 日，Windows Vista 诞生，成为 Windows 历史上最受人诟病的版本。对该系统的批评主要包括软件运行缓慢，功能臃肿，笔记本电脑电池寿命过低等。但它的安全性得到了极大的提升。微软还为该系统添加了半透明玻璃效果的 Aero 窗口主题。2009 年 7 月 22 日，Windows 7 发布。它剔除了 Vista 许多臃肿功能。通过“显示桌面”按钮，用户可以隐藏窗口查看桌面。微软完全重新设计了 Windows

7 的任务栏，用图标替换掉了标签。用户可以将程序锁定在任务栏上预览已打开的窗口。2012 年 10 月 26 日，作为 Windows 重大更新的 Windows 8 面世。该系统启动时不再默认显示桌面，而是全新的“磁贴”开始屏幕，给用户带来了不小的困惑。由于用户纷纷批评 Windows 8 缺乏易用性，微软发布了更新版本 Windows 8.1。2015 年 7 月 29 日微软发布 Windows 10，如图 2.4.1 所示。修复 Windows 8 犯下的众多错误。新功能包括：Cortana 语音搜索、全新的动作中心、全新的 Edge 浏览器、虚拟桌面以及 Windows Hello 安全登陆。

2.4.2 Windows 10 的特点

1. CMD 命令提示符更智能更人性化

以往的 Windows 版本，XP，Win7，Win8 的命令提示符窗口，黑漆漆的，用键盘快捷操作的粘贴“Ctrl＋V”是不可能实现的。但是，Win10 系统是完全可以用键盘快捷键“Ctrl＋V”粘贴。而且能够像 Word 等办公软件中一样，按住 Shift 键不放再按下方向键来选择文字内容了。这在之前的 Windows 系统是不可能的。如图 2-15 所示。

图 2-15　Win10 命令指示指示符窗口

2. “开始”菜单荣耀回归

熟悉的“开始”菜单回来了，并且有一个重要改进，“开始”菜单可以进行全局搜索，搜索范围包括本地 PC 内容和网络内容。同时，“开始”菜单右侧附带了新的“格子”抑或称为“磁贴”（源生于 Win8 的特点被 Win10 继承）。中系统通知、日期、天气、邮件、常用程序等功能，而且显示项目可以自由定制选择和排列顺序，还可以随意调整显示项目大小尺寸。如图 2-16 所示。

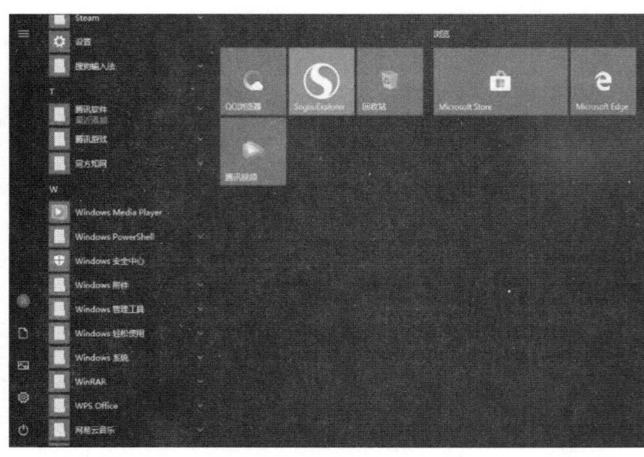

图 2-16　Win10 开始菜单

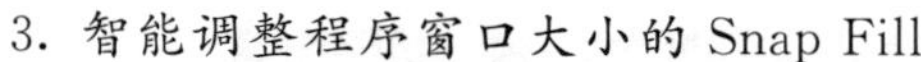

3. 智能调整程序窗口大小的 Snap Fill

所谓 Snap Fill，快速填充，是指当将某个应用 A 的窗口桌面左边缘移动时，在接近左边缘的时候，松开鼠标按键，这时候程序窗口自动从左边缘开始填充，占据合适的屏幕大小。将另一个程序 B 窗口移向右边缘的时候，松开鼠标按键，该程序窗口会自动填满 A 未填充的屏幕区域。

4. 应用商店

来自 Windows 应用商城的应用可以和桌面的程序一样以窗口化的方式运行，可以随意拖动位置、拉伸大小，也可以通过顶栏按钮实现最小化、最大化和关闭应用的操作。当然也可以像 Windows8/Windows8.1 那样全屏运行。如图 2-17 所示。

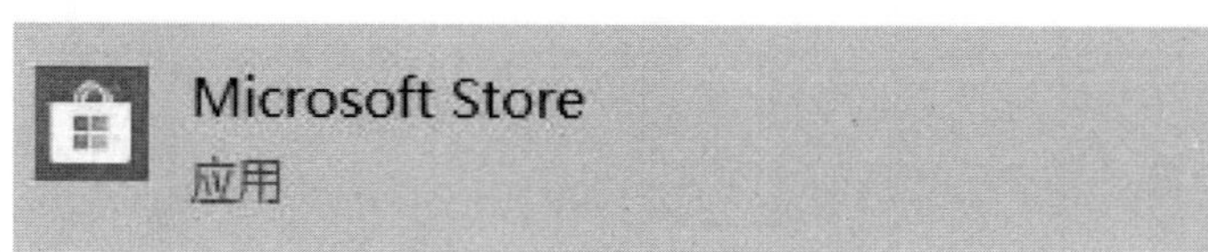

图 2-17　Win10 应用商城

5. 分屏多窗

Windows 10 可以在屏幕中间拜访四个窗口，还可以在单独窗口内显示正在运行的其他应用程序。同时，Windows 10 还能智能给出分屏建议。

2.4.3　Windows 10 的安装

1. 硬件基本要求

(1) 最低硬件要求：

处理器（CPU）：1 GHz 或更快的处理器或 SoC；

内存条（RAM）：1 GB（32 位），2 GB（64 位）；

硬盘可用空间：16 GB（32 位），20 GB（64 位）；

显卡（Graphics card）：DirectX 9 或更高版本（包含 WDDM1.0 驱动程序）；

显示（Display）：分辨率最低 800×600。

(2) 标准硬件要求：

处理器（CPU）：双核以上处理器；

内存条（RAM）：2 GB 或 3 GB（32 位），4 GB 或更高（64 位）；

硬盘可用空间：20 GB 或更高（32 位），40 GB 或更高（64 位）；

显卡（Graphics card）：DirectX 9 或更高版本（包含 WDDM1.3 或更高驱动程序）；

固件：UEFI2.3.1，支持安全启动；

显示（Display）：分辨率 800×600 或更高。

可以通过图 2-18 看出 Win10 系统与 Win7 系统的差异。

系统硬件需求对比		
系统	Windows 7	Windows 10
CPU	1GHz及以上(32 位或 64 位处理器)	1GHz及以上(32 位或 64 位处理器)
内存	1GB以上(32位)、2GB以上(64位)	1GB以上(32位)、2GB以上(64位)
硬盘	16GB	16GB
显卡	带有WDDM驱动程序的 ?MicrosoftDirectX9图形设备	带有WDDM驱动程序的 ?MicrosoftDirectX9图形设备
其他	Microsoft帐户和Internet接入	Microsoft帐户和Internet接入

图 2-18　Win10 与 Win7 硬件系统的对比

2. 系统的安装

首先下载 Windows 系统，下载完成后插入 U 盘，打开所下载的程序。在下载完成以后以管理员身份运行，因为是制作系统启动 U 盘，所以单击“为另一台电脑创建安装介质（U 盘，DVD 或 ISO 文件）”，然后单击“下一步”。选择语言、体系结构和版本，然后单击“下一步”。然后要选择刻录的 U 盘，如果选择 ISO 文件，工具会将选择的 ISO 系统镜像文件刻录到 U 盘中，直接选择第一项，工具会从官方下载最新的 ISO 镜像文件并刻录到 U 盘。然后选择相对应的 U 盘，下载完成后工具会自动刻录到 U 盘。那么接下来即开始安装系统，在分区全完成的情况下，可将先前制作好的 U 盘插进 USB 口重启计算机，开机后待屏幕显示开机图标时连续按下 U 盘启动热键。选择 U 盘按回车进入。然后选择：UEFI ：USB，。如果已购买 Windows，那么直接填写密钥即可，如果没有那么单击“我没有密钥”。选择你想安装的版本，然后单击“下一步”。由于要安装全新系统，选择第二项自定义安装。这里选择要安装的位置，一般是 C 盘，如果是双盘组合（SSD＋HDD）（SSD＋SSD）会有驱动器 0 和 1。0 代表第一个硬盘，1 是代表第二个硬盘。然后进入安装界面，等待系统重启后，按照系统提示进行一番设置即可使用。

2.4.4　Windows 10 的启动和退出

1. Windows 10 的启动

Windows 10 的开机采用新增的炫酷登录系统的方式——Windows Hello。过去一般开机采用文字密码、图片密码或者 PIN 密码，而 Windows 10 采用全新的 Windows Hello 登录方式。Windows Hello 是一种生物特征授权方式，可以实时访问自己的 Windows 10 设备。Windows Hello 只需用户要露一下脸，动动手指，即可立刻被运行 Windows 10 的新设备识别。Windows Hello 不仅比输入密码更加方便，也更加安全。具体来说，即通过使用脸部、虹膜或指纹等生物特征来解锁设备，简单快速且安全。

2. Windows 10 的退出

Windows 10 可以采用“滑动关机”功能，该功能从 Win 8.1 时代进入系统。该功

能不但触屏设备可以使用，台式机也同样可以使用。一般用户的做法是把快捷方式固定到任务栏上面，单击便会弹出一个缓缓上下移动的锁屏界面，如果用户不想马上关闭计算机，可以将该功能用鼠标拖拽桌面上半部分，如果需要关机就把锁屏界面拖拽到屏幕底部。在任务栏中最后的应用商店旁的关机图标即为滑动关机快捷方式。如果同时开启关机快速启动功能，在关机时计算机关机程序会被放在休眠程序里，所以下一次开机速度会非常快。当然，用户也可以采取常规的关机方式，如图 2-19。

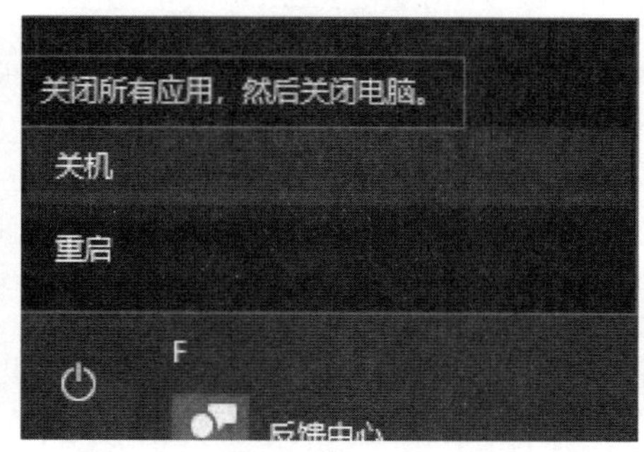

图 2-19 Win10 的退出

2.4.5 Windows 10 的桌面

1. 设置桌面图标

(1) 在桌面空白处右击，选择“个性化”，在左侧选择“主题”。

(2) 进入主题设置后，找到并单击“桌面图标设置”。

(3) 在弹出的对话框，找到需要显示在桌面的图标并勾选，点击“确定”即可。如图 2-20 所示。

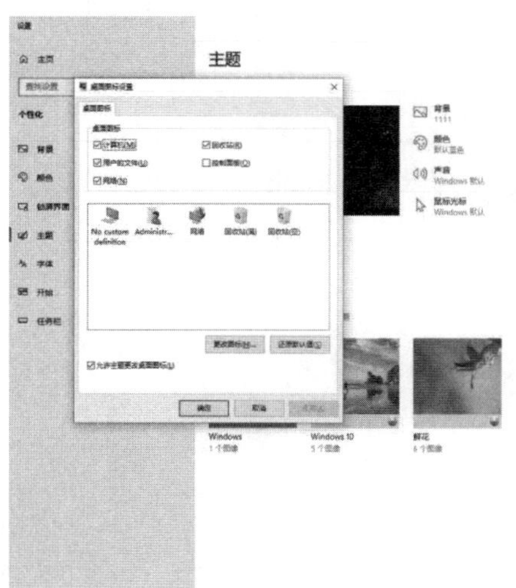

图 2-20 Win10 设置桌面图标

2. 设置“显示”属性

(1) 点击桌面 Windows 图标。

(2) 然后在打开的界面，点击左侧的“设置”选项。

(3) 找到系统，单击“进入”。

(4) 选择“显示”，一般默认。

(5) 找到高级显示设置，单击进入。如图 2-21 所示。

图 2-21　Win10 的设置显示属性

3. 设置“开始”菜单

(1) 调整开始菜单的位置。

开始菜单的位置可以跟着任务栏的位置变动。右击任务栏，取消“锁定任务栏”，然后将鼠标移动到任务栏，点击鼠标左键不放并拖动任务栏至屏幕的四端，可使任务栏菜单依次改变出现的样式。

(2) 设置开始菜单及瓷砖的颜色。

按快捷键“Win＋I”启动设置，单击“个性化”，在界面的左侧找到“颜色”选项，单击“选择你的主题颜色”，并选择自己喜欢的颜色，单击即可生效。如需还原默认颜色，可单击第一排第三个蓝色即为默认颜色。设置完成后，可看到“开始”菜单中瓷砖的颜色也随着改变。更多的颜色设置，可滚动界面，按照个人喜好调整。建议勾选“开始菜单、任务栏和操作中心透明”，可使面页加更美观。如图 2-22。

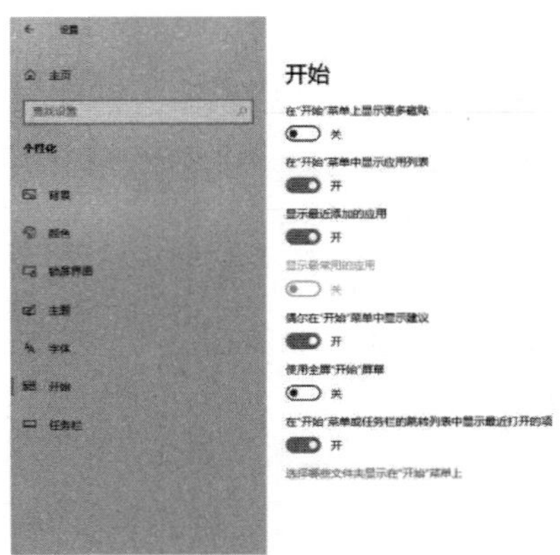

图 2-22　Win10 设置开始菜单

（3）调整开始菜单的排版一。

打开“开始”菜单之后，将鼠标移动到开始菜单的边缘，点击鼠标左键不放并拖动，可将分组的砖块并列显示。也可拖动上边和右边进行改变菜单大小。

（4）调整开始菜单的排版二。

单击分组的标题栏不动，移动鼠标并拖动可以移动分组的位置。

（5）全屏显示开始菜单。

同样通过快捷键“Win＋I”启动设置，点击“个性化”后，在左侧找到“开始”，将“使用全屏开始菜单”设置为“开”。再次打开“开始”菜单，即可看到菜单栏全屏显示。其余的“显示最常用应用”“显示最近添加的应用”启用之后，将在开始菜单左边多出相应的程序。

（6）添加删除瓷砖。

需要说明的是，Windows 10 上添加瓷砖，即选项，“将其固定到开始屏幕”。所以想要添加一个瓷砖，可找到待添加的程序/文件夹，右击，并选择“将其固定到开始屏幕”即可。

（7）瓷砖添加为分组。

添加后即可显示在“开始”菜单。但是如果需将新增加的瓷砖分组，需选择待分组的瓷砖并按住鼠标左键不放，拖动到“开始”菜单的空白区域（没有瓷砖的位置），可看到瓷砖旁出现了该瓷砖，然后放开鼠标，即可添加新分组。每个分组均可重命名。

2.4.6　Windows 10 的窗口

1. 窗口的组成

windows 窗口组成部分如下：

（1）标题栏：窗口上方的蓝条区域，标题栏左边有控制菜单图表和窗口中程序的名称，如图 2-23 所示。

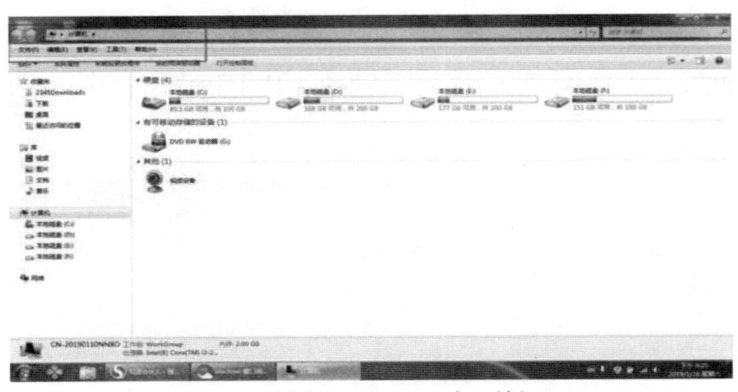

图 2-23　Win10 标题栏

（2）菜单栏：位于标题栏的下边，包含很多菜单，如图 2-24 所示。

图 2-24　Win10 菜单栏

（3）工具栏：位于菜单栏下方，工具栏以按扭的形式给出了用户最经常使用的一些命令，比如：复制，粘贴等，如图 2-25 所示。

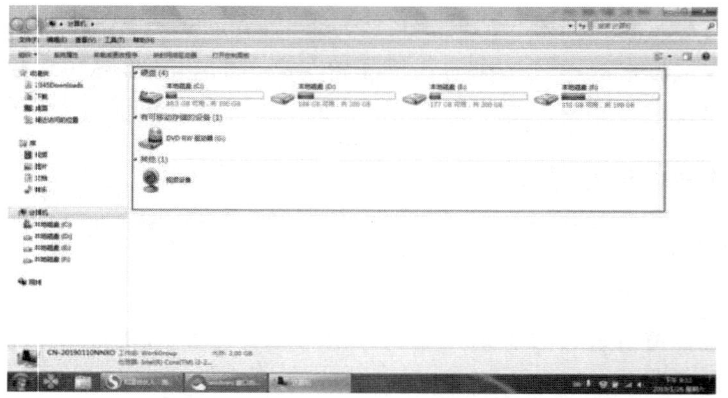

图 2-25　Win10 工具栏

（4）工作区域：窗口中间的区域，窗口的输入输出均在工作区域里进行，如图 2-26 所示。

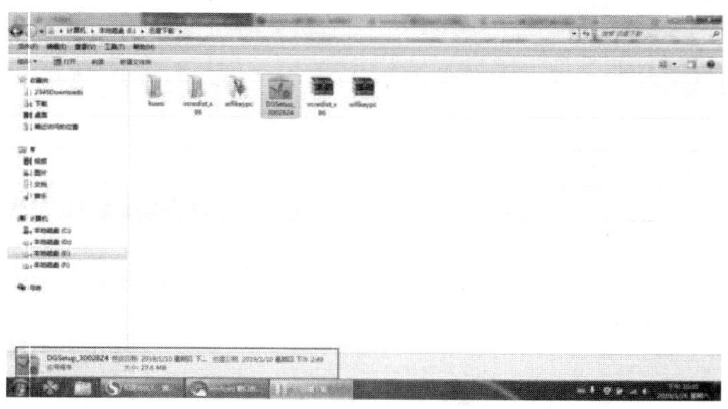

图 2-26　Win10 工作区域

（5）状态栏：位于窗口底部，显示运行程序的当前状态，通过状态栏用户可以了解到程序运行的情况，如图 2-27 所示。

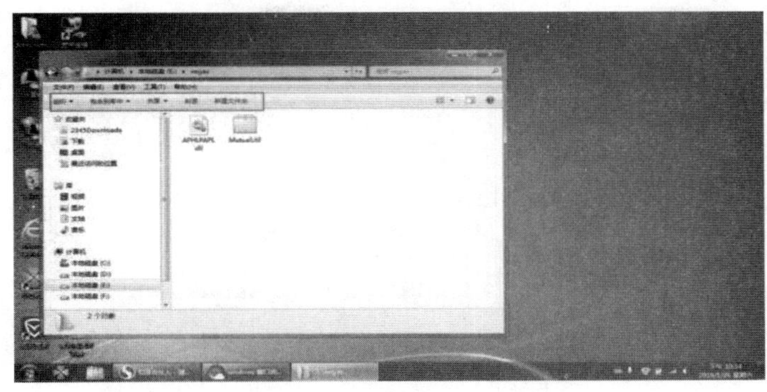

图 2-27　Win10 状态栏

（6）滚动条：如果窗口中显示的内容过多，当前可见的部分无法全部显示时，窗口会出现滚动条，分为水平与垂直两种，如图 2-28 所示。

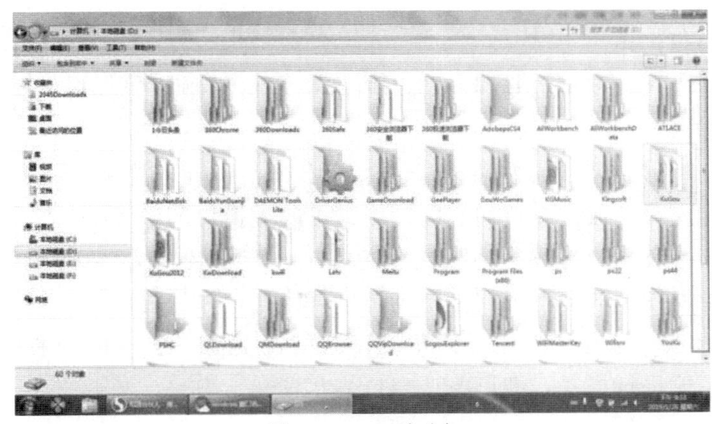

图 2-28　Win10 滚动条

（7）窗口缩放按钮：即最大化、最小化、关闭按钮，如图 2-29 所示。

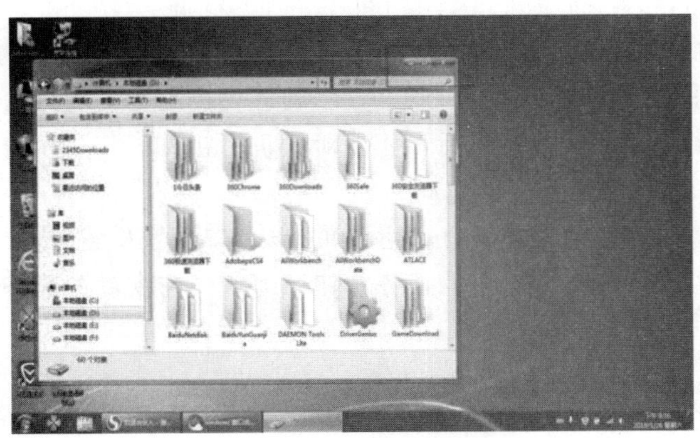

图 2-29　Win10 窗口缩小按钮

2. 窗口的基本操作

Windows 操作系统对窗口的操作是最基本的操作之一，其中包括改变窗口位置与大小，在多个窗口之间进行切换及查找窗口内容等操作，如图 2-30 所示。

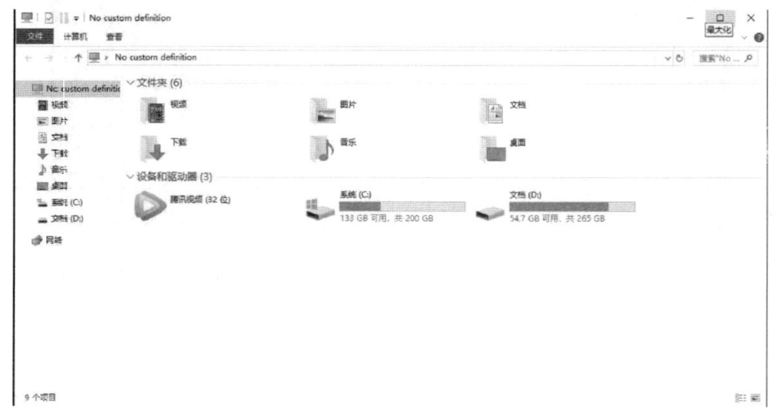

图 2-30　窗口的基本操作

(1) 改变窗口大小。

改变窗口大小，除了可以通过标题栏右端的窗口控制按钮（最大化和最小化）还可以使用以下方法：

①将鼠标指针移到窗口的左边框或右边框上，当指针变为一个双向带有箭头的图标时，按住鼠标左键不放向左或向右拖动，即可改变窗口的宽度。

②将鼠标指针移到窗口的上边框或下边框上，当指针变为一个双向带有箭头的图标时，按住鼠标左键不放向上或向下拖动，即可改变窗口的高度。

③将鼠标指针移到窗口的任意一角上，当指针变为一个双向带有箭头的图标时，按住鼠标左键不放进行拖动，即可改变窗口的宽度和长度。

(2) 移动窗口。

当窗口处于非最大化和非最小化时，将鼠标指针移动到窗口标题栏上，按住鼠标左键不放并移动鼠标到合适的位置松开鼠标左键，即可将窗口移到所需位置。

(3) 切换窗口。

在 Windows 中允许同时打开多个窗口，但是无论有多少个打开的窗口，只有在一个当前窗口。在多个窗口中标题栏成蓝色显示的即为当前窗口，此时其他窗口成蓝灰色。只有将某个窗口置为当前窗口后，才能对其进行操作。将一个分当前窗口切换为当前窗口有以下 2 种方法：

①如果该窗口未被其他窗口完全遮盖，单击该窗口任意位置即可。

②单击任务栏上该窗口所对应的任务按钮即可。当前窗口的任务按钮在任务栏中呈凹陷状态。

2.4.7　菜单及其操作

(1) Windows 10 的“开始”菜单整体可以分成两个部分：左侧为常用项目和最近

添加使用过的项目的显示区域，还能显示所有应用列表等；右侧则是用来固定图标的区域，如图 2-31 所示。

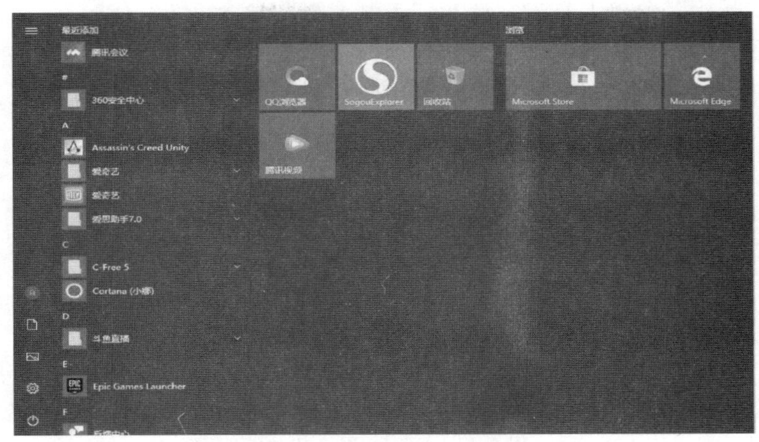

图 2-31　Win10 菜单

（2）将应用/程序固定到“开始”菜单中。

在左侧右击某一个应用项目或者程序文件，以 Excel 为例，选择“固定到开始屏幕”选项，之后应用图标就会出现在右侧的区域中。

（3）将应用/程序固定到任务栏。

在左侧右击某一个应用项目或者程序文件，以 Excel 为例，选择“固定到任务栏”选项，之后应用图标就会出现在任务栏中。

（4）通过右击右边应用程序图标，可以取消其在开始屏幕的显示，也能改变其大小，甚至可以卸载该应用程序，只需要右击即可。

（5）快速查找应用程序：

通过单击“开始”，选择“所有程序”，输入字母，例如 A，便能弹出快速查找的界面。这就是 Win10 提供的首字母索引功能，有利于快速查找应用。当然，这需要事先对应用程序的名称和所属文件夹比较了解，如图 2-32 所示。

图 2-32　Win10 快速查找应用程序

2.4.8 Windows 10 程序的管理

(1) 在“开始”菜单上右击，选择“控制面板”命令。

(2) 打开“控制面板”后，单击“程序”选项。

(3) 打开“程序”窗口后，选择“程序和功能”菜单，如图 2-33 所示。

图 2-33 Win10 程序与功能

(4) 在“程序和功能”窗口右侧的程序列表框中，右击某一应用程序，可以卸载或更改该程序，如图 2-34 所示。

图 2-34 Win10 程序管理

(5) 在“程序和功能”窗口，单击左侧“启用或关闭 Windows 功能”选项。

(6) 在弹出的“Windows 功能”窗口，可以通过勾选需要的 Windows 功能来启用该功能。

2.4.9 Windows 10 帮助系统

方法一：“F1”快捷键。

传统上，“F1”一直是 Windows 内置的快捷帮助文件。Win10 只将这种传统继承了一半，如果在打开的应用程序中按下“F1”，而该应用提供了自己的帮助功能的话，则会将其打开。反之，Win10 会调用用户当前的默认浏览器打开 Bing 搜索页面，以获取 Win10 中的帮助信息。如图 2-35。

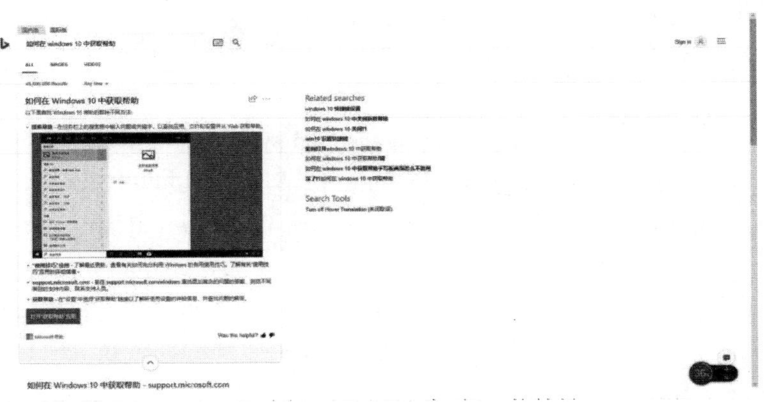

图 2-35　win10 帮助“F1”快捷键

方法二：询问 Cortana。

Cortana 是 Win10 中自带的度虚拟助理，不仅可以帮助用户安排会议、搜索文件，回答用户问题也是其功能之一，因此有问题找 Cortana 也是一个不错的选择。如果需要获取一些帮助信息时，最快捷的办法就是去询问 Cortana，看 Cortana 是否可以给出一些回答，如图 2-36 所示。

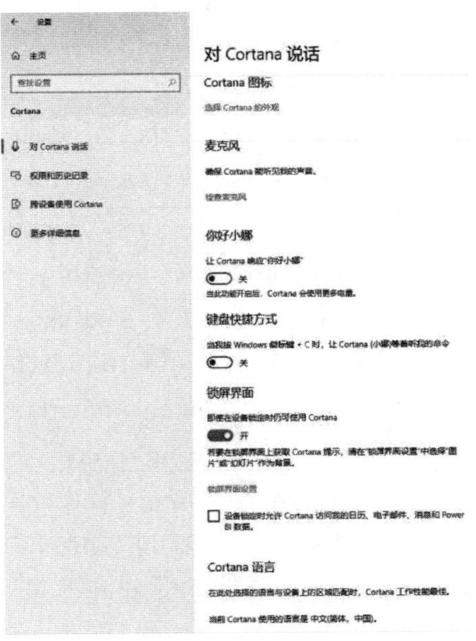

图 2-36　win10 询问 Cortana

方法三：使用入门应用。

Win10 内置了一个入门应用，可以帮助用户在 Win10 中获取帮助。该应用类似之前版本按“F1”的帮助文档，但在 Win10 里面是以一个 App 应用的形式来提供服务，当然也可以获取新系统各方面的帮助和配置信息。

2.5 计算机原版文章阅读

What is an embedded system?

One of the more surprising developments of the last few decades has been the ascendance of computers to a position of prevalence in human affairs . Today there are more computers in our homes and offices than there are people who live and work in them. Yet many of these computers are not recognized as such by their users. In this unit, I'll explain what embedded systems are and where they are found. I will also introduce the subject of embedded programming, explain why I have selected C and C++ as the languages for this book, and describe the hardware used in the examples.

1. About Embedded System

An embedded system is a combination of computer hardware and software, and perhaps additional mechanical or other parts, designed to perform a specific function. A good example is the microwaveoven. Almost every household has one, and tens of millions of them are used every day, but very few people realize that a processor and software are involved inthepreparation of their lunch or dinner.

This is in direct contrast to the personal computer in the family room. It too is comprised of computer hardware and software and mechanical components (disk drives, for example) . However, a personal computer is not designed to perform a specific function. Rather, it is able to do many different things. Many people use the term general-purpose computer to make this distinction clear. As shipped , a general-purpose computer is a blank slate; the manufacturer does not know what the customer will do with it. One customer may use it for a network file server, another may use it exclusively or playing games, and a third may use it to write the next great American novel.

Frequently, an embedded system is a component within some larger system. For example, modern cars and trucks contain many embedded systems. One embedded system controls the anti-lock brakes, another monitors and controls the vehicle' s emissions, and a third displays information on the dashboard . In some cases, these embedded systems are connected by some sort of a communications network, but that is certainly not a requirement.

At the possible risk of confusing you, it is important to point out that a general-purpose computer is itself made up of numerous embedded systems. For example, my computer consists of a keyboard, mouse, video card, modem, hard drive, floppy drive, and sound card-each of which is an embedded system. Each of these devices contains a

processor and software and is designed to perform a specific function. For example, the modem is designed to send and receive digital data over an analog telephone line. That's it. And all of the other devices can be summarized in a single sentence as well.

If an embedded system is designed well, the existence of the processor and software could be completely unnoticed by a user of the device. Such is the case for a microwave oven, VCR, or alarm clock. In some cases, it would even be possible to build an equivalent device that does not contain the processor and software. This could be done by replacing the combination with a custom integrated circuit that performs the same functions in hardware. However, a lot of flexibility is lost when a design is hard-coded in this way. It is much easier, and cheaper, to change a few lines of software than to redesign a piece of custom hardware.

2. History and Future

The first such systems could not possibly have appeared before 1971. That was the year Intel introduced the world's first microprocessor. This chip, the 4004, was designed for use in a line of business calculators produced by the Japanese company Busicom. In 1969, Busicom asked Intel to design a set of custom integrated circuits-one for each of their new calculator models. The 4004 was Intel's response. Rather than design custom hardware for each calculator, Intel proposed a general-purpose circuit that could be used throughout the entire line of calculators. This general-purpose processor was designed to read and execute a set of instructions-software-stored in an external memory chip. Intel's idea was that the software would give each calculator its unique set of features.

The microprocessor was an overnight success, and its use increased steadily over the next decade. Early embedded applications included unmanned spaceprobes, computerize dtraffic lights, and aircraft flight control systems. In the 1980s, embedded systems quietly rode the waves of the microcomputer age and brought microprocessors into every part of our personal and professional lives. Many of the electronic devices in our kitchens (bread machines, food processors, and microwave ovens), living rooms (televisions, stereos, and remote controls), and workplaces (fax machines, pagers, laser printers, cash registers, and credit card readers) are embedded systems.

It seems inevitable that the number of embedded systems will continue to increase rapidly.

Already there are promising new embedded devices that have enormous market potential: light switches and thermostats that can be controlled by a central computer, intelligent air-bag systems that don't inflate when children or small adults are present, palm-sized electronic organizersand personal digital assistants (PDAs42), digital cameras, and dashboard navigationsystems. Clearly, individuals who possess the skills and desire to design the next generation of embedded systems will be in demand for quite some time.

3. Real-Time Systems

One subclass of embedded systems is worthy ofanintroductionat this point. As commonly defined, a real-time system is a computer system that has timing constraints. In other words, a real-time system is partly specified in terms ofits ability to make certain calculations or decisions in a timely manner. These important calculations are said to have deadlines for completion. And, for all practical purposes, a missed deadline is just as bad asa wrong answer.

The issue of what happens if a deadline is missed is a crucial one. For example, if the real-time system is part of an airplane's flight control system, it is possible for the lives of the passengers and crew to be endangered by a single missed deadline. However, if instead the system is involved insatellitecommunication, the damage could be limited to a single corruptdatapacket. The more severe the consequences, the more likely it will be said that the deadline is "hard" and, thus, the system a hard real-time system. Real-time systems at the other end ofthiscontinuumare said to have "soft" deadlines.

The designer of a real-time system must be more diligent in his work. He must guarantee reliable operation of the software and hardware under all possible conditions. And, to the degree that human lives depend upon the system's proper execution, this guarantee must be backed by engineering calculations and descriptive paperwork.

一、单选题

1. 计算机由五大部件组成，它们分别是（　　）。

A. 控制器、运算器、存储器、输入/输出设备

B. CPU、运算器、存储器、输入/输出设备

C. 总线、控制器、存储器、输入/输出设备

D. 控制器、运算器、存储器、总线、I/O

2. 下列不符合冯·诺依曼原理的是（　　）。

A. 计算机内部采用二进制存储处理信息

B. 程序存入计算机，计算机按程序序列自动执行

C. 计算机由五大功能部件构成

D. 采用并行、流水技术达到更高的计算速度

3. 个人计算机属于（　　）。

A. 小巨型机　　B. 中型机　　C. 小型机　　D. 微机

4. 在计算机应用中，计算机辅助设计的英文缩写为（　　）。

A. CAD　　B. CAM　　C. CAE　　D. CAT

5. 所谓裸机是指（　　）。

A. 单片机　　B. 没安装任何软件的计算机

C. 单板机　　D. 只安装操作系统的计算机

6. 计算机的运算器、控制器及存储器的总称是（　　）。

A. CPU　　B. ALU　　C. 主机　　D. MPU

7. 在计算机中，控制器的基本功能是（　　）。

A. 实现算术运算和逻辑运算　　B. 存储各种控制信息

C. 保持各种控制状态　　D. 控制机器各个部件协调一致地工作

8. 计算机中，存储器采用分级存储方式，是为了（　　）。

A. 减小主机箱的体积

B. 解决容量、价格、存储速度三者之间的矛盾

C. 便于保存更多的数据

D. 操作方便

9. 在计算机中，访问存储器的速度从快到慢的顺序依次为（　　）。

A. 软盘，硬盘，光盘　　B. 硬盘，光盘，软盘

C. 光盘，硬盘，软盘　　D. 硬盘，软盘，光盘

10. 和内存相比，外存的特点是（　　）。

A. 容量小、速度快、成本高　　B. 容量小、速度快、成本低

C. 容量大、速度慢、成本低　　D. 容量大、速度快、成本低

11. 下列四条叙述中，属 RAM 特点的是（　　）。

A. 可随机读/写数据，且断电后数据不会丢失

B. 可随机读/写数据，断电后数据将全部丢失

C. 只能顺序读/写数据，断电后数据将部分丢失

D. 只能顺序读/写数据，且断电后数据将全部丢失

12. 在下列设备中，属于输出设备的是（　　）。

A. 扫描仪　　B. 显示器　　C. 键盘　　D. 麦克风

13. 下列设备中，属于输入设备的是（　　）。

A. 音箱　　B. 打印机　　C. 鼠标　　D. 显示器

14. 计算机软件通常分为（　　）。

A. 高级软件和一般软件　　B. 管理软件和控制软件

C. 系统软件和应用软件　　D. 专业软件和大众软件

15. 在计算机中的 DOS，从软件归类来看，应属于（　　）。

A. 应用软件　　B. 工具软件　　C. 系统软件　　D. 编辑系统

16. 下列四种软件中，属于系统软件的是（　　）。

A. WPS　　B. Word　　C. Windows　　D. Excel

17. 操作系统是系统软件的核心，下列选项中不属于操作系统的是（　　）。

A. Word　　B. DOS　　C. Linux　　D. Macintosh

18. 不属于操作系统功能的是（　　）。

A. 处理机管理　　B. 文件管理　　C. 模板管理　　D. 存储器管理

19. 语言处理程序的发展经历的三个发展阶段，分别是（　　）。

A. 机器语言、BASIC 语言和 C 语言

B. 二进制代码语言、机器语言和 FORTRAN 语言

C. 机器语言、汇编语言和高级语言

D. 机器语言、汇编语言和 C++语言

20. 把用高级语言写的源程序转换为可执行程序，要经过（　　）。

A. 汇编和解释　　B. 编辑和连接　　C. 编译和连接　　D. 解释和编译

21. 以下属于高级语言的有（　　）。

A. 汇编语言　　B. C 语言　　C. 机器语言　　D. 以上都是

二、填空题

1. 世界上首次提出使用二进制和存储程序计算机体系结构的是________。

2. 计算机硬件由________、________、________、输入设备和输出设备 5 个主要功能部件构成。

3. 一个完整的计算机系统包括________、________两大部分。

4. CPU 是计算机的核心，它的中文含义是________，主要由________和________组成。

5. 计算机中，运算器的主要功能是进行________和________。

6. 计算机系统中，通常采用三层存储结构 Cache、内存、外存。________速度最快，容量最小。内存包括________和________两类。

7. 计算机总线分为________、________和________。

8. 软件是为运行、维护、管理及应用计算机所编制的所有________的集合。

9. 根据软件的用途，计算机软件一般分为系统软件和应用软件两大类。DOS 属于________，Word 属于________。

10. 计算机能直接识别并执行的语言是________。

三、简答题

1. 冯·诺依曼结构计算机有哪些主要特征？

2. 简述计算机硬件系统的基本组成及其功能。

3. 简述计算机存储器的分类及其各自的特点。

4. 计算机中的常用输入/输出设备各有哪些？请分别列举。

5. 简述计算机软件系统的分类及其功能。

6. 什么是操作系统？它的主要任务是什么？目前常用的操作系统有哪几种？

7. 分别说明机器语言、汇编语言和高级语言的特点。

第3章 计算机中的数据及运算

日常生活中人们所说的数据大多是指可以比较其大小的一些数值。但在计算机中，数据不仅仅是数值。国际标准化组织（ISO）对数据所下的定义是：数据是对事实、概念或指令的一种特殊的表达形式，这种特殊的表达形式可以用人工的方式或自动化的装置进行通信、翻译和转换或者进行加工处理。因此，通常意义下的数字、文字、图画、声音、动画、视频等都可以认为是数据。

计算机内部数据可以分为数值型数据和非数值型数据。数值型数据是指用来表示数量多少和数值大小的数据，对它们可以进行各种数学运算和处理；其他的数据统称为非数值型数据，包括其他所有类型的数据，如文字、图画、声音、动画、视频等，对非数值型数据一般不进行数学运算，而是进行其他更复杂的操作。

计算机要处理各种信息，首先要将信息表示成具体的数据形式。计算机内的信息均以二进制数形式表示，常用的进制形式还有八进制、十进制、十六进制等。因此，了解各进制的特点和转换方法，可以更好地理解信息的存储、处理和传输的过程。

3.1 进制和进制转换

3.1.1 进制

进制即进位计数制，它是一种科学的计数方法，以累计和进位的方式进行计数，实现用较少的符号表示较大范围数字的目的。在计算机的设计与使用上常常使用的是十进制、二进制、八进制、十六进制，下面分别加以介绍：

1. 十进制

生活中，我们习惯使用的是十进位计数制（简称是十进制）。十进制数中有十个不同的数字符号：0、1、2、3、4、5、6、7、8、9，按照一定顺序排列起来表示数值的大小。十进制的基本运算规则是“逢十进一”。

任意一个十进制数，如 329 可表示为 $(329)_{10}$、$[329]_{10}$ 或 329D。部分情况下表示十进制数后的下标 10 或字母 D 也可以省略。

为了便于描述，首先引入两个基本概念——基数和权。

基数即某种进制中所使用的数字符号的个数。如十进制采用 0～9 共 10 个数符，因而它的基数为 10；同理，二进制的基数为 2。为了表述方便，统一将各种进制称为 R 进制（R 取 2、8、10、16）。

权表示某种进制的数中不同位置上数字的单位数值，R 进制数第 i 位的权即为 R^i。

例如，十进制数 1234.567 各位的权如图 3-1 所示。

某数位的数值等于该位的系数和权的乘积，因此一个十进制数可以表示成各数位上数值的和。例如，十进制数 1234.567 可以表示成：

$(1234.567)_{10}=1\times10^3+2\times10^2+3\times10^1+4\times10^0+5\times10^{-1}+6\times10^{-2}+7\times10^{-3}$

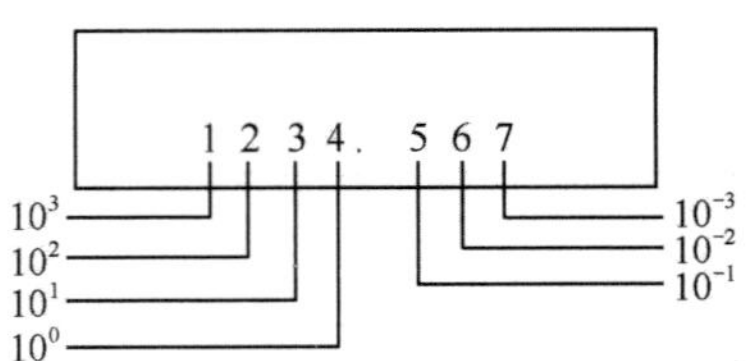

图 3-1 十进制数 1234.567 各位的权

2. 二进制

十进制数是人们最熟悉、最常用的一种数制，但在计算机中使用的是二进制数。二进制数中只有两个数字符号（0 和 1），它的基数是 2，基本运算规则是“逢二进一”，各数位的权为 2 的幂。

3. 八进制

由于二进制数的书写一般比较长，容易出错，因此为了便于书写，在编写计算机程序时常常用八进制数或十六进制数等价表示二进制数，再由计算机将这些数自动地转换成二进制数。在八进制中，基数为 8，它有 0、1、2、3、4、5、6、7 八个数字符号，八进制的基本运算规则是“逢八进一”，各数位的权为 8 的幂。

4. 十六进制

十六进制数由 0、1、2、3、4、5、6、7、8、9、A、B、C、D、E、F 十六个数字符号组成，其中的 A、B、C、D、E、F 相当于十进制数中的 10、11、12、13、14、15 的值。十六进制数的基数是 16，进位方法是“逢十六进一”，各数位的权为 16 的幂。

3.1.2 进制的转换

1. 二进制、八进制、十六进制转换为十进制

二进制、八进制、十六进制数转换为十进制数的方法可以归纳为：各位按权展开并相加。

【例 3.1】将 $(5F)_{16}$、$(123.4)_8$、$(1010.11)_2$、$(84.5)_{10}$按从小到大的顺序排列。

解：$(1101.11)_2=1\times2^3+1\times2^2+0\times2^1+1\times2^0+1\times2^{-1}+1\times2^{-2}=8+4+1+0.5+0.25=(13.75)_{10}$

$(123.4)_8=1\times8^2+2\times8^1+3\times8^0+4\times8^{-1}=64+16+3+0.5=(83.5)_{10}$

$(5F)_{16}=5\times16^1+15\times16^0=80+15=(95)_{10}$

因此，四个数按照大小顺序排列是： $(1101.11)_2<(123.4)_8<(84.5)_{10}<(5F)_{16}$。

由此可见，对不同进制下的数据比较大小，必须先将它们转换成相同进制下的数值，再进行比较。

2. 十进制数转换为二进制、八进制、十六进制数

十进制转换为 R 进制的方法可描述为：将整数部分采用“除 R 取余法”转换为 R 进制整数，小数部分采用“乘 R 取整法”转换成 R 进制小数，再将两部分结果合并在一起。

除 R 取余法：整数部分逐次除以 R，将每次得到的余数从后向前读取，则得到 R 进制数对应的整数部分。

乘 R 取整法：小数部分逐次乘以 R，取出每次乘积的整数部分，乘到积为 0 或达到所要求的精度为止。将每次得到的整数从前往后读取，则得到 R 进制数对应的小数部分。

【例 3.2】 求 $(14.875)_{10}=(?)_2$。

整数部分除 2 取余。

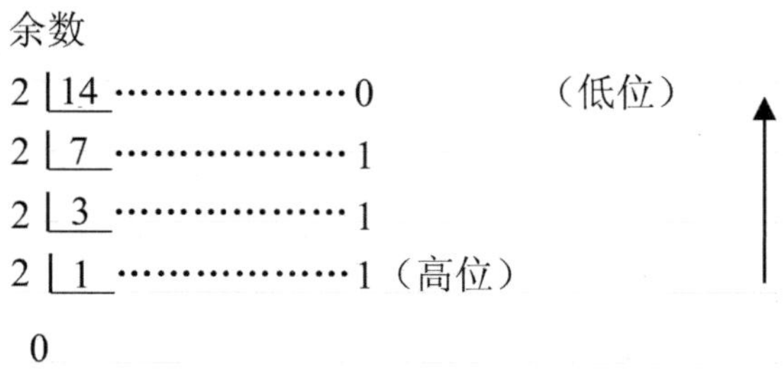

余数
2 | 14 ………………… 0　　（低位）
2 | 7 ………………… 1
2 | 3 ………………… 1
2 | 1 ………………… 1（高位）　↑
0

整数部分 $(14)_{10}=(1110)_2$；

小数部分乘 2 取整。

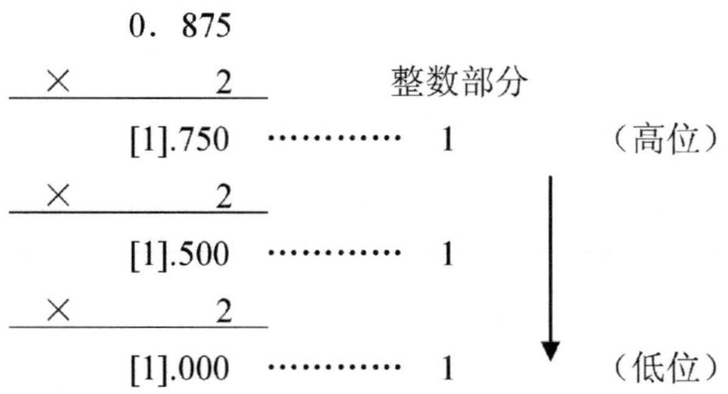

0.875
× 2　　　　整数部分
[1].750 ………… 1　　（高位）
× 2
[1].500 ………… 1
× 2
[1].000 ………… 1　↓　（低位）

小数部分 $(0.875)_{10}=(0.111)_2$；

最后合并两部分结果，得到 $(14.875)_{10}=(1110.111)_2$。

十进制数转换成八进制、十六进制的方法，与转换为二进制的方法类似，唯一的变化是除数和乘数由 2 变成 8 或 16。

3. 二进制数和八进制数间的相互转换

因为二进制数的基数是 2，八进制数的基数是 8，而 $2^3=8$，所以 3 位二进制数与 1 位八进制数相对应。

二进制数转换为八进制数的方法是：整数部分从低位到高位，每 3 位为一组，至最高位不足 3 位时，高位补 0；小数部分从高位到低位，每 3 位为一组，至最低位不足 3 位时，低位补 0，然后将每组二进制数用 1 位等值的八进制数代替即可。

【例 3.3】 求 $(10100101.01)_2=(?)_8$。

$(10100101.01)_2=(\underline{010}\,\underline{100}\,\underline{101}.\underline{010})_2=(245.2)_8$

八进制数转换为二进制数的方法是：将每 1 位八进制数用 3 位等值的二进制数代替即可。

【例 3.4】 求 $(123.4)_8=(?)_2$。

$(123.4)_8=(\underline{001}\,\underline{010}\,\underline{011}.\underline{100})_2=(1010011.1)_2$

4. 二进制数和十六进制数间的相互转换

因为二进制数的基数是 2，十六进制数的基数是 16，而 $2^4=16$。类似地，按照二进制转换为八进制的转换方法（以 4 位为一组），来实现二进制与十六进制数的转换。

【例 3.5】 求 $(10100101.01)_2=(?)_{16}$。

$(10100101.01)_2=(\underline{1010}\,\underline{0101}.\underline{0100})_2=(A5.4)_{16}$

十六进制数转换为二进制数的方法是：将每一位十六进制数用 4 位等值的二进制数代替即可。

【例 3.6】 $(93.BA)_{16}=(?)_2$。

$(93.BA)_{16}=(\underline{1001}\,\underline{0011}.\underline{1011}\,\underline{1010})_2=(10010011.1011101)_2$

3.2 二进制的计量单位

在计算机内部，各种信息都是以二进制编码的形式存储的。信息的计量单位常采用位、字节、字等。

(1) 位（bit，缩写为 b）：表示一位二进制信息（0 或 1），是二进制信息的最小计量单位。

(2) 字节（Byte，缩写为 B）：一个字节由 8 位二进制位组成，通常用 $b_7\ b_6\ b_5\ b_4\ b_3\ b_2\ b_1\ b_0$ 来表示。其中 b_7 是最高位，b_0 是最低位。

字节是计算机信息的基本计量单位，通常用来描述文件大小、内存或其他存储设备容量。

(3) 字（word）：是计算机信息交换、加工、存储的基本单元，其包含的二进制位的个数称为字长。字长表示计算机能并行处理的数据长度，是计算机性能的一个重要指标。不同计算机系统的字长不同，计算机发展过程中曾出现的计算机字长有 8 位、16 位、32 位、64 位等。目前主流的计算机都是 64 位的，即一次可以处理 64bit 的数据。

在实际应用中，常采用 K、M、G、T 来辅助表示巨大存储容量，它们与十进制数的换算关系如下：

$1K=2^{10}=1\,024$

$1M=2^{20}=1\ 024K=1\ 024\times1\ 024$

$1G=2^{30}=1\ 024M=1\ 024\times1\ 024K=1\ 024\times1\ 024\times1\ 024$

$1T=2^{40}=1\ 024G=1\ 024\times1\ 024M=1\ 024\times1\ 024\times1\ 024K=1\ 024\times1\ 024\times1\ 024\times1\ 024$

3.3　二进制数据的运算

对二进制数的运算有两种：算术运算和逻辑运算。算术运算指数的加、减、乘、除及乘方、开方等数学运算，逻辑运算是指数的与、或、非等运算。

3.3.1　算术运算

二进制数的加、减、乘、除运算方法与十进制数的运算方法类似，但二进制只有0、1两个数码，在做加减法时，遵循“逢二进一”“借一当二”原则。

（1）加法运算规则为：

0+0=0　　0+1=1　　1+0=1　　1+1=10（逢二进一）

（2）减法运算规则为：

0-0=0　　1-1=0　　1-0=1　　0-1=1（借一当二）

（3）二进制乘法运算的规则为：

0×0=0　　0×1=0　　1×0=0　　1×1=1

（4）二进制除法运算的规则为：

0÷1=0　　1÷1=1

【例 3.7】计算 $(101101)_2+(1011.01)_2$。

$$\begin{array}{r} 101101 \\ +\quad 1011.01 \\ \hline 111000.01 \end{array}$$

所以 $(101101)_2+(1011.01)_2=(111000.01)_2$。

【例 3.8】计算 $(1011011)_2-(1101.01)_2$。

$$\begin{array}{r} 1011011 \\ -\quad 1101.01 \\ \hline 1001101.11 \end{array}$$

所以 $(1011011)_2-(1101.01)_2=(1001101.11)_2$。

【例 3.9】计算 $(1011.11)_2\times(101)_2$。

$$\begin{array}{r} 1011.11 \\ \times\quad 1\,01 \\ \hline 1011\,11 \\ 101111 \\ \hline 111010.11 \end{array}$$

所以 $(1011.11)_2 \times (101)_2 = (111010.11)_2$。

【例 3.10】 计算 $(100100.01)_2 \div (101)_2$。

```
          111.01
101)   100100.01
        101
        1000
         101
         110
         101
           101
           101
             0
```

所以 $(100100.01)_2 \div (101)_2 = (111.01)_2$。

3.3.2 逻辑运算

计算机不仅能进行算术运算，而且可能进行逻辑运算。每一个二进制位有两种状态：0 或者 1。如果把 0 当作 false，1 当成 true，则计算机存储器中的每一位可以表示一个逻辑值，进而可以为它们设计逻辑运算。常见的逻辑运算符包括一个单目运算符“非”（NOT）和三个双目运算符“与”（AND）、“或”（OR）、“异或”（XOR）。

1. 非逻辑

非逻辑关系简称非逻辑，表示的结果与条件之间的关系为：条件具备时结果不发生，条件不具备时结果才发生。非运算符是“$^-$”，X 表示对数 $\overline{X}$ 按位取反。非运算只有一个操作数，它的运算规则为：

$\overline{0}=1$　　　　$\overline{1}=0$

【例 3.11】 若 $X=41$，求 $\overline{X}$。

解：先将 X 转换为二进制数，得到 00101001B。

对 X 的各位分别取反，得到 $\overline{X}=11010110\text{B}$。

2. 或逻辑

或逻辑是指当决定事物结果的几个条件中，有一个或一个以上的条件得到满足时，结果就会发生。或运算一般使用“∨”或者“+”运算符。

3. 与逻辑

与逻辑是指只有决定某件事情的所有条件都具备时，结果才会发生。与运算一般用“∧”或“·”表示。

4. 异或逻辑

异或逻辑关系是：当 A、B 两个变量取值不相同时，输出为 1；而 A、B 两个变量取值相同时，输出为 0。一般用符号“⊕”表示。

逻辑运算的真值如表 3-1 所示。

表 3-1　逻辑运算的真值表

A	NOT A
0	1
1	0

A	B	A AND B
0	0	0
0	1	0
1	0	0
1	1	1

A	B	A OR B
0	0	0
0	1	1
1	0	1
1	1	1

A	B	A XOR B
0	0	0
0	1	1
1	0	1
1	1	0

【例 3.12】 若 A=10011010B，B=11001010B，分别求 $A \wedge B$，$A \vee B$，$A \oplus B$。

解：

$$\begin{array}{r} 10011010 \\ \wedge\ 11001010 \\ \hline 10001010 \end{array} \qquad \begin{array}{r} 10011010 \\ \vee\ 11001010 \\ \hline 11011010 \end{array} \qquad \begin{array}{r} 10011010 \\ \oplus\ 11001010 \\ \hline 01010000 \end{array}$$

$A \wedge B$=10011010B∧11001010B=10001010B

$A \vee B$=10011010B∨11001010B=11011010B

$A \oplus B$=10011010B⊕11001010B=01010000B

可见，计算机中的逻辑运算按位进行，需要进位和借位。

3.3.3　数字逻辑及基本门电路

1. 模拟信号与数字信号

存在于客观世界的各种物理信号，按其变化规律可分为：连续信号和离散信号。

连续信号，又称模拟信号，简称模拟量，是指在时间上和数值上均作连续变化的物理信号；离散信号，又称数字信号，简称数字量，是指信号的变化在时间上和数值上都是离散的或不连续的。直接对模拟量进行处理的电子线路称为模拟线路；而直接对数字量进行处理的电子线路称为数字电路。由于数字电路的各种功能是通过逻辑运算和逻辑判断实现，又称为数字逻辑电路或者逻辑电路。

2. 数字系统

数字系统是由实现各种功能的逻辑电路互相连接构成的整体，它能交互式地处理用离散形式表示的信息。数字系统是仅仅用 0 或 1 这两个数字来“处理”信息，实现计算和操作的电子网络。这个特征即产生二进制系统。数字的本身（0 和 1）称为比特

(bit)，简称为二进制系统。

3. 逻辑门电路

基本的逻辑运算可以由开关及其电路连接实现。上一节介绍基本逻辑运算有与、或、非运算，而完成这 3 种基本运算的门电路，称为基本逻辑门电路。本节主要介绍由二极管、三极管组成的基本逻辑门电路及符号。

(1) 二极管门电路。

①二极管与门。

在电子电路中，输入量与输入量之间满足于逻辑关系的电路，称为与门。

用半导体二极管实现的与门电路如图 3-2 所示。

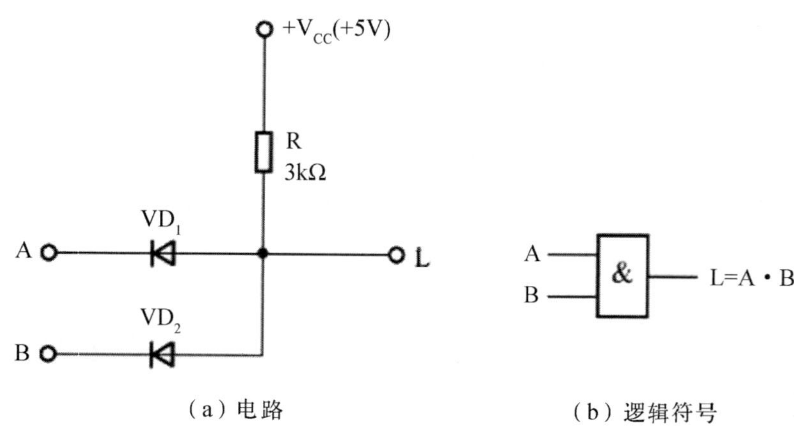

(a) 电路　　(b) 逻辑符号

图 3-2　二极管与门

下面来分析该电路的逻辑关系。

$V_A=V_B=0$ V。此时二极管 VD_1 和 VD_2 都导通，由于二极管正向导通时的钳位作用，$V_L\approx0$ V。

$V_A=0$ V，$V_B=5$ V。此时二极管 VD_1 导通，由于钳位作用，$V_L\approx0$ V，VD_2 受反向电压而截止。

$V_A=5$ V，$V_B=0$ V。此时 VD_2 导通，$V_L\approx0$ V，VD_1 受反向电压而截止。

$V_A=V_B=5$ V。此时 VD_1 和 VD_2 都截至，$V_L=V_{CC}=5$ V。

把上述分析结果归纳起来列入图 3-3 中，如果采用正逻辑体制，很容易看出它实现逻辑运算：

$L=A\cdot B$

加图 3-4 所示为逻辑真值表。

增加一个输入端和一个二极管，即可变成三输入端与门。按此方法可构成更多输入端的与门。

输入		输出
A	B	L
0	0	0
0	1	0
1	0	0
1	1	1

图 3-3 与门输入输出电压的关系

输入		输出
V_A（V）	V_B（V）	V_L（V）
0	0	0
0	5	0
5	0	0
5	5	5

图 3-4 与逻辑真值表图

② 二极管或门。

在电子电路中，输入量与输出量之间满足或逻辑关系的门电路，称为或门。

用半导体二极管实现的或门电路如图 3-5 所示。

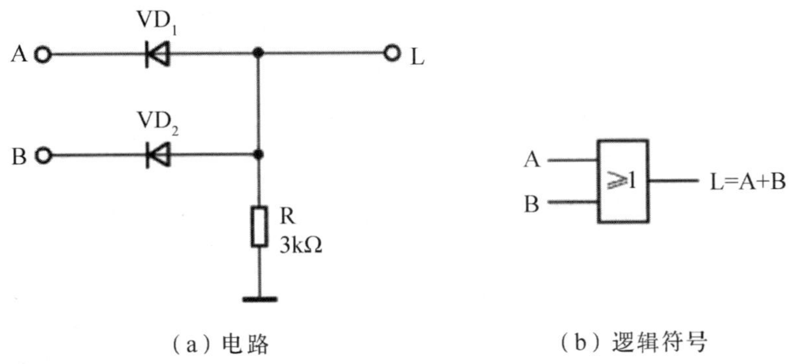

（a）电路　　（b）逻辑符号

图 3-5 二极管或门

该电路逻辑关系的分析和与门类似，这里不再赘述，或门输入输出电压关系如图 3-6 所示。可见，它实现逻辑运算：

L＝A＋B

或逻辑真值表如图 3-7 所示。

同样，可用增加输入端和二极管的方法，构成更多输入端的或门。

输入		输出
V_A（V）	V_B（V）	V_L（V）
0	0	0
0	5	5
5	0	5
5	5	5

图 3-6 或门输入输出电压关系图

输入		输出
A	B	L
0	0	0
0	1	1
1	0	1
1	1	1

图 3-7 或逻辑真值表图

（2）三极管非门。

在电子电路中，输入量与输出量之间满足非逻辑关系的门电路，称为非门。

如图 3-8（a）所示是由三极管组成的非门电路，非门又称反相器。三极管的开关特性已在前面分析过，这里重点分析其逻辑关系。仍设输入信号为+5 V 或 0 V。此电路只有以下两种工作情况：

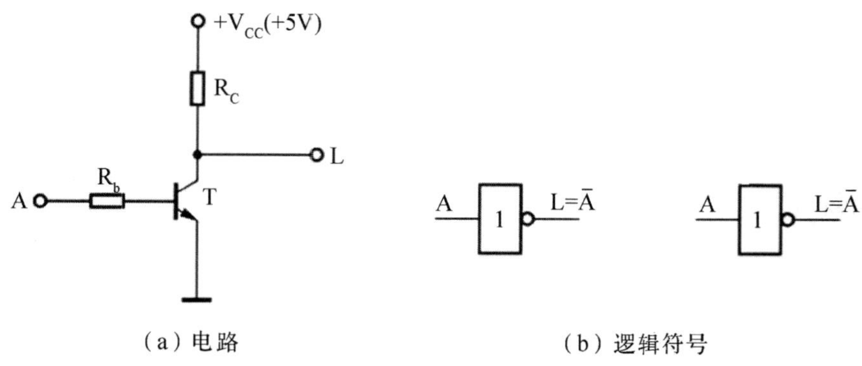

（a）电路　（b）逻辑符号

图 3-8　三极管非门

V_A＝0 V。此时三极管的发射结电压小于死区电压，满足截止条件，所以管子截止，V_L＝V_{CC}＝5 V。

V_A＝5 V。此时三极管的发射结正偏，管子导通，只要合理选择电路参数，使其满足饱和条件 I_B＞I_{BS}，则管子工作于饱和状态，有 V_L＝V_{CES}≈0 V（0.3 V）。

把上述分析结果列入图 3-9 中，此电路不管采用正逻辑体制还是负逻辑体制，都满足非运算的逻辑关系。如图 3-10 所示为非逻辑真值表。

输　入	输　出
V_A（V）	V_L（V）
0	5
5	0

图 3-9　非门输入输出电压的关系图

输　入	输　出
A	L
0	1
1	0

图 3-10　非逻辑真值表图

（3）复合逻辑门电路。

由与、或、非 3 种基本门电路可以组成比较复杂的符合逻辑门电路。

前面介绍的二极管与门和或门电路虽然结构简单，逻辑关系明确，但却不实用。例如在图 3-11 所给出的两级二极管与门电路中，会出现低电平偏离标准数值的情况。

为此，常将二极管与门或门与三极管非门组合起来组成与非门和或非门电路，以消除在串接时产生的电平偏离，从而提高带负载能力。

如图 3-17 所示是由三输入端的二极管与门和三极管非门组合而成的与非门电路。其中，作了两处必要的修正。

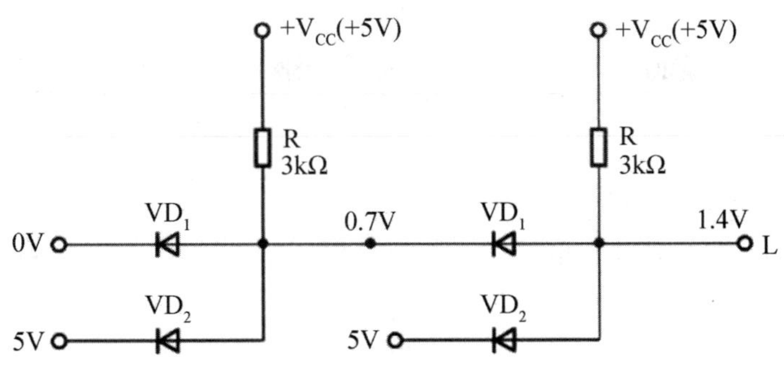

图 3-11　两级二极管与门串接使用情况

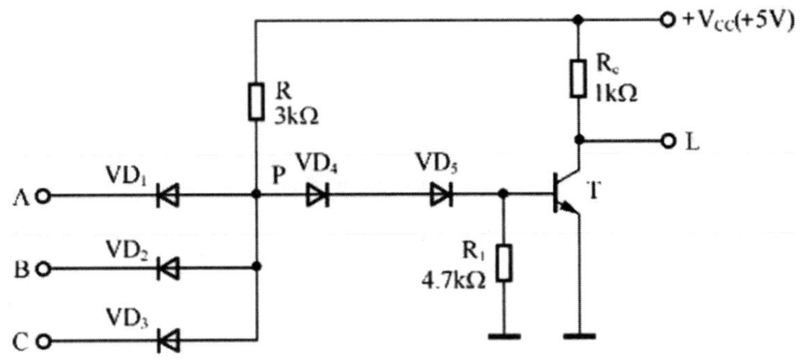

图 3-12　DTL 与非门电路

①将电阻 R_b 换成两个二极管 VD_4、VD_5，作用是提高输入低电平的抗干扰能力，即当输入低电平有波动时，保证三极管可靠截止，以输出高电平。

②增加 R_1，目的是当三极管从饱和向截止转换时，给基区存储电荷提供一个泄放回路。

该电路的逻辑关系为：

①当三输入端都接高电平时（即 $V_A=V_B=V_C=5$ V），二极管 $VD_1 \sim VD_3$ 都截止，而 VD_4、VD_5 和 VT 导通。可以验证，此时三极管饱和，$V_L=V_{CES}\approx 0.3$ V，即输出低电平。

②在三输入端中只要有一个为低电平 0.3 V 时，则阴极接低电平的二极管导通，由于二极管正向导通时的钳位作用，$V_P\approx 1$ V，从而使 VD_4、VD_5 和 VT 都截止，$V_L=V_{CC}=5$ V，即输出高电平。

可见该电路满足与非逻辑关系，即：

$$L=\overline{A\cdot B\cdot C}$$

把一个电路中的所有元件，包括二极管、三极管、电阻及导线等都制作在一片半导体芯片上，封装在一个管壳内，就是集成电路。如图 3-17 所示是早期的简单集成与非门电路，称为二极管－三极管逻辑门电路，简称 DTL 电路。同理可以分析其他类型的 DTL 门电路。

3.4 数据的表示

计算机不仅能处理数值型数据，还可以处理字符、汉字、图形、音频和视频等非数值型数据，但这些数据必须按照一定的信息编码标准表示成二进制编码形式才能由计算机存储和处理。需要输出时，再将二进制编码形式的数据还原成用户可以识别的信息即可。

3.4.1 加权二进制码

二进制码对于用户来说有些不易理解，例如，将二进制数 10010110_2 转换为对应折十进制数形式，则结果为 $10010110_2 = 150_{10}$。但是做这样的转换并非直接明了。

由二进制编码的十进制码（BCD）转换为十进制则容易得多。凡是用若干位二进制数来表示一位十进制数的方法，统称为十进制数的二进制编码，简称 BCD 码。

用二进制码来表示 0～9 这 10 个数符，必须用四位二进制代码来表示，而四位二进制码共有 16 种组合，从中取出 10 种组合来表示 0～9 的编码方案约有 2.9×10^{10} 种。

加权码是每个数位都分配了权或值的编码。下面分别介绍几种常用的加权二进制编码。

1. 8421BCD 码

8421BCD 码是最基本也是最常用的一种编码方案，因而习惯上将其简称为 BCD 码。在这种编码方式中，每一位二进制代码都代表一个固定的数值，把每一位的 1 代表的十进制数加起来，得到的结果就是它所代表的十进制数码，由于代码中从左到右每一位的 1 分别表示 8、4、2、1，所以把这种代码叫做 8421 码。在 8421 码中每一位 1 代表的十进制数称为这一位的权。如表 3-2 所示列出了十进制数 0～9 对应的 4 位 BCD 码。虽然 8421BCD 码的权值与四位自然二进制码的权值相同，但两者是两种不同的代码。8421BCD 码只是取用了四位自然二进制代码的前 10 种组合。

2. 2421BCD 码

2421BCD 码是另一种有权码，它的各位权值分别是 2、4、2、1。除了上面列出的两种，常见的还有 4221BCD 码和 5421BCD 码，如表 3-2 所示。

表 3-2 常见的几种加权 BCD 码

十进制	8421BCD	2421BCD	4221BCD	5421BCD
	8s 4s 2s 1s	2s 4s 2s 1s	4s 2s 2s 1s	5s 4s 2s 1s
0	0 0 0 0	0 0 0 0	0 0 0 0	0 0 0 0
1	0 0 0 1	0 0 0 1	0 0 0 1	0 0 0 1
2	0 0 1 0	0 0 1 0	0 0 1 0	0 0 1 0
3	0 0 1 1	0 0 1 1	0 0 1 1	0 0 1 1

续表

十进制	8421BCD	2421BCD	4221BCD	5421BCD
	8s 4s 2s 1s	2s 4s 2s 1s	4s 2s 2s 1s	5s 4s 2s 1s
4	0 1 0 0	0 1 0 0	1 0 0 0	0 1 0 0
5	0 1 0 1	1 0 1 1	0 1 1 1	1 0 0 0
6	0 1 1 0	1 1 0 0	1 1 0 0	1 0 0 1
7	0 1 1 1	1 1 0 1	1 1 0 1	1 0 1 0
8	1 0 0 0	1 1 1 0	1 1 1 0	1 0 1 1
9	1 0 0 1	1 1 1 1	1 1 1 1	1 1 0 0

用 BCD 码表示十进制数，只要把十进制数的每一位数码，分别用 BCD 码取代即可。反之，若要知道 BCD 码代表的十进制数，只要 BCD 码以小数点为起点向左、右每四位分成一组，再写出每一组代码代表的十进制数，并保持原排序即可。

【例 3.13】 求出十进制数 902.45_{10} 的 8421BCD 码。

解： 如图 3-5 所示说明了将十进制数转换为 BCD（8421）码的方法。将十进制数的每一位转换为其相应的 4 位 BCD 码（见表 3-2），那么十进制数 902.45 就等于 8421BCD 码 $10000010.1001_{8421BCD}$，即：

$902.45_{10} = 100100000010.01000101_{8421BCD}$

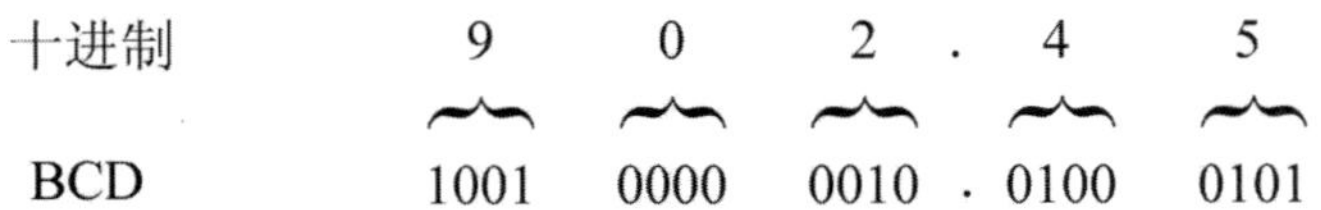

图 3-13　十进制到 BCD 码的转换

【例 3.14】 求出 5421BCD 码 $10000010.1001_{5421BCD}$ 所表示的十进制数。

解： 将 BCD 码转换为十进制数的方法如图 3-14 所示。首先将 5421BCD 码以小数点为起点向左、右每四位一组进行划分，每一组由其相对应的十进制数位表示，记在下方。那么 5421BCD 码 10000010.1001 就等于十进制数 52.6，即：

$10000010.1001_{5421BCD} = 52.6_{10}$

1000　0010 . 1001　　5421BCD

5　2 . 6　　十进制数

图 3-14　BCD 码到十进制码的转换

3.4.2　不加权的二进制码

有一些不加权的二进制码，它们的每一位都没有具体的权值。例如，余 3 码、格雷码就是两种不加权的二进制码。

1. 余 3 码

余 3 码是一种特殊的 BCD 码，它是由 8421BCD 码加 3 后形成的，所以叫作余 3 码（简写为 XS3），如表 3-3 所示。对于一个数 N，它的余 3 码和对应的 8421BCD 码之间有如下关系式：

$$(N)_{XS3} = (N)_{8421BCD} + (3)_{8421BCD}$$

【例 3.15】用余 3 码对十进制数 $N = 2916_{10}$ 进行编码。

解：首先对十进制数进行 8421BCD 编码，之后再将各位 BCD 码加 3 即可。

$$2 \rightarrow 0010,\ 9 \rightarrow 1001,\ 1 \rightarrow 0001,\ 6 \rightarrow 0110$$

所以有：$N = 2916_{10} = 0101110001001001_{XS3}$。

表 3-3 BCD 码和余 3 码的比较

十进制数	8421BCD	余 3 码
0	0000	0011
1	0001	0100
2	0010	0101
3	0011	0110
4	0100	0111
5	0101	1000
6	0110	1001
7	0111	1010
8	1000	1011
9	1001	1100

2. 格雷码

格雷码是另一种不加权的二进制码，它不属于 BCD 类型的编码。格雷码又称循环码，具有多种编码形式，但有一个共同的特点，即任意两个相邻的格雷代码之间，仅有一位不同，其余各位均相同。和二进制数相似，格雷码可以拥有任意的位数。如表 3-4 所示列出了格雷码及相应二进制码与十进制数的比较。

表 3-4 4 位格雷码与二进制码的比较

十进制数	二进制码	格雷码	十进制数	二进制码	格雷码
0	0000	0000	8	1000	1100
1	0001	0001	9	1001	1101
2	0010	0011	10	1010	1111
3	0011	0010	11	1011	1110
4	0100	0110	12	1100	1010

续表

十进制数	二进制码	格雷码	十进制数	二进制码	格雷码
5	0101	0111	13	1101	1011
6	0110	0101	14	1110	1001
7	0111	0100	15	1111	1000

格雷码与二进制码之间经常相互转换，具体方法如下：

1. 二进制码到格雷码的转换

(1) 格雷码的最高位（最左边）与二进制码的最高位相同。

(2) 从左到右，逐一将二进制码的两个相邻位相加，作为格雷码的下一位（舍去进位）。

(3) 格雷码和二进制码的位数始终相同。

【例 3.16】 把二进制数 1001 转换成格雷码。

解：

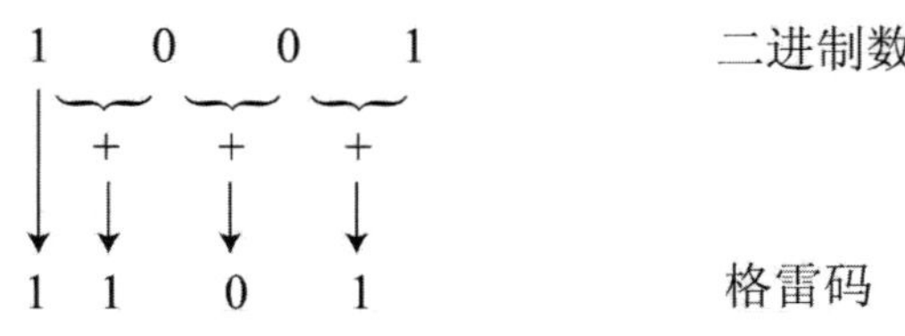

图 3-15　二进制数到格雷码的转

2. 格雷码到二进制码的转换

(1) 二进制码的最高位（最左边）与格雷码的最高位相同。

(2) 将产生的每个二进制码位加上下一相邻位置的格雷码位，作为二进制码的下一位（舍去进位）。

【例 3.17】 把格雷码 0111 转换成二进制数。

解：

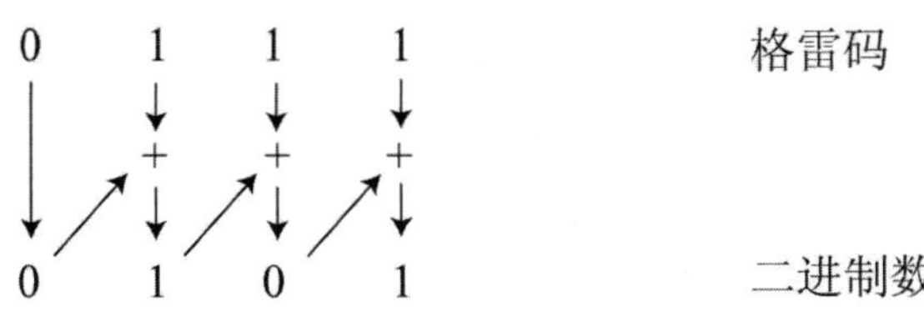

图 3-16　格雷码到二进制数的转换

3.4.3 字符编码

计算机在对字母、数字和其他符号进行处理时，需要将这些非数值型信息用二进制编码表示。目前存在着多种字符集和字符编码方式，使用最多的是 1963 年美国标准学会 ANSI 制定的美国标准信息交换码（American Standard Code for Information Interchange），简称 ASCII 码。

ASCII 码用 7 位二进制数表示一个字符，7 位二进制数可表示 2^7 共 128 个字符，其中包括：数字 0～9、26 个大写英文字母、26 个小写英文字母、各种运算符（如+、−、*、/、=等）以及各种控制符。虽然 ASCII 码是 7 位的编码，但由于字节是计算机中的基本处理单位，一般仍用一个字节（8 位）存放 ASCII 码，其最高位一般置 0，如表 3-5 所示。

表 3-5　ASCII 码表

高 3 位 低 4 位	000	001	010	011	100	101	110	111
0000	NUL	DLE	SP	0	@	P	`	p
0001	SOH	DC1	!	1	A	Q	a	q
0010	STX	DC2	“	2	B	R	b	r
0011	ETX	DC3	#	3	C	S	c	s
0100	EOT	DC4	MYM	4	D	T	d	t
0101	ENQ	NAK	%	5	E	U	e	u
0110	ACK	SYN	&	6	F	V	f	v
0111	BEL	ETB	‘	7	G	W	g	w
1000	BS	CAN	(	8	H	X	h	x
1001	HT	EM	)	9	I	Y	i	y
1010	LF	SUB	*	:	J	Z	j	z
1011	VT	ESC	+	;	K	[	k	{
1100	FF	FS	,	<	L	\	l	|
1101	CR	GS	−	=	M	]	m	}
1110	SO	RS	.	>	N	^	n	~
1111	SI	US	/	?	O	_	o	DEL

为了书写方便，常把 ASCII 码写成两位十六进制数。例如 S 的 ASCII 码值是 01010011，也可以写成 53H。

3.4.4　汉字编码

对于英文，大小写字母总计只有 52 个，加上数字、标点符号和其他常用符号，128 个编码基本够用，所以 ASCII 码基本上满足了英语信息处理的需要。我国使用的汉字是象形文字，与西文字符相比，汉字的数量巨大，必须使用更多的二进制位。1981 年我国国家标准局颁布的《信息交换用汉字编码字符集·基本集》（GB2312—

80)，收录了 6763 个汉字和 619 个图形符号。在 GB2312—80 中，根据汉字使用频率分为两级，第一级有 3 755 个，按汉语拼音字母的顺序排列，第二级有 3 008 个，按部首排列。在 GB2312—80 中规定用 2 个连续字节，即 16 位二进制代码表示一个汉字。由于每个字节的高位规定为 1，这样就可以表示 128×128=16 384 个汉字。

英文的基本符号比较少，编码比较容易，而且在计算机系统中，输入、内部处理、存储和输出均可以使用同一代码。汉字种类繁多，编码比英文要困难得多，而且在一个汉字处理系统中，输入、内部处理、输出对汉字代码要求不尽相同，所以用的代码也不尽相同。汉字信息处理系统在处理汉字和词语时，要进行输入码、机内码、字形码一系列的汉字编码转换，如图 3-17 所示。

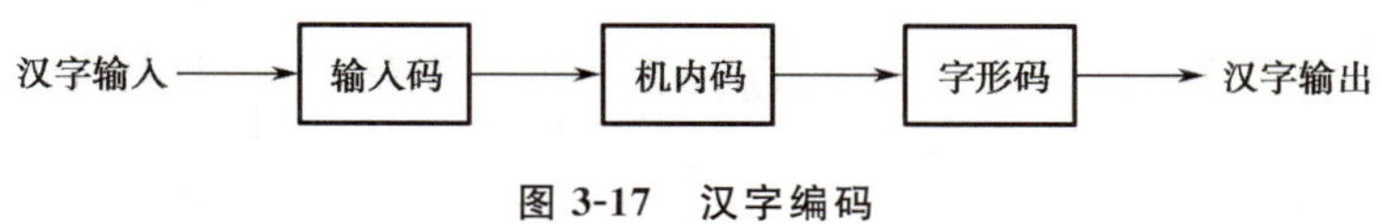

图 3-17　汉字编码

1. 输入码

由于汉字的输入需要依靠键盘完成，而标准的键盘不具备直接输入汉字的功能。为此，必须利用几个英文字母或数字的组合来表示一个汉字，这样的汉字编码称为汉字输入码。

目前，已有的汉字输入法有很多种，常用的有拼音输入法和五笔字型输入法等。每一种输入法对同一汉字的编码各不相同，但输入计算机后经过转换，变成统一的机内码，即内码。

2. 机内码（内码）

汉字机内码是计算机系统内部存储、处理和传输汉字所使用的代码。一般用两个字节来存放汉字的内码。由于英文字符的机内代码是 7 位 ASCII 码，最高位为 0。因此将汉字机内代码中两个字节的最高位置为 1，使汉字编码和英文编码能相互区别开。

3. 字形码（输出码）

字形码是汉字笔画构成的图形编码，是为实现汉字输出而制定的。每一个汉字的字形都必须预先存放在计算机内，一套汉字（如 GB 2312 国标汉字字符集）的所有字符的形状描述信息集合在一起称为字形信息库，简称字库。不同的字体，如宋体、仿宋体、楷体、黑体等对应不同的字库。

目前普遍使用的汉字字形码用点阵方式表示，常用的汉字点阵字形有 16×16 点阵、24×24 点阵、32×32 点阵和 48×48 点阵等。汉字字形点阵中，每个点的信息用 1 位二进制数表示，1 表示对应位置处是黑点，0 表示对应位置处是空白。如图 3-18 所示为汉字“大”的 16×16 点阵字形码及编码。

一个汉字 16×16 点阵字形码需要占用 2×16=32 字节的内存容量，24×24 点阵字形码需要占用 72 字节的内存容量，32×32 点阵字形码需要占用 128 字节的内存容量，48×48 点阵字形码需要占用 288 字节的内存容量。点阵越大，输出的字形越美观。

	0	1	2	3	4	5	6	7	8	9	10	11	12	13	14	15	十六进制数			
0							●	●									0	3	0	0
1							●	●									0	3	0	0
2							●	●									0	3	0	0
3							●	●						●			0	3	0	0
4	●	●	●	●	●	●	●	●	●	●	●	●	●	●	●	●	F	F	F	F
5							●	●									0	3	0	0
6							●	●									0	3	0	0
7							●	●									0	3	0	0
8							●	●									0	3	0	0
9							●	●	●								0	3	8	0
10						●	●			●							0	6	4	0
11					●	●					●						0	C	2	0
12				●	●						●	●					1	8	3	0
13				●								●	●				1	0	1	8
14			●										●	●	●		2	0	0	E
15	●	●												●			C	0	0	4

图 3-18 “大”字的 16×16 点阵字形及编码

4. 图形和图像

对于图形和图像也可以使用二进制代码编码。当前，计算机中的图像主要有两种：位图（bitmap graphic）和矢量图（vector graphic）。

（1）位图图像，也称点阵图像或绘制图像，由像素点按照一定的顺序排列组成。这些点以不同的排列顺序和颜色来表示图像。当位图被放大到一定比例时，即可看到构成整个图像的单个颜色块，即单个像素。像素的大小取决于分辨率（resolution）。分辨率越高，图片的质量越高，存储图片占用的空间越大。

对于一个黑白图像，每个像素可以用一位二进制数表示（如 0 代表黑，1 代表白）；如果要表示彩色图像，每一个像素由红、绿、蓝 3 个基色组合构成，因而需要更多的数位表示。在图 3-19 中，一个黑白图像用 4×8 点阵表示，需要 4 个字节来存储相关图像信息。

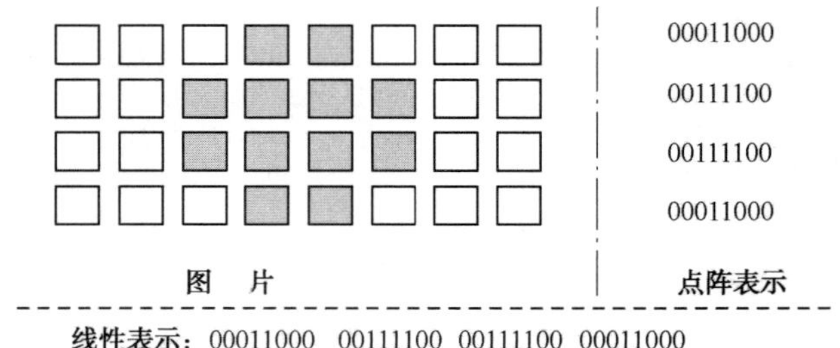

图 3-19 用位图表示黑白图像

（2）矢量图像，指使用由线连接的点来描述图像，图像的元素是点和线。矢量图

形先被分解为单个的线条、文字、图形、矩形等图形元素，再利用代数表达式分别表示每个元素。这些图形元素都具有各自的颜色、形状、大小等属性，在图像中是相对独立的实体。在计算机中，使用二进制数表示图形元素的属性信息。

5. 音频

音频是因物体振动而产生的声音信号。音频信号是模拟信号，而计算机只能处理数字信号，所以要将连续的音频信号转换为离散的数字信号，其过程分为以下 3 步（见图 3-20）：

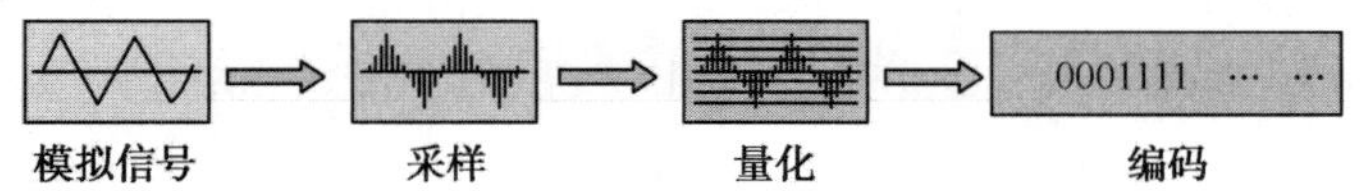

图 3-20　音频表示

（1）采样：每隔一个时间间隔在模拟声音的波形上取一个幅度值，把时间上的连续信号编成时间上的离散信号。

（2）量化：对采样值数字化的过程称为量化。例如，如果一个采样结果为 30.9，而样本取值范围为 0～100 的整数值，那么该采样值被量化为 31。

（3）编码：按照一定的格式把经过采样和量化得到的离散数据记录下来，转换为二进制数。如上面的 31 被编码后变为二进制数 00011111。

将编码产生的二进制数顺序存入计算机以表示一段声音或音乐。

6. 视频和动画

视频和动画信息是连续渐变的静态图像或图形序列沿时间轴顺次更换显示，从而构成运动视觉媒体。因而知道如何存储图像，也就能理解如何存储视频文件。视频中的每一幅图像都转换为对应的二进制数进行存储，它们的组合构成一个视频文件。要注意的是，当前的视频文件都采用某些标准进行压缩，否则信息量会非常巨大。

3.5　计算机原版文章阅读

Functions in C

Almost all programming languages have some equivalent of the function. You may have met them under the alternative names subroutine or procedure.

Some languages distinguish between functions which return variables and those which don′t. C assumes that every function will return a value . If the programmer wants a return value, this is achieved using the return statement. If no return value is required, none should be used when calling the function.

Here is a function which raises a double to the power of an unsigned, and returns the result.

double power (double val, unsigned pow)

```
{
doubleret _ val=1. 0;
unsignedI;
for (i=0; i<pow ; i++)
tre _ val * =val;
return (ret _ val)
}
```

The function follows a simple algorithm, multiplying the value by itself pow-times. A for loop is used to control the number of multiplications, and variable ret _ val stores the value to be returned. Careful programming has ensured that the boundary condition is correct too.

Let us examine the details of this function:

double power (double val, unsigned pow) .

This line begins the function definition. It tells us the type of the return value, the name of the function, and a list of arguments used by the function. The arguments and their types are enclosed in brackets, each pair separated by commas.

The body of the function is bounded by a set of curly brackets. Any variables declared here will be treated as local unless specifically declared as static or extern types.

return (ret _ val);

On reaching a return statement, control of the program returns to the calling function

The bracketed value is the value which is returned from the function. If the final closing curly bracket is reached before any return value, then the function will return automatically, any return value will then be meaningless.

The example function can be called by a line in another function which looks like this:

result = power (val, pow);

This calls the function power assigning the return value to variable result.

Here is an example of a function which does not return a value.

```
voiderror _ line (int line)
{
Fprintf (stderr, " Error in input data: line %d \ n", line);
}
```

The definition uses type void which is optional. It shows that no return value is used.

Otherwise the function is much the same as the previous example, except that there is no return statement. Some void type functions might use return, but only to force an early exit from the function, and not to return any value. This is rather like using break to jump out of a loop.

This function also demonstrates a new feature.

fprintf (stderr, " Error in input data: line %d \ n", line);

This is a variant on the printfstatement, fprintf sends its output into a file. In this case, the file is stderr. stderr is a special UNIX file which serves as the channel for error messages. It is usually connected to the console of the computer system, so this is a good way to display error messages from your programs. Messages sent to stderr will appear on screen even if the normal output of the program has been redirected to a file or a printer.

The function would be called as follows:

error _ line (line _ number);

一、单选题

1. 3 MB 等于（　　）。

A. 1 024×1 024 bit　　B. 1 000×1 024 Byte

C. 1 000×1 024 bit　　D. 3×1 024×1 024 Byte

2. 在表示存储容量时，1M 表示 2 的（　　）次方。

A. 10　　B. 11　　C. 20　　D. 19

3. 二进制是目前计算机唯一能识别的编码，关于二进制的描述，错误的是(　　)。

A. 二进制就是采用 0 或 1 构成，且进位规则为“逢二进一，借一当二”的进位计数制度

B. 在二进制计量单位中，一个二进制数称为一位，英文表述为 Byte

C. 计算机数据编码，即是把各种常用的符号、文字等，表示成二进制数

D. 二进制常被用来表示存储容量，其中 1 KB 代表 1 024 个字节

4. 下列四组数依次为二进制、八进制和十六进制，符合要求的是（　　）。

A. 11，78，19　　B. 12，77，10　　C. 12，80，10　　D. 11，77，19

5. 取值连续的量称为（　　）。

A. 数据量　　B. 模拟量　　C. 数字量

6. 取值离散的量称为（　　）。

A. 模拟量　　B. 二进制量　　C. 数字量

7. 要使用 BCD 码表示十进制数需要（　　）。

A. 四位　　B. 二位　　C. 位数取决于数字

8. 要使用 BCD 码表示十进制数需要（　　）。

A．四位　　B. 二位　　C. 位数取决于数字　　D. 十位

9. BCD 码用于表示（　　）。

A. 二进制数　　　B. 十进制数　　　C. 十六进制数　　　D. 八进制

二、填空题

1. 表示同一物理量数值的两种基本方法是________和________形式。
2. BCD 3 个字母代表什么________。
3. $679.8_{10}=$ ________$_{8421BCD}$，$98_{10}=$ ________$_{4221BCD}$，$75_{10}=$ ________$_{5421BCD}$。$97_{10}=$ ________$_{2421BCD}$，$01100001.00000101_{8421BCD}=$ ________$_{10}$，$111011.11_2=$ ________$_{8421BCD}$。
4. 格雷码最重要的特性是：当计数每增加 1 时，________有 1 位状态改变。
5. 可同时表示数字和字母的二进制码称为________码。
6. ASCII 代表________。
7. 字母 K 的 ASCII 码为________。
8. 微型计算机输入、输出的工业标准是 7 位________码。

三、计算题

1. $(101101101101.110)_2=(\quad)_{10}=(\quad)_8$。
2. $(10011011.0011011)_2=(\quad)_8=(\quad)_{16}$。
3. $(89)_{10}=(\quad)_2$。
4. $(227.125)_{10}=(\quad)_2$。
5. $(756)_8=(\quad)_2$。
6. $(1234)_8=(\quad)_{10}=(\quad)_2$。
7. $(7AC)_{16}=(\quad)_2$。
8. $(ACF)_{16}=(\quad)_8$。
9. $(6D8)_{16}=(\quad)_{10}=(\quad)_2$。
10. $(101011)_2+(100010)_2=(\quad)_2$。
11. $(111011)_2+(100010)_2=(\quad)_2$。
12. $(110011)_2-(101010)_2=(\quad)_2$。
13. $(111001)_2-(100010)_2=(\quad)_2$。
14. $(110001)\wedge(101010)=(\quad)$。
15. $(101011)\vee(100010)=(\quad)$。
16. $\overline{110011}=(\quad)$。

4. 简答题

1. 什么是数字信号？什么是模拟信号？试各举一例。
2. 列出 3 种加权的 BCD 码。

第 4 章　数据库系统及应用

4.1　数据库基础

数据库由一批数据构成有序的集合，这些数据被存放在结构化的数据表中。数据表之间相互关联，反映了客观事物间的本质联系。数据库系统提供对数据的安全控制和完整性控制。本节将介绍数据库中的一些基本概念，包括数据库的定义、数据表的定义和数据类型等。

4.1.1　什么是数据库

数据库的概念诞生于 60 年前，随着信息技术和市场的快速发展，数据库技术层出不穷，随着应用的拓展和深入，数据库的数量和规模越来越大，其诞生和发展给计算机信息管理带来了一场巨大的革命。

数据库的发展大致划分为如下几个阶段：人工管理阶段、文件系统阶段、数据库系统阶段和分布式数据库系统阶段。

(1) 人工管理阶段。20 世纪 50 年代中期以前，计算机主要用于科学计算。硬件方面只有卡片、纸带、磁带等，没有可以直接访问和直接存取的外部存取设备。软件方面也没有专门的管理数据的软件，数据由出现自行携带，数据与程序不能独立，数据不能长期保存，如图 4-1 所示。

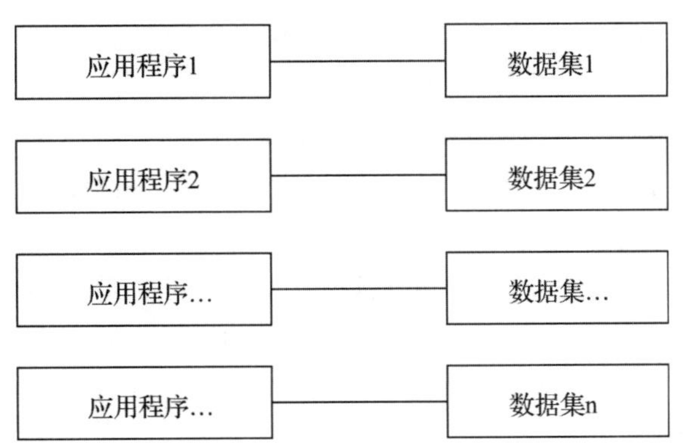

图 4-1　人工管理数据与程序的关系

人工管理阶段特点：数据不进行保存；没有专门的数据管理软件；数据面向应用；

基本上没有文件的概念。

（2）文件系统阶段。20 世纪 50 年代中期到 60 年代中后期，硬件出现了直接存取的磁盘、磁鼓，软件则出现了高级语言和操作系统，以及专门管理外存的数据管理软件，实现按文件访问的管理技术，如图 4-2 所示。

在这个阶段，程序与数据有了一定的独立性，程序与数据分开，有了程序文件与数据文件的区别。数据文件可以长期保存在外存上多次存取，进行诸如查询、修改、插入、删除等操作。但数据冗余度大，缺乏数据独立性，数据无法集中管理。

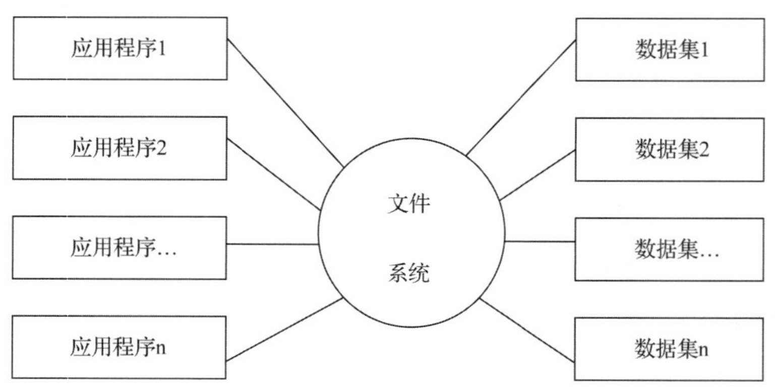

图 4-2　文件系统数据与程序的关系

文件系统阶段特点：数据可以长期保存在磁盘上；文件系统提供数据与程序之间的存取方法；数据冗余量大；文件之间缺乏联系，相互孤立，仍然不能反映现实世界各种事物之间错综复杂的联系。

（3）数据库系统阶段。从 20 世纪 60 年代后期开始，根据实际需要，发展了数据库技术。数据库是通用化的相关数据集合，它不仅包括数据本身，而且包括数据之间的联系。为了让多种应用程序并发地使用数据库中具有最小冗余的共享数据，必须使数据与程序具有较高的独立性。

需要一个软件系统对数据实行专门的管理，提供安全性和完整性等统一控制，方便用户以交互命令或程序方式对数据库进行操作。为数据库的建立、使用和维护而配置的软件成为数据库管理系统——DBMS。

数据库系统阶段特点：数据的结构化；数据共享性好；数据独立性好；数据存取粒度小；数据库管理系统（DBMS）对数据进行统一的管理和控制；为用户提供了友好的接口。

（4）分布式数据库系统阶段。分布式数据库系统在逻辑上类似一个集中式数据库系统，实际数据存储在计算机网络的不同地域的结点上。每个结点有自己的局部数据库管理系统，它具有很高的独立性。用户可以由分布式数据库系统，通过网络相互传输数据。

数据库系统的发展史上，最有影响的数据库模型有三个：层次模型、网状模型、关系模型。

（1）层次型数据库。这种模型描述数据的组织形式像一棵倒置的树，它由结点和连线组成，其中结点表示实体。树的根、枝、叶都称为结点，根结点只有一个，向下分支，它是一种一对多的关系，如国家的行政机构、一个家族的谱的组织形式都可以看作是层次模型，如图 4-3 所示。

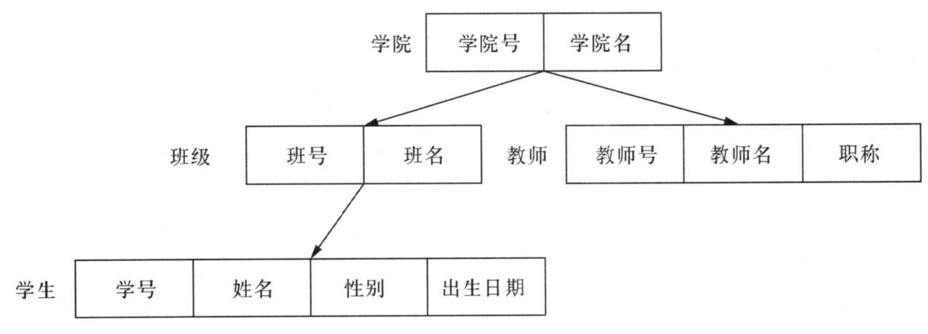

图 4-3　层次模型

此种类型数据库的优点为：数据结构类似于金字塔，层次分明、结构清晰、不同层次间的数据关联直接简单；缺点是数据将不得不以纵向向外扩展，节点之间很难建立横向的关联，不利于系统的管理和维护。

（2）网络型数据库，这种模型描述事物及其联系的数据组织形式类似一张网，结点表示数据元素，结点间联线表示数据间联系。结点之间是平等的，无上下层关系。如学校中的“学院”“教师”“学生”“班级”“协会”等事物之间有联系但无层次关系，可认为是一种网状结构模型（见图 4-4）。

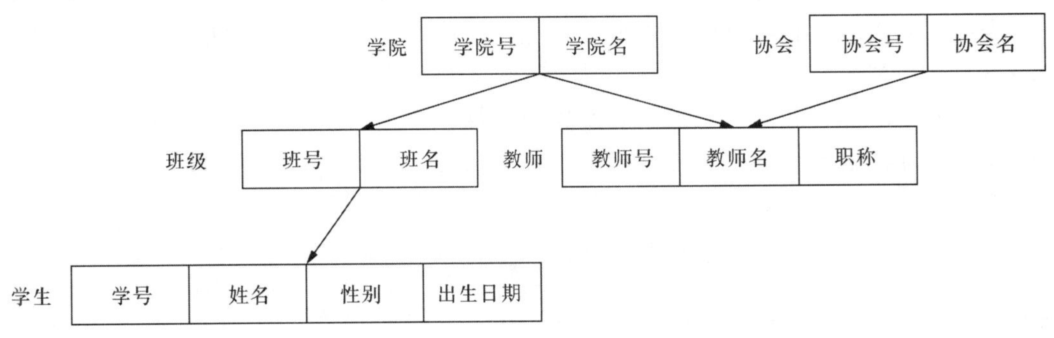

图 4-4　网状结构模型

此种类型数据库的优点为：它较容易地反映实体之间的关联，同时还避免了数据的重复性。缺点是这种类型关联错综复杂，而且当数据库将很难对结构中所谓关联性进行维护。

（3）关系型数据库。关系型数据库使用的存储结构是多个二维表格，即反映事物及其联系的数据描述以平面表格形式体现。

在每个二维表中，每一行称为一条记录，用来描述一个对象的信息；每一列称为一个字段，用来描述对象的一个属性。数据表于数据库之间存在相应的关联，这些关联将用来查询相关的数据。如表 4-1 所示为学生信息表。

表 4-1　学生信息表

学　号	姓　名	性　别	年　龄	入学日期	所学专业	家庭住址
0001	刘芳	女	18	2016 年 9 月	计算机网络	街道口 188 号
0002	许珮琪	女	17	2015 年 9 月	计算机科学	大桥道 236 号
0003	张三	男	19	2016 年 9 月	会计电算化	民权门 123 号
…	…	…	…	…	…	…

关系数据库系统最为成熟，例如 Oracle、Sybase、Informix、INGRES、SQL Server 等关系数据库管理系统广泛应用于信息系统建设。

对于数据库的概念，没有一个完全固定的定义，随着数据库历史的发展，定义的内容也有很大的差异，其中一种比较普遍的观点认为：数据库（DataBase，DB）是一个长期存储在计算机内的、有组织的、有共享的、统一管理的数据集合。它是一个按数据结构来存储和管理数据的计算机软件系统，即数据库包含两层含义：保管数据的“仓库”以及数据管理的方法和技术。

数据库的特点为：实现数据共享，减少数据冗余；采用特定的数据类型；具有较高的数据独立性；具有统一的数据控制功能。

4.1.2　表

在关系数据库中，数据库表是一系列二维数组的集合，用来存储数据和操作数据的逻辑结构。它由纵向的列和横向的行组成，行被称为记录，是组织数据的单位；列被称为字段，每一列表示记录的一个属性，都有相应的描述信息，如数据类型、数据宽度等。

表是包含数据的数据库对象，它是存储和操作数据的逻辑结构。数据在表中的组织方式与在电子表格中的存储方式相似，都是按行和列的样式组织的。其中每一行代表一条记录，每一列代表记录中的一个域（字段），如图 4-5 所示。

Code	Name	Continent	Region	SurfaceArea
ABW	Aruba	North America	Caribbean	193
AFG	Afghanistan	Asia	Southern and Central Asia	652090
AGO	Angola	Africa	Central Africa	1246700
AIA	Anguilla	North America	Caribbean	96
ALB	Albania	Europe	Southern Europe	28748
AND	Andorra	Europe	Southern Europe	468
ANT	Netherlands Antilles	North America	Caribbean	800
ARE	United Arab Emirates	Asia	Middle East	83600
ARG	Argentina	South America	South America	2780400
ARM	Armenia	Asia	Middle East	29800
ASM	American Samoa	Oceania	Polynesia	199
ATA	Antarctica	Antarctica	Antarctica	13120000
ATF	French Southern territories	Antarctica	Antarctica	7780
ATG	Antigua and Barbuda	North America	Caribbean	442
AUS	Australia	Oceania	Australia and New Zealand	7741220
AUT	Austria	Europe	Western Europe	83859
AZE	Azerbaijan	Asia	Middle East	86600
BDI	Burundi	Africa	Eastern Africa	27834
BEL	Belgium	Europe	Western Europe	30518
BEN	Benin	Africa	Western Africa	112622
BFA	Burkina Faso	Africa	Western Africa	274000
BGD	Bangladesh	Asia	Southern and Central Asia	143998
BGR	Bulgaria	Europe	Eastern Europe	110994

图 4-5　数据表

4.1.3　数据类型

数据类型决定了数据在计算机中的存储格式，代表不同的信息类型。常用的数据类型有：整数数据类型、浮点数数据类型、精确小数类型、二进制数据类型、日期/时间数据类型、字符串数据类型。

1. 字符串类型

char 类型用于定长字符串。当它所存储的字符串长度大于指定长度 n 时，大的值将被截掉；当小于指定长度 n 时，小的值将会用空格作填补（见表 4-2）。

表 4-2　char 系列的字符串类型

类　型	字节数	说　明
char（n）	最多为 n（n<=255）个字节	固定长度的字符串
varchar（n）	最多为 n（n<=65 535）个字节	可变长度的字符串

varchar 类型用于可变长度的字符串。当它所存储的字符串长度小于指定的长度 n 时，它所占据的存储空间为字符串的真实长度；当大于指定长度 n 时，和 char 一样多余的值将被截掉，如表 4-2 所示。由于 varchar 类型可以根据实际内容动态改变存储值的长度，所以在不能确定字段需要的字符数量时，使用 varchar 类型可以大大地节约磁盘空间，提高磁盘利用率。

在字符串中可使用转义字符用来表示特殊的字符，如表 4-3 所示。转义字符以一个反斜杠（“\”）开始。

表 4-3　转义字符

转义字符	含　义
\0	NUL（ASCII 0）
\’	单引号
\”	双引号
\b	退格
\n	新行
\r	回车
\t	制表符
\	反斜杠

另外在字符串中可能会使用到引号，要在串中包括一个引号，可有如下三种方式：

（1）如果串是用相同的引号括起来，那么在串中需要引号的地方双写引号即可。

（2）如果串是用另外的引号括起来，则不需要双写相应引号。

（3）如果是用反斜杠方式表示，这种方法无需管用来将串括起的是单引号还是双引号。

如果需要存储大量字符串（例如存储文章内容的纯文本），则可以选择如表 4-4 中所示的字符串类型。至于是选择这些类型中的哪一种，则需要判断所需存储的字符串的长度，然后根据存储字符串的长度来决定是选择允许长度最小的 tinytext，还是选择允许长度最大的 longtext。

表 4-4　text 系列字符串类型

类　型	字节数	说　明
tinytext	最多 255 个字节	可变长度的字符串
text	最多 65 535 个字节	
mediumtext	最多 $2^{24}-1$ 个字节	
longtext	最多 $2^{32}-1$ 个字节	

varchar 和 text 两种类型的比较：

（1）两者的长度都是可变的，最多能存储 65 535 个字符。

（2）varchar 可指定 n，不能指定 text，内部存储 varchar 是存入的实际字符数＋1（n＜＝255）或 2 个字节（n＞255），text 是实际字符数＋2 个字节。

（3）text 类型不能有默认值。

（4）varchar 可直接创建索引，text 创建索引要指定前多少个字符。

（5）varchar 的查询速度要快于 text。

对于字段长度要求超过 255 个的情况下，MySQL 提供了 text 和 blob 两种类型（见表 4-5）。blob 系列字符串类型如表 4-5 所示。根据存储数据的大小，它们都有不同的子类型。这些大型的数据用于存储文本块或图像、声音文件等二进制数据类型。

表 4-5　blob 系列字符串类型

类　型	字节数
tinybolob	最多 255 个字节
blob	最多 $2^{16}-1$ 个字节
mediumblob	最多 $2^{24}-1$ 个字节
longblob	最多 $2^{32}-1$ 个字节

text 和 blob 两种类型的区别如下：

（1）存储方式不同，text 是以文本方式存储，如果存储英文则需区分大小写，而 blob 是以二进制方式存储的，不区分大小写。

（2）blob 存储的数据只能整体读出。

（3）text 可以指定字符集，blob 不用指定字符集。

（4）这两种类型在存储数据时，当比指定类型支持的最大范围大的值都将被自动截掉。

（5）blob 类型用于存储二进制类型的数据，text 类型用于存储标准字符串数据。

（6）bolb 类型的数据在进行比较时，用二进制数据进行比较，text 类型的数据都有相对应的字符集，在进行比较时通过字符集进行比较。

2. 日期和时间类型

日期和时间类型被分成简单的日期、时间类型和混合日期、时间类型，如表 4-6 所示。根据要求的精度，子类型在每个分类型中都可以使用。

表 4-6　日期和时间类型

日期和时间	格式	字节	范围
date	YYYY-MM-DD	4	1000-01-01/9999-12-31
time	HH：MM：SS	3	838：59：59/838：59：59
year	YYYY	1	1901/2155
datetime	YYYY-MM-DD HH：MM：SS	8	1000-01-01 00：00：00/9999-12-31 23：59：59
timestamp	YYYYMMDD HHMMSS	4	1970-01-01 00：00：00/2037 年某时

这些类型可以描述为字符串或不带分隔符的整数序列。如果描述为字符串，date 类型的值应该使用连字号作为分隔符分开，而 time 类型的值应该使用冒号作为分隔符分开。datetime 和 timestamp 可以把日期和时间作为单个的值进行存储。这两种类型通常用于自动存储包含当前日期和时间的时间戳，它们可以在需要执行大量数据库事务和需要建立一个调试和审查用途的审计跟踪应用程序中发挥良好作用。

各种日期和时间类型的应用场合如下：

（1）如果要表示月日，建议使用 date 类型。

（2）如果要表示年月日时分秒，建议使用 datetime 类型。

（3）如果要表示时分秒，建议使用 time 类型。

（4）如果要表示年份，建议使用 year 类型。

（5）如果需要经常插入或者更新日期为当前时间，建议使用 timestamp 类型。

3. 数值类型

（1）整数类型。整数可以直接以十六进制的形式表示，具体做法是在整数对应的十六进制编码（“0”到“9”及“a”到“f”）前加上“0x”。例如，0x0a 为十进制的 10，而 0xffff 为十进制的 65535。十六进制数字不区分大小写，但其前缀“0x”不能为“0X”，即 0x0a 和 0x0A 都是合法的，但 0X0a 和 0X0A 不是合法的。如表 4-7 所示为整数类型分类与取值范围。

整数类型分类与取值范围如表 4-7 所示。

表 4-7 整数类型分类与取值范围

整数类型	字节	范围	
		无符号（unsigned）	有符号（signed）
tinyint	1	$0\sim2^8-1$	$-2^7\sim2^7-1$
smallint	2	$0\sim2^{16}-1$	$-2^{15}\sim2^{15}-1$
mediumint	3	$0\sim2^{24}-2$	$-2^{23}\sim2^{23}-1$
int 或 integer	4	$0\sim2^{32}-1$	$-2^{31}\sim2^{31}-1$
bigint	8	$0\sim2^{64}-1$	$-2^{63}\sim2^{63}-1$

在指定整数类型的同时，可以指定其长度采用“类型名（宽度）”的写法，例如 int(3)。其中“宽度”用于指定数字在显示时的长度，“宽度”对数据的大小范围没有影响。当数字的实际宽度比宽度要小时，MySQL 显示该数字时会自动使用填充符（默认为 0）补足指定的“宽度”；当数字的实际宽度比宽度大时，MySQL 会突破宽度的限制而显示数字的实际值。

应该尽量避免数字的实际长度超过其宽度，否则不仅会使记录中的数据看起来不协调，在进行某些复杂的表联结操作时还可能会出错。

如果定义了一个没有明确宽度的整数列，将会自动分配一个缺省的宽度。缺省值为每种类型的“最长”值的宽度。

(2) 浮点类型。浮点数可以理解为通常所说的小数，有 float 和 double 等类型。浮点数类型的取值范围与整型不同，除了有最大值和最小值外，浮点数类型还有最小正数和最大负数，这两个值的绝对值相等，用于衡量浮点数的精度，这对于记录科学数据来说是非常重要的。

①float（有效位数，小数位数）：此类型又称为单精度浮点数类型，占用 4 字节长度，取值范围是 −3.402823466E＋38 到 3.402823466E＋38。最小正数是 1.175494351E−38，最大负数是−1.175494351E−38。以上列出的只是理论值，不同的计算机硬件可能会使这一范围有所不同。其中，“有效位数”表示有效数字的最大位数；“小数位数”表示小数点后的最大位数。如果“有效位数”和“小数位数”都省略，其默认值会因硬件的不同而有所不同，单精度浮点数可精确到小数点后第 7 位。float 类型表示小数部分时，由于二进制的原因只能准确的表示 $1/2n$（n 不大于表示小数位的二进制位数）或它们的组合，因此在表示小数时会有不精确的现象。

②double（有效位数，小数位数）：此类型又称双精度浮点数类型，占用 8 字节长度，取值范围是：−1.7976931348623157E＋308 到 1.7976931348623157E＋308。最大负数是 −2.2250738585072014E−308，最小正数是 2.2250738585072014E−308。以上列出的也只是理论值，不同的计算机硬件可能会使这一范围有所不同。其中，“有效位数”表示有效数字的最大位数；“小数位数”表示小数点后的最大位数。双精度浮点数可精确到小数点后第 15 位。此类型用于保存对精确度要求较高的数值。

4.1.4　主键

主键（primary key）又称主码，用于唯一地标识表中的每一条记录。可以定义表中的一列或多列为主键，主键列上不能有两行相同的值，也不能为空值。假如，定义 authors 表，该表给每一个作者分配一个“作者编号”，该编号作为数据表的主键，如果出现相同的值，将提示错误，系统不能确定查询的究竟是哪一条记录；如果把作者的“姓名”作为主键，则不能出现重复的名字，这与现实中的情况不相符合，因此“姓名”字段不适合作为主键。

4.2　数据库系统模式与结构

数据库系统根据不同的层次和不同的角度划分为不同的结构。

从用户使用数据库的角度来划分，数据库系统结构分为单用户结构、主从式结构、分布式结构、客户/服务器、浏览器/应用服务器/数据库服务器等多层结构。这种结构称为数据库系统的外部体系结构。

从数据库管理系统的角度来划分，数据库系统通常采用多级模式结构。这种模式结构是数据库系统的一个总体框架，也是数据库管理系统的内部系统结构，能够满足用户方便存储数据和系统高效组织数据的需求。目前，数据库系统采用三级模式和二级映像的系统结构。本节主要介绍数据库系统内部结构这部分内容。

4.2.1　数据库系统的三级模式结构

数据库系统的三级模式结构涉及模式、外模式和内模式的概念，三级模式结构是指数据库系统由外模式、模式和内模式三级构成，如图 4-6 所示。

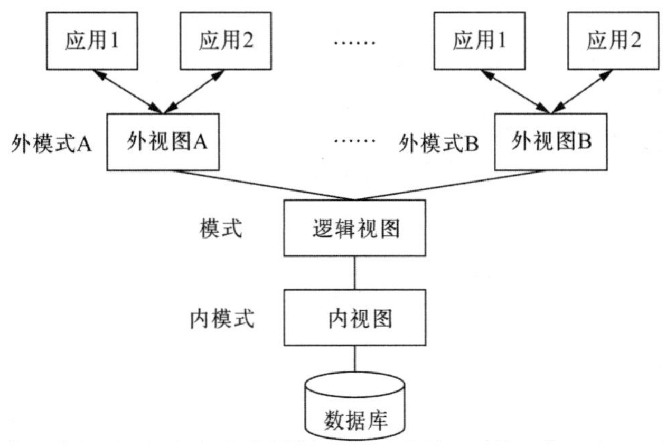

图 4-6　数据库系统的三级模式结构

1. 模式

模式也称为逻辑模式或概念模式，由数据库设计者在统一考虑所有用户需求的基础上，用某种数据模型对数据库中的全部数据的逻辑结构和特征的总体描述，是所有用户的公共数据视图。一个数据库只有一种模式，可以用数据库管理系统提供的数据模式描述语言来定义数据的逻辑结构、数据之间的联系以及与数据有关的安全性和完整性的要求。

在数据模型中有型和值的概念。型是指对某一类数据的结构和属性的描述，值是型的一个具体赋值。模式属于型，模式的一个具体值也称为模式的一个实例。同一个模式可以有很多实例。由于模式反映的是数据的结构及其联系，而实例反映的是数据库中的数据在某一时刻的状态，随着数据的更新，实例也在不断变化，因此模式是相对稳定的，而实例是相对变动的。

2. 外模式

外模式也称为子模型或用户模式，它是数据库用户能够看到和使用的局部数据的逻辑结构和特征的描述，是数据库用户的数据视图，也是与某一应用有关的数据逻辑表示，应用程序的编写依赖于数据的外模式。外模式通常是模式的一个子集，一个数据库可以有多个外模式。一个外模式可以被某一用户的多个应用系统所使用，但一个应用程序只能使用一个外模式。用户可以通过外模式描述语言来描述、定义对应于用户的数据记录（外模式），也可以利用数据操作语言对这些数据记录进行处理。外模式是保证数据库安全性的一个有力措施。

3. 内模式

内模式也称为物理模式或存储模式，它是数据库中全体数据的内部表示或底层描述，描述了数据在存储介质上的存储方式及物理结构，对应着实际存储在外存储介质上的数据库，一个数据库只有一个内模式。内模式由内模式描述语言来描述和定义。

4.2.2 数据库系统的二级映像功能

数据库系统的三级模式是对数据进行抽象的 3 个级别，为了在数据库系统中实现这 3 个抽象层次的联系与转换，数据库管理系统在这三级模式之间提供了外模式/模式和模式/内模式的二级映像。这两层映像保证了数据库系统中的数据具有较高的逻辑独立性和物理独立性。

1. 外模式/模式映像

模式描述了数据的全局逻辑结构，外模式描述了数据的局部逻辑结构。对应一个模式可以定义多个外模式。对于每个外模式，数据库系统都有一个外模式/模式映像，它定义了该外模式与模式之间的对应关系。当模式发生变化时，只要数据库管理员对各个外模式/模式之间的映像做出相应的改变，即可保持外模式不变，从而对应的应用程序可以不进行修改。在数据库中，把用户的应用程序与数据库的逻辑结构相互独立的性质称为数据的逻辑独立性，即当数据的逻辑结构改变时，用户程序也可以不变。

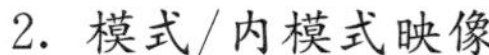

2. 模式/内模式映像

数据库中只有一个模式和一个内模式，所以模式/内模式映像是唯一的。模式/内模式的映像定义了数据的全局逻辑结构（模式）与存储结构（内模式）之间的对应关系。当数据的存储结构发生变化时，只要数据库管理员对模式/内模式映射进行相应的改变，就能使模式保持不变，从而应用程序也不用改变。这种当存储结构发生变化而应用程序不用改变的性质称为数据的物理独立性。

4.3　数据库技术构成

数据库系统由硬件部分和软件部分共同构成，硬件主要用于存储数据库中的数据，包括计算机、存储设备等。软件部分则主要包括 DBMS、支持 DBMS 运行的操作系统，以及支持多种语言进行应用开发的访问技术等。本节将介绍数据库的技术构成。

4.3.1　数据库系统

数据库系统有 3 个主要的组成部分如下：

（1）数据库：用于存储数据的地方。

（2）数据库管理系统：用于管理数据库的软件。

（3）数据库应用程序：为了提高数据库系统的处理能力所使用的管理数据库的软件补充。

数据库提供了一个存储空间用以存储各种数据，可以将数据库视为一个存储数据的容器。一个数据库可能包含许多文件，一个数据库系统通常包含许多数据库。

数据库管理系统（Data Base Management System，DBMS）是用户创建、管理和维护数据库时所使用的软件，位于用户与操作系统之间，对数据库进行统一管理。DBMS 能定义数据存储结构，提供数据的操作机制，维护数据库的安全性、完整性和可靠性。

虽然已有 DBMS，但是在很多情况下，DBMS 无法满足对数据管理的要求。数据库应用程序（data base application）的使用可以满足对数据管理的更高要求，还可以使数据管理过程更加直观和友好。数据库应用程序负责与 DBMS 进行通信、访问和管理 DBMS 中存储的数据，允许用户插入、修改、删除 DB 中的数据。

数据库系统如图 4-7 所示。

4.3.2　SQL 语言

对数据库进行查询和修改操作的语言叫作 SQL。SQL 的含义是结构化查询语言（Structured Query Language）。SQL 有许多不同的类型，有 3 个主要的标准：ANSI（美国国家标准机构）SQL，对 ANSI SQL 修改后在 1992 年采纳的标准，称为 SQL—92 或 SQL2。最新的 SQL—99 标准，从 SQL2 扩充而来并增加了对象关系特征和许多其他新功能。其次，各大数据库厂商提供不同版本的 SQL，这些版本的 SQL 不但能包

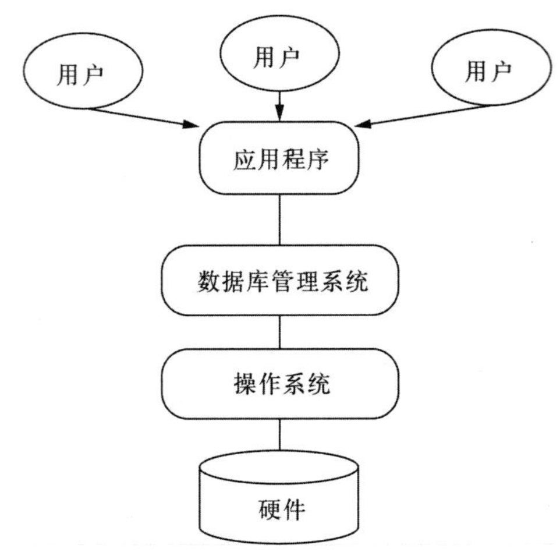

图 4-7　数据库系统

括原始的 ANSI 标准，而且在很大程度上支持 SQL－92 标准。

SQL 包含以下 4 个部分：

（1）数据定义语言（DDL）：DROP、CREATE、ALTER 等语句。

（2）数据操作语言（DML）：INSERT（插入）、UPDATE（修改）、DELETE（删除）语句。

（3）数据查询语言（DQL）：SELECT 语句。

（4）数据控制语言（DCL）：GRANT、REVOKE、COMMIT、ROLLBACK 等语句。

下面是一条 SQL 语句的例子，该语句声明创建一个名叫 students 的表：

```
CREATE TABLE students
(
student _ id INT UNSIGNED,
name VARCHAR (30),
birth DATE,
PRIMARY KEY (student _ id)
);
```

该表包含 4 个字段，分别为 student _ id、name、birth，其中 student _ id 定义为表的主键。

目前只定义一张表格，但并没有任何数据，接下来这条 SQL 声明语句，将在 students 表中插入一条数据记录：

```
INSERT INTO students (student _ id, name, birth)
VALUES (20181101, 'Lily,' 1999-03-24');
```

执行完该 SQL 语句之后，students 表中就会增加一行新记录，该记录中字段 student _ id 的值为 20181101，name 字段的值为 Lily，birth 字段值为 1999-03-25。

如图 4-8 所示，也可以使用 SELECT 查询语句（见图 4-8）查询一个已经存在的学

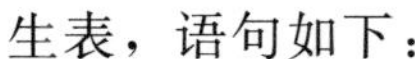

生表，语句如下：

SELECT 学生．［学号］，学生．［姓名］，学生．［出生年月］，学生．［年级］
FROM 学生；

```
学生 查询
SELECT 学生.[学号], 学生.[姓名], 学生.[出生年月], 学生.[年级]
FROM 学生;
```

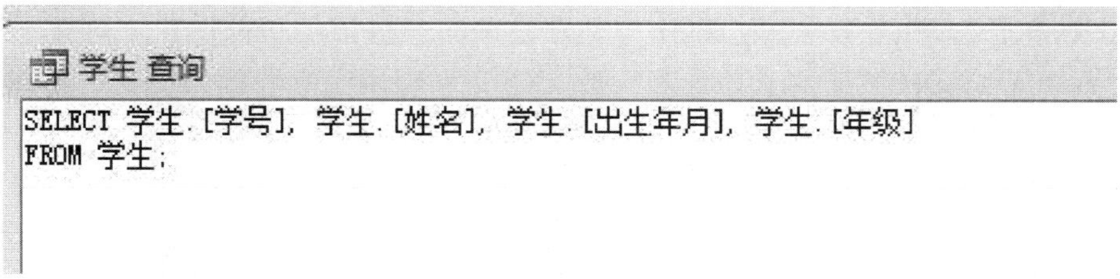

图 4-8　SQL 查询语句

结果如图 4-9 所示。

学生查询

学号	姓名	出生年月	年级
201781010101	周敏	1999/5/4	2017
201781010102	刘颖	1999/4/5	2017
201601020101	刘伟	1999/9/9	2016
201602030101	刘琳	1999/4/4	2016
201702040101	刘梅	1998/3/3	2017
201503050101	尚天	1999/6/6	2015
201703060101	黄伟	1999/9/9	2017

图 4-9　查询结果

4.3.3　数据库访问接口

不同的程序设计语言会有各自不同的数据库访问接口，程序语言通过这些接口，执行 SQL 语句，进行数据库管理。主要的数据库访问接口有以下几种：

1．ODBC

Open Database Connectivity（ODBC）技术为访问不同的 SQL 数据库提供了一个共同的接口。ODBC 使用 SQL 作为访问数据的标准。这一接口提供了最大限度的互操作性：一个应用程序可以通过共同的一组代码访问不同的 SQL 数据库管理系统（DBMS）。

一个基于 ODBC 的应用程序对数据库的操作不依赖任何 DBMS，不直接与 DBMS 交互，所有的数据库操作由对应的 DBMS 的 ODBC 驱动程序完成。也就是说，不论是 Access、MySQL 还是 Oracle 数据库，均可通过 ODBC API 进行访问。由此可见，ODBC 的最大优点是能以统一的方式处理所有的数据库。

2．JDBC

Java Data Base Connectivity（JDBC）用于 Java 应用程序连接数据库的标准方法，

是一种用于执行 SQL 语句的 Java API，可以为多种关系数据库提供统一访问，它由一组用 Java 语言编写的类和接口组成。

3. ADO. NET

ADO. NET 是微软在 . NET 框架下开发设计的一组用于和数据源进行交互的面向对象类库。ADO. NET 提供了对关系数据、XML 和应用程序数据的访问，允许和不同类型的数据源以及数据库进行交互。

4. PDO

PDO（PHP Data Object）为 PHP 访问数据库定义了一个轻量级的、一致性的接口，它提供了一个数据访问抽象层，无论使用何种类型数据库，都可以通过一致的函数执行查询和获取数据。PDO 是 PHP 5 新加入的一个重大功能。

4.4 规范化数据库设计

为什么要规范化数据库设计？这就如同建房子：当需求仅仅是盖一间可以遮风避雨的小房子时，可以忽略施工图纸和各种模型图；但如果要建造一幢大楼，没有设计图就直接去施工，必然会导致灾难性的后果。

数据库设计也是如此，当数据库的规模达到一定程度时，表之间的关系越来越复杂，数据存储量越来越多，查询的难度也越来越大。如果没有规范化的数据库设计，将导致数据查询性能低下，存储空间大量浪费，维护越来越难，甚至可能使数据库崩溃。这将直接导致使用数据库的应用程序性能下降，加大维护的工作量。

通过进行规范化的数据库设计，可以消除不必要的数据冗余，获得合理的数据库设计，提高项目的应用性能。

4.4.1 什么是数据库设计

数据库设计是将数据库中的数据实体以及这些数据实体之间的关系，进行规划和结构化的过程。

数据库中创建的数据表的结构，以及数据实体之间的复杂关系是决定数据库系统效率的重要因素。

一般情况下数据库设计分为如下 6 个阶段：

1. 需求分析阶段

准确了解与分析用户需求，是整个设计过程的基础，也是最困难和最耗费时间的阶段。

2. 概念结构设计阶段

该阶段是整个数据库设计的关键，通过对用户需求进行综合、归纳及抽象，形成一个独立于具体 DBMS 的概念模型，同时在这个阶段需要绘制 E-R 模型图。

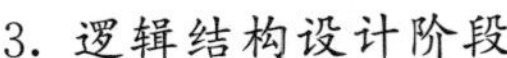

3. 逻辑结构设计阶段

该阶段主要工作是将概念结构转换为某个 DBMS 所支持的数据模型，并对其进行优化。

4. 数据库物理设计阶段

该阶段为逻辑数据模型选取一个最适合应用环境的物理结构，包括存储结构和存取方法。

5. 数据库实施阶段

该阶段的主要工作是运用 DBMS 提供的数据语言和工具，根据逻辑设计和物理设计的结果建立数据库，编制与调试应用程序，组织数据入库并进行试运行。

6. 数据库运行和维护阶段

该阶段在整个数据库运行过程中必须不断地进行评价、调整及修改。

无论数据库的复杂程度如何，在进行数据库分析设计时，都需要执行收集信息、标识实体、标识实体的属性及标识实体的关系，具体步骤如下：

（1）收集信息。

在创建数据库前，必须充分理解数据库所需要完成的任务和功能，即存储哪些信息、实现哪些功能。以为某图书馆开发一套图书管理系统为例，对图书馆信息管理系统数据库进行分析：图书馆有图书，供借阅者借阅，借阅后会记录借阅者的借书、还书信息，过期还书还应有罚款。

（2）标识实体。

标识实体即要标识对象。实体即对象，它一般是名字。一个实体只描述一件事情，不可重复描述。对图书馆信息管理系统进行分析，可以标识出图书、借阅者、借书记录及罚款记录四个实体对象。数据库中的每个不同的实体都拥有一个与其对应的表。通过分析可以在 Library 数据库中至少标识出 4 张表。

（3）标识实体的属性。

属性即对象的特征，最终会成为表中的列。经过分析，图书馆信息管理系统中 4 个实体各自的属性如图 4-10 所示。

【图书信息】	【借阅记录】	【借阅者】	【罚款记录】
图书 Id	流水号 Id	读者 Id	流水号 Id
书名	读者 Id	名字	读者 Id
作者	图书 Id	性别	图书 Id
出版社	借阅日期	年龄	罚款日期
出版日期	归还日期	身份证号	金额
价格		家庭地址	罚款类型
		借书数量	

图 4-10　实体对象

(4) 标识实体之间的关系。每个实体都独立描述一件事物。不同类型的信息分类存储，它们之间不能重复。但是如果需要，数据库引擎可以根据需求将数据组合起来。在数据库设计中，必须标识这些实体之间的关系。一般而言，关系是通过业务规则分析出来的。以图书馆系统为例，它内部各实体之间应具有如下关系：

①图书和借书记录之间有主从关系，需要表明哪一本书被借阅。

②借阅者和借书记录之间有主从关系，需要表明是谁在什么时候借阅了图书。

③借阅者和罚款记录之间有主从关系，需要表明谁被罚了款。

④图书和罚款记录之间有主从关系，表明哪一本书有罚款记录。

4.4.2 数据规范化

1. 设计数据库

不同的人设计同一个数据库，由于思考的角度不同，设计时标识的实体和实体的属性可能会不一样。要找出一个最佳方案，或者找到一个最优的设计，则需要使用一些规则来对数据库的设计进行规范化。

为了讨论方便，下面以如表 4-8 所示的表示账户信息的 account 表为例，该表存储有关银行客户账户的信息和交易细节。

表 4-8 account 表

账号	客户姓名	地址	开户日期	账户类型	交易号	交易金额	交易日期
1001	张三	武汉	2016−3−25	Savings	1	100	2018−3−15
1002	李四	郑州	2017−6−10	Current	2	1000	2018−8−18
1003	王二	西安	2017−1−12	Savings	3	800	2017−2−25
1003	麻子	广州	2017−1−29	Savings	4	200	2017−11−26

从用户的角度出发，将所有信息放在一个表中很方便，因为这样查询数据库可能会比较容易，但是表 4-8 具有以下问题：

(1) 信息重复。有部分信息是重复的。“账户类型”列中有许多重复的信息，例如“Savings”信息重复会造成存储空间的浪费。若不小心输入“Saving”和“Savings”，在数据库中将表示两种不同的账户类型。

(2) 更新异常。冗余信息不仅浪费存储空间，而且会增加更新的难度。如果需要将“账户类型”修改为“Savings Account”而不是“Savings”，则需要修改所有包含该值的行。如果由于某种原因，没有更新所有行，则数据库中会有两种类型的账户类型，一个是“Savings”，另一个是“Savings Account”，这种情况被称为更新异常。

(3) 插入异常。假设表 4-8 的主键为账号和交易号。任何要插入到该表中的新行必须提供主键的值，因为完整性要求主键不能为空或部分为空。如果某个账号希望开户，即可向该表中插入一行数据，但是该账号刚开户，还没有交易记录，将无法插入开户信息的数据。这种问题被称为插入异常。

(4) 删除异常。在某些情况下，当删除一行时可能会丢失有用的信息。例如，如

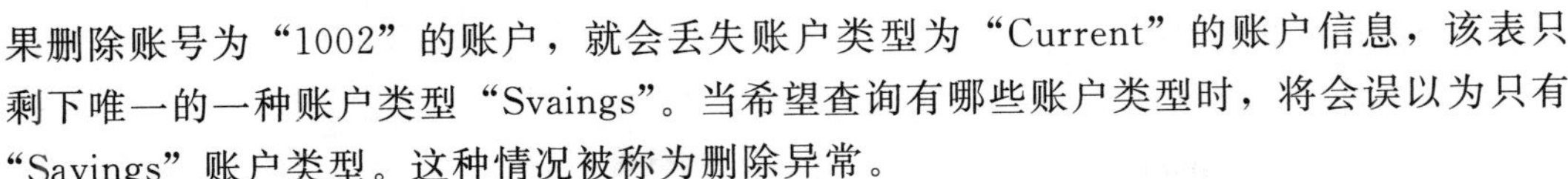

果删除账号为“1002”的账户，就会丢失账户类型为“Current”的账户信息，该表只剩下唯一的一种账户类型“Svaings”。当希望查询有哪些账户类型时，将会误以为只有“Savings”账户类型。这种情况被称为删除异常。

2. 规范设计

在数据库设计时，有一些专门的规则，称为数据库的设计范式，遵守这些规则，可以创建设计出良好的数据库，从而避免上面的诸多问题。下面将逐一讲述数据库设计中著名的三大范式理论：

（1）第一范式。

第一范式（1NF）的目标是确保每一列的原子性。如果每列都是不可再分的最小单位，那此列就满足第一范式。例如：要设计一个网上书店使用的数据库，则注册的用户地址信息可能要细化到国家、省、市、区，如果只是以地址作为实体，则无法按区域进行销售额统计。第一范式主要是针对列进行规范化，这是数据库设计中满足最低要求的规范化。在关系型数据库的设计中，一般都会满足第一范式。

（2）第二范式。

第二范式（2NF）在第一范式的基础上，其目标是确保表中的每列都和主键相关。假定成绩表为 Score（学号，姓名，年龄，课程名称，成绩，学分），关键字为组合关键字（学号，课程名称），则存在如下决定关系：

（学号，课程名称）→（姓名，年龄，成绩，学分）

这个数据库表不满足第二范式，因为它存在如下决定关系：

（课程名称）→（学分）

（学号）→（姓名，年龄）

即存在组合关键字中的字段决定非关键字段的情况。把成绩表 Score 改为如下 3 张表：

①学生：Student（学号，姓名，年龄）。

②课程：Course（课程名称，学分）。

③成绩：Score（学号，课程名称，成绩）。

这样的数据库表符合第二范式，消除了数据冗余、更新异常、插入异常及删除异常。

（3）第三范式。

第三范式（3NF）在第二范式的基础上，其目标是确保每列都和主键列直接相关，而不是间接相关。如果一个关系满足了 2NF，并且除了主键以外的其他列都不依赖于主键，则满足第三范式。

为了理解第三范式，需要根据 Armstrong 公理定义传递依赖。假设 A、B、C 是关系 R 的 3 个属性，如果 $A->B$ 且 $B->C$，则从这个依赖关系中，可以得出 $A->C$，如上所述，依赖 $A->C$ 是传递依赖。

例如：假定学生关系表为 Student（学号，姓名，年龄，所在学院，学院地点，学院电话），关键字为单一关键字“学号”，存在如下决定关系：

（学号）→（姓名，年龄，所在学院，学院地点，学院电话）

这个数据库是符合 2NF 的，但是不符合 3NF，因为存在如下决定关系：

（学号）→（所在学院）→（学院地点，学院电话）

即存在非关键字段“学院地点”“学院电话”对关键字段“学号”的传递依赖。这样会存在数据冗余、更新异常、插入异常和删除异常的情况。把学生关系表分为如下两张表：

学生：(学号，姓名，年龄，所在学院)。

学院：(地点，电话)。

这样的数据库表符合第三范式，消除了数据冗余、更新异常、插入异常和删除异常。

3. 规范化和性能的关系

需要注意的是，对于项目的最终用户来说，客户最关心的是便捷是清晰的数据结果。如果让客户选择，他们肯定会认为最初的表设计最符合要求，尽管它根本不满足三大范式，并且存在大量的数据冗余。

所以在设计数据库时，并不是满足的范式级别越高，性能就越好，就一定受到客户的欢迎。如果客户需要在一张表中进行输入和查询，为了满足第三范式，将表拆分成若干个后，虽然满足了规范化要求，但客户却不一定满意。而且，范式级别高，大多数情况下意味着表数量的增加，查询就需要连接多张表，而连接查询必然会影响到性能。

在实际设计中，既要避免因为数据的冗余而导致的各种操作异常，又要考虑到数据的访问性能和客户的要求。部分情况下，为了减少表之间的连接，提高数据的访问性，允许适当的数据冗余列，可能是最合适的数据库设计方案。

4.4.3 E-R 图

在需求分析阶段解决了客户的业务和数据处理需求后，就进入了概要设计阶段。在这一阶段，设计者需要和项目团队的其他成员以及客户沟通，讨论如何用最简洁、最形象的语言表达出需求分析过程所要实现的成果。类似于机械行业需要机械制图，建筑行业需要施工图，数据库设计的图形化的表示通过 E-R 图实现。即实体（entity）关系（relationship）图，它包括一些具有特定含义的图形符号。

1. 实体

所谓实体是现实生活中区别于其他事物、具有各自属性的对象。实体一般是名词，例如，图书馆系统中的图书、借阅者等，实体对应于表中的一行数据。在开发时，我们也常常把整个表称为一个实体。实体在 E-R 图中用矩形表示。

2. 属性

属性可以理解为实体的特性。例如，“图书”这一实体的属性有 id、书名、出版日期等，属性对应于表中的列。属性在 E-R 图中用椭圆表示。

3. 关系

关系是两个或多个实体之间的联系。关系一般是动词，它在 E-R 图中用菱形表示。

4. 映射基数

映射基数表示通过关系与该实体关联的其他实体的个数。对于实体集 X 和 Y 之间的二元关系，映射基数必须为下列 4 种基数之一：

(1) 一对一（1∶1）：X 中的一个实体最多与 Y 中的一个实体关联。例如：一本图书只能被一家出版社出版，如图 4-11 所示。

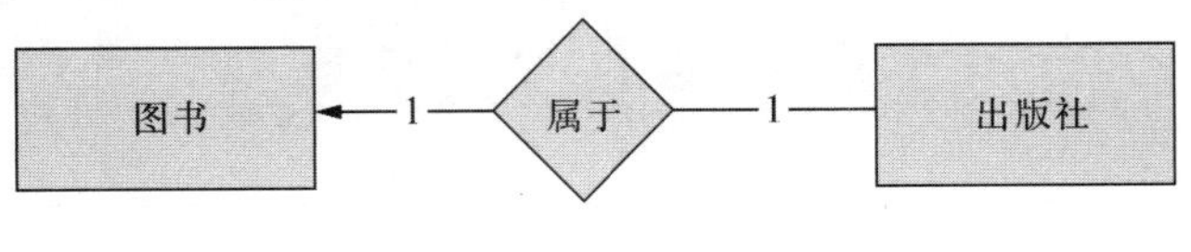

图 4-11　一对一的映射

(2) 一对多（1∶N）：X 中的一个实体可以与 Y 中任意个数的实体关联。例如：一本书可以有多条借阅记录，如图 4-12 所示。

图 4-12　一对多之间的映射

(3) 多对一（N∶1）：X 中的一个实体最多与 Y 中的一个实体关联，但 Y 中的一个实体可以与 X 中的任意个数的实体关联。例如：图书和借阅记录之间是一对多的关系，反之就是多对一的关系。

(4) 多对多（M∶N）：X 中的一个实体可以与 Y 中的任意个数的实体关联，反之 Y 中的一个实体也可以与 X 中的任意个数的实体关联。例如：读者和图书之间，一本书可以被多个读者借阅，一个读者可以借阅多本图书，如图 4-13 所示。

图 4-13　多对多的映射

4.4.4　使用 PowerDesigner 软件设计数据库

PowerDesigner 软件是 Sybase 公司生产的 case 工具集，使用该软件可以便捷地对各种大型软件项目进行分析设计。利用 PowerDesigner 可以制作数据流程图、概念数据模型、物理数据模型、数据仓库结构模型等，它是程序设计人员不可缺少的工具。

通过 PowerDesigner 软件设计数据库模型时，一般需要经过设置工作环境、创建新实体、为实体间添加关系几个步骤。

下载安装好 PowerDesigner 后，即可利用 PowerDesigner 软件设计数据库。下面以如图 4-14 所示的图书信息管理系统为例来演示使用 PowerDesigner 的步骤：

（1）打开 PowerDesigner，进入其主界面，如图 4-14 所示。

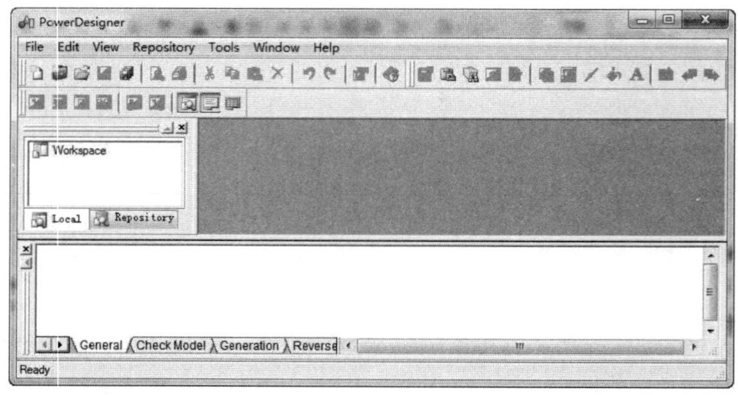

图 4-14　主界面

（2）依次单击“File”→“New Model”按钮，打开“New Model”对话框，然后在该对话框中选择“Model types”→“Conceptual Data Model”选项，同时设置“Model name”的值为“图书管理系统”，如图 4-15 所示。最后单击“OK”按钮即可进入概念数据模型窗口。

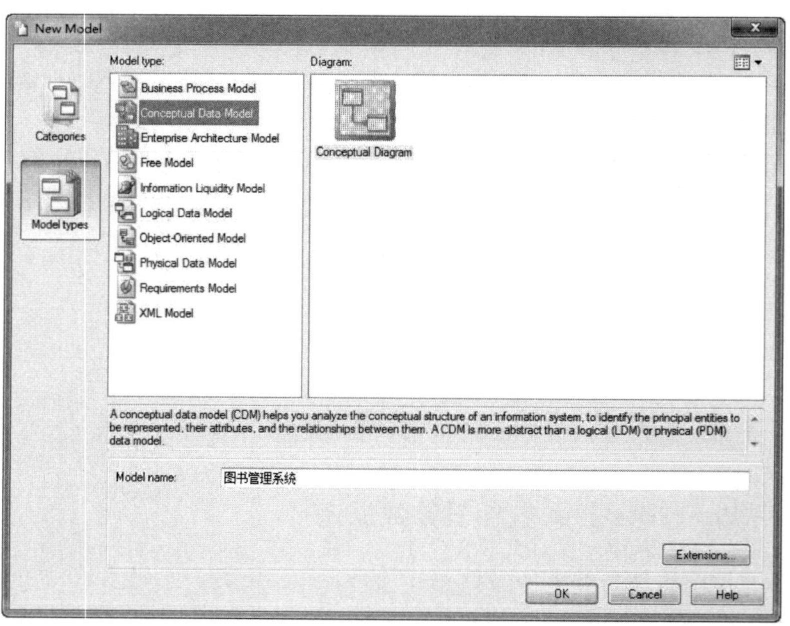

图 4-15　新建模型

（3）在概念数据模型窗口中，通过 Palette 面板中的 Text 工具，为该表格添加“图书管理系统”的标注，如图 4-16 所示。

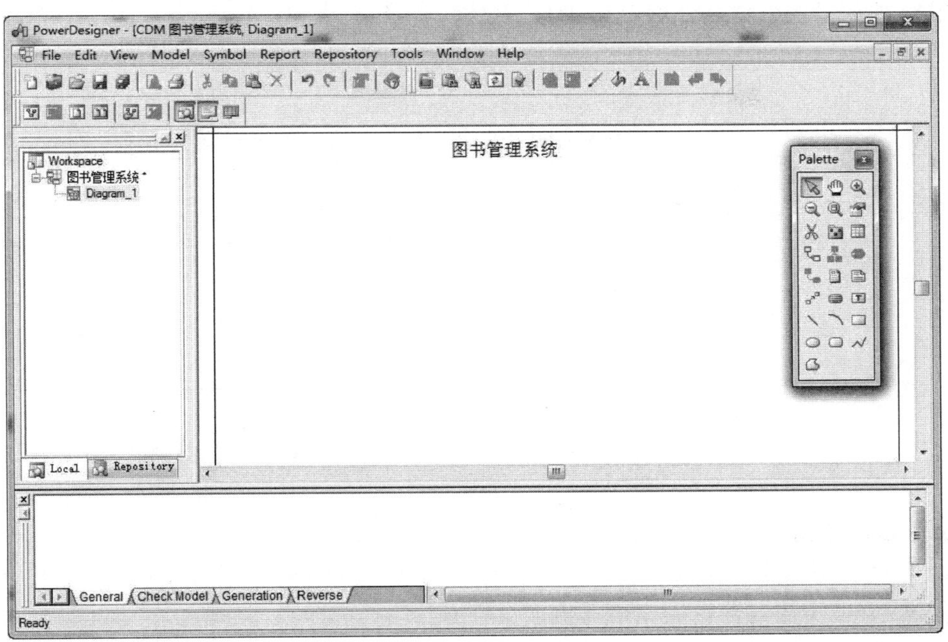

图 4-16　得用 Text 工具进行标

(4) 在创建完成的工作区中，通过 Palette 面板中的 Entity 工具添加 4 个实体图标，分别用来表示图书管理系统中的图书信息（Book）、借阅记录（BorrowInfo）、借阅者（Reader）、罚款记录（PenaltyInfo），如图 4-17 所示。

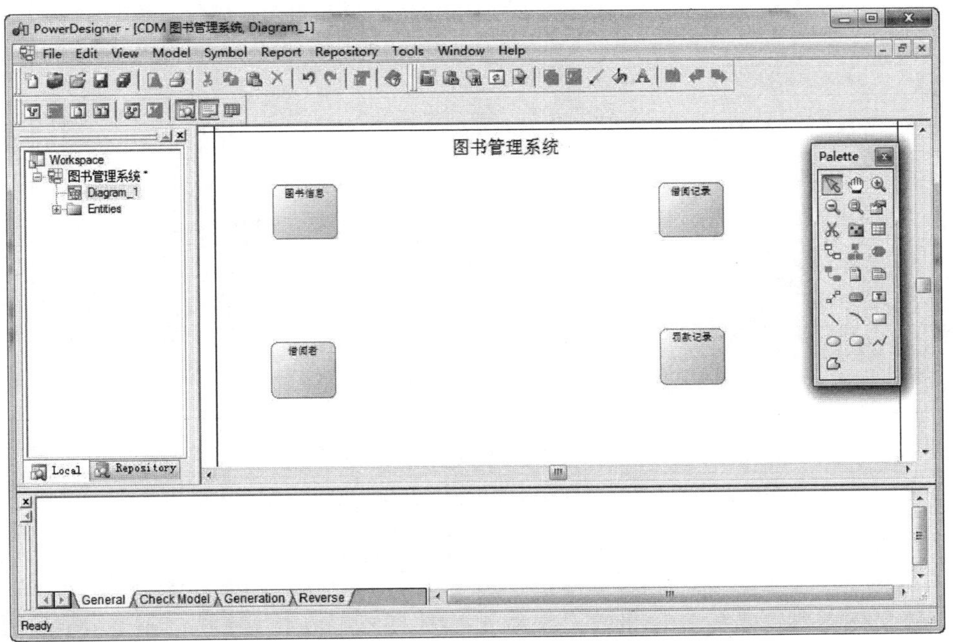

图 4-17　添加四个实体图标

具体如何设置实体，请参见图 4-18 所示。

图 4-18 图书实体名

图 4-18 中各参数的含义如下：

①Name：实体名称，用以给其他人员查看。

②Code：实体代码，创建表时使用。

③Comment：选项，对实体进行注释。

（5）在添加实体图标成功后，即可设置实体的属性信息，最终生成的 4 个实体对象具体效果，如图 4-19 所示。

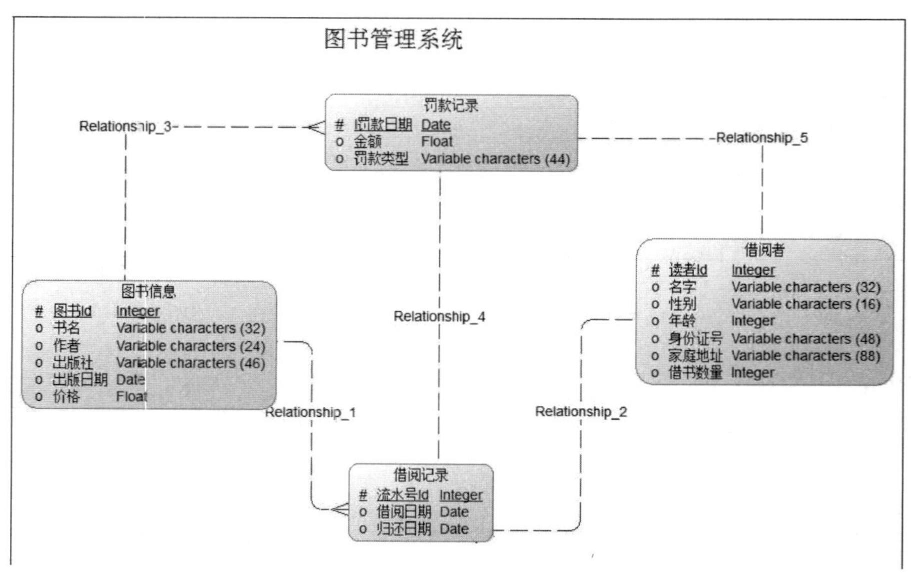

图 4-19 所有实体详细信息

设置实体字段信息的具体做法是：双击实体图标，在出现的“Entity Properties”对话框的“Attributes”选项卡中，设置实体对象的各种普通属性，以图书实体为例，如图 4-20 所示。

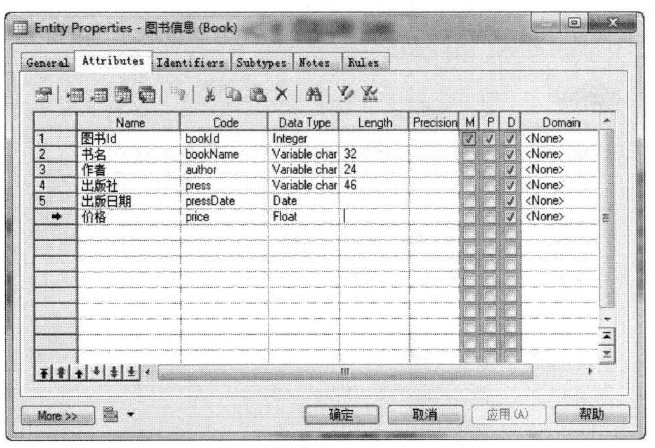

图 4-20　图书实体属性

如图 4-20 所示的 M 字段用来设置字段值（不可修改），P 字段用来设置字段为主键，D 字段用来设置该字段需要在实体图标中显示。

设置实体之间的关系的具体做法是：双击实体图标，在出现的“Entity Properties”对话框的“Attributes”选项卡中，设置实体对象的各种普通属性。

（6）将概念数据模型（CDM）转换成物理数据模型（PDM）。依次单击“Tool”→“Generate Physical Data Model”菜单项，打开“PDM Generate Option”对话框，在该对话框中设置“DBMS”为“MySQL5.0”，同时指定“Name”和“Code”的值，如图 4-21 所示。最后单击“确定”按钮即可生成并进入物理数据模型主界面，如图 4-22 所示。

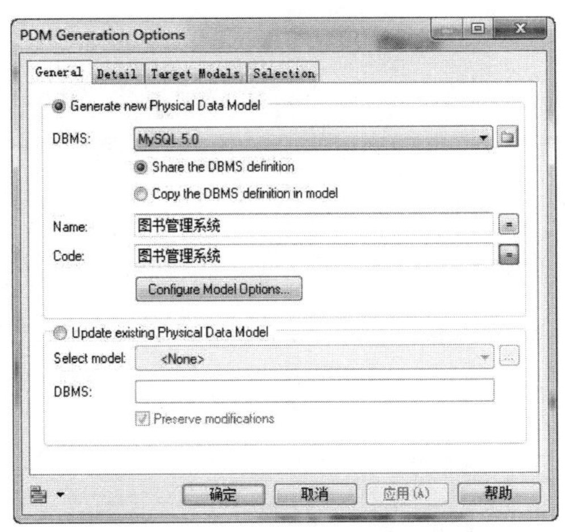

图 4-21　生成物理数据模型

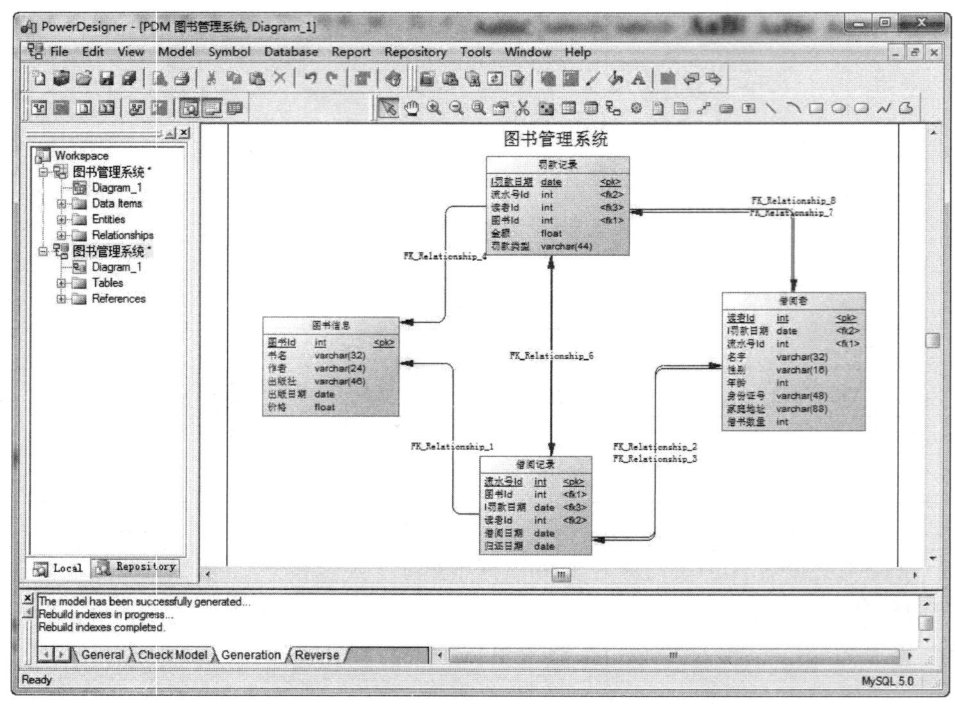

图 4-22　物理数据模型

(7) 生成数据库脚本。光标选中物理数据模型，依次单击“Database”→“Generate Database”按钮，打开“Database Generate”对话框，在其中设置保存数据库脚本文件的目录和数据库脚本文件的名称，如图 4-23 所示，最后单击“确定”按钮即可生成数据库脚本。

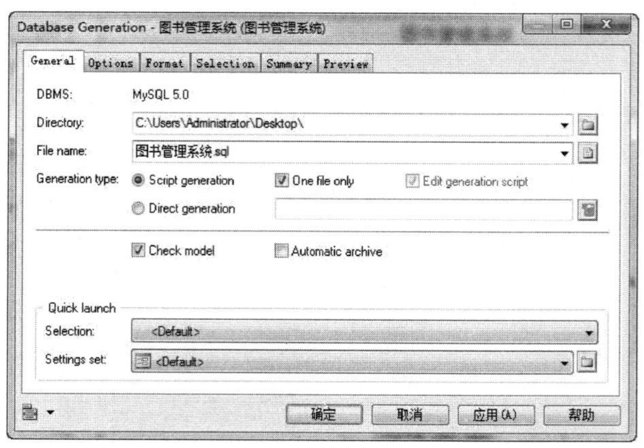

图 4-23　生成数据库脚本

至此，即完成使用 PDM 设计数据库的所有功能。

4.5 关系运算

4.5.1 关系代数

关系代数是一种抽象的查询语言，是关系数据操纵语言的一种传统表达式，它是用对关系的运算来表达查询。任何一种运算都是将一定的运算操作应用于一定的运算对象上，得到预期的运算结果。运算对象、运算符、运算结果是运算的三大要素。

关系代数的运算对象是关系，运算结果亦为关系。关系代数的运算符包括四类：集合运算符、专门的关系运算符、比较运算符和逻辑运算符，如表 4-9 所示。

表 4-9　运　算

运算符分类	运算符	含义
集合运算符	∪	并运算
	−	差运算
	∩	交运算
专门的关系运算符	×	笛卡儿积
	σ	选择运算
	π	投影运算
	∞	连接运算
	÷	除法运算
比较运算符	>	大于
	⩾	大于等于
	<	小于
	⩽	小于等于
	=	等于
	≠	不等于
逻辑运算符	¬	非运算
	∧	与运算
	∨	或运算

4.5.2 传统的集合运算符

传统的集合运算符是二目运算符，主要有以下几种：

1. 并

设关系 R 和关系 S 具有相同的关系模式（即两个关系都有相同的属性），且相应的属性取自同一个域，则关系 R 和关系 S 的并是由属于关系 R 或关系 S 的元组构成的集合，即 R 和 S 的所有元组合并，删去重复元组，组成一个新关系，其结果仍为 n 目关系。记为 $R \cup S = \{t \mid t \in R \vee t \in S\}$，其中 t 是元组变量，关系 R 和关系 S 的元数相同。对于关系数据库，记录的插入和添加可通过并运算实现。

2. 差

设关系 R 和关系 S 具有相同的关系模式，R 和 S 的差是由属于 R 但不属于 S 的所有元组构成的集合，即 R 中删去与 S 中相同的元组，组成一个新关系，其结果仍为 n 目关系。

记为 $R-S=\{t \mid t \in R \wedge t \in S\}$，$R$ 和 S 元数相同。通过差运算，可实现关系数据库记录的删除。

3. 交

设关系 R 和关系 S 具有相同的关系模式，R 和 S 的交是由属于 R 同时又属于 S 的元组构成的集合。记为 $R \cap S=\{t \mid t \in R \wedge t \in S\}$，如果两个关系没有相同的元组，那么它们的交为空。两个关系的并和差运算为基本运算（即不能用其他运算表达），而交运算为非基本运算，交运算可以用差运算来表示。$R \cap S = R - (R - S)$。

4. 广义笛卡尔积

设关系 R 和关系 S 的元数分别为 m 和 n。定义 R 和 S 的笛卡儿积是一个 $(m+n)$ 元的元组集合，每个元组的前 m 个分量（属性值）来自 R 的一个元组，后 n 个分量自 S 的一个元组。记为 $R \times S = \{t \mid t = (t_m, t_n) \wedge t_m \in R \wedge t_n \in S\}$。若 R 有 k_1 个元组，S 有 k_2 个元组，则 $R \times S$ 有 $k_1 \times k_2$ 个元组。

例：设有两个关系 R 和 S，且 R 和 S 具有相同的关系模式，则分别求出关系 R 和关系 S 的并、差、交和笛卡儿积，如图 4-24 所示。

关系 R

A	B	C
a	b	c
d	g	f
x	y	z

关系 $R \cup S$

A	B	C
a	b	c
d	g	f
x	y	z
e	b	c

关系 R-S

A	B	C
a	b	c
x	y	z

关系 S

A	B	C
e	b	c
d	g	f

关系 $R \cap S$

A	B	C
d	g	f

关系 $R \times S$

A	B	C	A	B	C
a	b	c	e	b	c
a	b	c	d	g	f
d	g	f	e	b	c
d	g	f	d	g	f
x	y	z	e	b	c
x	y	z	d	f	g

图 4-24　传统关系运算

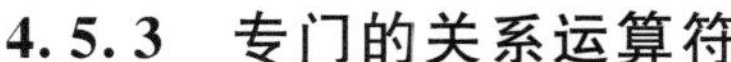

4.5.3　专门的关系运算符

由于传统的集合运算，只是从行的角度进行，而要灵活地实现关系数据库多样的查询操作，必须引入专门的关系运算。

1. 选择

选择（selection）操作是根据某些条件对关系进行水平分割，即在关系 R 中选取符合条件的元组。记作：

$$\sigma_F(R) = \{t \mid t \in R \wedge F(t) = \text{'真'}\}$$

其中，F 表示选择条件，它是一个逻辑表达式，取逻辑值‘真’或‘假’。逻辑表达式 F 的基本形式为 $X_1 \theta Y_1\ [\varphi X_2 \theta Y_2]$，其中，$\theta$ 为比较运算符，它可以是$<$，$\leqslant$，$>$，$\geqslant$，$=$或$\neq$。X_1，Y_1 等是属性名、常量或简单函数。属性名也可以用它的列序号来代替。φ 表示逻辑运算符，它可以是$\wedge$，$\vee$或$\neg$。［ ］表示可选项，即［ ］中的部分可以省略。因此选择运算实际上是关系 R 中选取使逻辑表达式 F 为真的元组。这是从行的角度进行的运算。

2. 投影

关系 R 上的投影（projection）操作是从 R 中选择出若干属性列组成新的关系。

记作：

$$\pi_A(R) = \{t \mid A \mid t \in R\}$$

其中，A 为 R 中的属性列投影操作是从列的角度进行的运算，即对关系 R 进行垂直分割，消去某些列，并重新安排列的顺序，再删去重复的元组。

3. 连接

连接（projection）是指从两个关系的笛卡儿积中选取属性值满足一定条件的元组。

记作

$$R \infty S \mid_{A\theta B} = \{t_r \cap t_s \mid t_r \in R \wedge t_s \in s \wedge t_r[A]\ \theta t_s[B]\}$$

其中 A，B 分别为 R 和 S 上可比的属性组，θ 是比较运算符。连接运算从 R 和 S 的笛卡儿积 $R \times S$ 中选取 R 关系在 A 属性组上的值与 S 关系在 B 属性组上值满足比较关系的 θ 元组。

θ 为“$=$”的连接运算称为等值连接。它是从关系 R 和 S 的笛卡儿积中选取 A，B 属性值相等的那些元组。即等值连接为：

$$R \infty S \mid_{A\theta B} = \{t_r \cap t_s \mid t_r \in R \wedge t_s \in s \wedge t_r[A] = t_s[B]\}$$

自然连接是一种特殊的等值连接，它要求两个关系中进行比较的分量必须是相同的属性组，并且要在结果中把重复的属性删去。即若 R 和 S 具有相同的属性组 B。

则自然连接可记作：

$$R \infty S \mid_{A\theta B} = \{t_r \cap t_s \mid t_r \in R \wedge t_s \in s \wedge t_r[A] = t_s[B]\}$$

一般的连接操作是从行的角度进行运算。但自然连接还需要取消重复列，所以同时从行和列的角度进行运算。

4. 除法

给定关系 R（X，Y）和 S（Y，Z），其中 X，Y，Z 为属性组，R 中的 Y 与 S 中的 Y 可以有不同的属性名，但必须出自相同的域集。R 与 S 的除法运算得到一个新的关系 P（X），P 是 R 中满足下列条件的元组在 X 属性列上的投影：元组在 X 上分量值 x 的象集 Y_x 包含 S 在 Y 上投影的集合。

记作：

$$R \div S = \{t_r[X] \mid t_r \in R \wedge Y_x \pi_r(S)\}$$

其中，Y_X 为 x 在 R 中的象集，$x = t_r[X]$ 除法操作是同时从行和列角度进行运算。

【例】设有关系 R 和关系 S 如图 4-25 所示，求 $R \div S$ 的值。

在关系 R 中，姓名，性别可以取 3 个值，关系 S 在选修课程上的投影为｛计算机语言，数据库原理，操作系统，汇编语言｝。显然只有（张三，男）的象集包含 S 在选修课程属性上的投影，所以 $R \div S$＝｛（张三，男）｝。

关系 R

姓名	性别	选修课程
王五	女	计算机语言
张三	男	数据库原理
张三	男	操作系统
张三	男	计算机语言
张三	男	汇编语言
许珮	女	程序设计

关系 S

选修课程	学分
计算机语言	6
数据库原理	5
操作系统	8
汇编语言	7

$R \div S$ 的运算结果为

姓名	性别
张三	男

图 4-25　除法运算

一、单选题

1. 数据库系统的核心是（　　）。

A. 数据库　　B. 数据库管理系统

C. 数据模型　　D. 软件工具

2. 下列四项中，不属于数据库系统的特点的是（　　）。

A. 数据结构化　　B. 数据由 DBMS 统一管理和控制

C. 数据冗余度大　　D. 数据独立性高

3. 概念模型是现实世界的第一层抽象，这一类模型中最著名的模型是（　　）。

A. 层次模型　　B. 关系模型

C. 网状模型　　D. 实体—联系模型

4. 数据的物理独立性是指（　　）。

A. 数据库与数据库管理系统相互独立

B. 用户程序与数据库管理系统相互独立

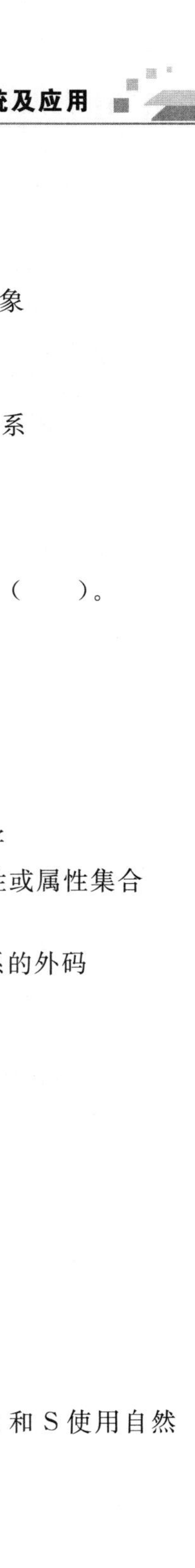

C. 用户的应用程序与存储在磁盘上数据库中的数据是相互独立的

D. 应用程序与数据库中数据的逻辑结构是相互独立的

5. 要保证数据库的逻辑数据独立性，需要修改的是（　　）。

A. 模式与外模式之间的映象　　B. 模式与内模式之间的映象

C. 模式　　D. 三级模式

6. 关系数据模型的基本数据结构是（　　）。

A. 树　　B. 图　　C. 索引　　D. 关系

7. 关系模式的任何属性（　　）。

A. 不可再分　　B. 可再分

C. 命名在该关系模式中可以不唯一　　D. 以上都不是

8. 在通常情况下，下面的表达中不可以作为关系数据库的关系的是（　　）。

A. R_1（学号，姓名，性别）

B. R_2（学号，姓名，班级号）

C. R_3（学号，姓名，宿舍号）

D. R_4（学号，姓名，简历）

9. 关系数据库中的码是指（　　）。

A. 能唯一关系的字段　　B. 不能改动的专用保留字

C. 关键的很重要的字段　　D. 能惟一表示元组的属性或属性集合

10. 根据关系模式的完整性规则，一个关系中的主码（　　）。

A. 不能有两个　　B. 不能成为另外一个关系的外码

C. 不允许为空　　D. 可以取值

11. 关系数据库中能唯一识别元组的属性称为（　　）。

A. 唯一性的属性　　B. 不能改动的保留字段

C. 关系元组的唯一性　　D. 关键字段

12. 关系数据库管理系统应能实现的专门关系运算包括（　　）。

A. 排序、索引、统计　　B. 选择、投影、连接

C. 关联、更新、排序　　D. 显示、打印、制表

13. 同一个关系模型的任意两个元组值（　　）。

A. 不能全同　　B. 可全同

C. 必须全同　　D. 以上都不是

14. 自然连接是构成新关系的有效方法。一般情况下，当对关系 R 和 S 使用自然连接时，要求 *R* 和 *S* 含有一个或多个共有的（　　）。

A. 元组　　B. 行

C. 记录　　D. 属性

二、填空题

1. 关系操作的特点是____________操作。

2. 关系模型的完整性规则包括____________、____________和____________。

3. 连接运算是由____________和____________操作组成的。

4. 自然连接运算是由____________、____________和____________组成。

5. 关系模型由________、________和________组成。

6. 关系模式是关系的________，相当于________。

三、简答题

1. 简述数据库的发展大致划分为哪几个阶段?

2. 数据库系统的发展史上，最有影响的数据库模型有哪些?

3. 数据模型的三大要素是什么?

4. 数据库设计的基本步骤是什么?

5. 什么是事务? 事务具有哪些特性?

第 5 章　计算机新技术介绍

5.1　大数据基础

5.1.1　什么是大数据

大数据（big data），或称巨量资料，指的是所涉及的资料量规模巨大到无法透过目前主流软件工具，在合理时间内达到撷取、管理、处理、并整理成为帮助企业经营决策更积极目的的资讯。（在维克托·迈尔一舍恩伯格及肯尼斯·库克耶编写的《大数据时代》中大数据指不用随机分析法（抽样调查）这样的捷径，而采用所有数据的方法来分析的巨量数据）。

大数据的 4V 特点：Volume（大量）、Velocity（高速）、Variety（多样）、Veracity（精确）。

数据总量大，根据 IDC 的估计，数据以每年 50%的速度持续增长，这意味着每两年就会翻一番（摩尔大数据定律）。人类在过去几年中产生的数据量相当于之前产生的全部数据量。目前大数据的最小单位一般被认为是 10～20 TB 的量级。

数据生产和处理的速度快，从数据的生成到消耗，时间窗口非常小，可用于生成决策的时间非常少。

数据类型多，大数据种类包括结构化数据、非结构化数据和半结构化数据。结构化数据，即具有固定格式和有限长度的数据。例如填的表格就是结构化的数据，国籍：中华人民共和国；民族：汉；性别：男；这都称为结构化数据。非结构化的数据，现在非结构化的数据越来越多，是可变长度的、没有固定格式的数据，例如网页，部分情况下非常长，也可能非常短；例如语音，视频都是非结构化的数据。半结构化数据：是一些 XML 或者 HTML 的格式等。

数据价值密度低，商业价值高。

网络的发展导致了信息的快速增长。大数据技术的战略意义不在于掌握庞大的数据信息，而在于对这些有意义的数据进行专门的处理。换句话说，如果把大数据比作一个行业，那么这个行业盈利的关键是提高数据的“处理能力”，通过“处理”实现数据的“增值”。

5.1.2　大数据发展的历史

随着互联网的快速发展，半结构化、非结构化数据的大量涌现，全球数据规模和类型出现爆炸式增长，数据成了当今社会增长最快的资源之一。根据 IDC 国际数据监测统计，即使在 2009 年的金融危机，全球信息量也比 2008 年增长了 62%，达到 80 万 PB（1PB 等于 10 亿 GB），2011 年全球数据总量已经达到 1.8 ZB（1 ZB 等于 1 万亿 GB,），并且以每两年翻一番的速度飞速增长，预计到 2020 年底全球数据量总量将达到 40 ZB，10 年间增长 20 倍以上，到 2020 年，地球上人均数据预计将达 5 247 GB。随着数据规模急剧增长，数据类型也变得越来越复杂，包括结构化数据、半结构化数据、非结构化数据，其中采用传统数据处理手段难以处理的非结构化数据已接近数据总量的 75%。

大数据发展历史可分为三个阶段，分别是：萌芽期、成熟期、大规模应用期。

第一阶段：萌芽期（二十世纪 90 年代至二十一世纪初）。随着数据挖掘理论和数据库技术的逐渐成熟，数据仓库、专家系统、知识管理等一系列商业智能工具和知识管理技术得到了应用。

第二阶段：成熟期（二十一世纪前十年）。Web 2.0 应用迅猛发展，产生大量的非结构化数据，传统的处理方法难以应对，所以带动了大数据技术的快速突破，大数据解决方案逐渐成熟，形成了并行计算与分布式系统两大核心技术，谷歌的 GFS 和 MapReduce 等大数据技术受到追捧，Hadoop 平台开始流行。

第三阶段：大规模应用期（2010 年以后）。大数据应用渗透各行各业，数据驱动的决策大大提高了信息社会智能化程度。

5.1.3 大数据技术

根据大数据生命周期的不同阶段，大数据处理相关的技术可以分为以下三方面：

（1）大数据的采集，数据获取技术的进步促成了大数据的兴起，通过简单的算法处理大量的数据，即可得到相关的结果，那么如何获取有效的数据就成了主要问题。数据的大量涌现构成了大数据的主要来源。对于实际应用来说，并不是数据越多越好，获取大量数据的目的是尽可能准确和详细地描述事物的属性。对于特定的应用，数据必须包含有用的信息，而拥有包含足够信息的有效数据才是大数据的关键。有了原始数据，要从数据中提取有效的信息，将这些数据以某种形式聚集起来，对于结构化数据来说，这些工作相对简单。而大数据通常处理的是具有各种数据类型以及复杂结构的非结构化数据，需要根据特定应用的需求，从数据中提取相关的有效数据，同时尽量剔除可能影响判断的错误数据和无关数据。

功能：利用 ETL 工具将分布的、异构的数据源中的数据如关系数据、平面数据文件等，抽取到临时中间层后进行清洗、转换、集成，最后加载到数据仓库或数据集市中，成为联机分析处理、数据挖掘的基础；或者也可以把实时采集的数据作为流计算系统的输入，进行实时处理分析。

（2）大数据的存储和管理，从海量数据时代开始，大规模数据的长期保存、数据迁移一直都是研究的重点。从 20 世纪 90 年代末至今，数据存储始终是依据数据量大小的不断变化和不断优化向前发展的。其中主要有：DAS（Direct Attached Storage），直接外挂存储；NAS（Network Attached Storage），网络附加存储；SAN（Storage Area Network），存储域网络和 SAN IP 等存储方式。这几种存储方式虽然是不同时代的产物，但各自的优缺点都十分鲜明，数据中心往往是根据自身的服务器数量和要处理的数据对象进行选择。

功能：利用分布式文件系统、数据仓库、关系数据库、NoSQL 数据库、云数据库等，实现对结构化、半结构化和非结构化海量数据的存储和管理。

（3）大数据的分析，数据分析是大数据处理的关键，大量的数据本身没有实际意义，只有针对特定的应用分析这些数据，将其转化成有用的结果，才能发挥海量数据的作用。数据是广泛使用的，所缺乏的是从数据中提取知识的能力。目前，对非结构化数据的分析仍缺乏快速、高效的手段，一方面是数据不断快速的产生、更新，另一方面是大量的非结构化数据难以得到有效的分析，大数据的未来取决于从大量未开发的数据中提取价值。对多种数据类型构成的异构数据集进行交叉分析，是大数据的核心技术之一。另外，大数据的一类重要应用是利用海量的数据，通过运算分析事物的相关性，进而预测事物的发展。随着数据的不断积累，通过简单的统计学方法即可找到数据的相关性和事物发生的规律，从而指导人们的决策。

功能：利用分布式并行编程模型和计算框架，结合机器学习和数据挖掘算法，实现对海量数据的处理和分析；对分析结果进行可视化呈现，帮助人们更好的理解数据和分析数据。

5.1.4 大数据应用

大数据无处不在，包括金融、汽车、零售、餐饮、电信、能源、政务、医疗、体育、娱乐等在内的社会各行各业都已经融入了大数据的印迹：

制造业，利用工业大数据提升制造业水平，包括产品故障诊断与预测、工艺流程分析、改进生产工艺，优化生产过程能耗、工业供应链分析与优化、生产计划与调度。

金融行业，大数据在分析三大金融创新领域：高频交易、社交情绪分析和信贷风险发挥重大作用。

汽车行业，利用大数据和物联网技术的无人驾驶汽车，在不远的未来将走入我们的日常生活。

互联网行业，借助于大数据技术，可以分析客户行为，进行产品推荐和针对性广告投放。

餐饮行业，利用大数据实现餐饮 O2O 模式，彻底改变传统餐饮经营方式。

电信行业，利用大数据技术实现客户离网分析，及时掌握客户离网倾向，出台客户挽留措施。

能源行业，随着智能电网的发展，电力公司可以掌握大量的用户用电信息，利用大数据技术分析用户用电模式，改善电网运行，合理设计电力需求响应系统，确保电网安全运行。

物流行业，利用大数据优化物流网络，提高物流效率，降低物流成本。

城市管理，可以利用大数据实现智能交通、环境保护监测、城市规划和智能安全。

生物医学，大数据可以帮助实现流行病预测、智慧医疗、健康管理，同时还可以帮助我们解读 DNA，了解更多的生命奥秘。

体育娱乐，大数据可以帮助训练团队，决定投拍哪种题财的影视作品，以及预测比赛结果。

安全领域，政府可以利用大数据技术构建起强大的国家安全保障体系，企业可以利用大数据抵御网络攻击，警察可以利用大数据来预防犯罪。

个人生活，大数据还可以应用于个人生活，利用与每个人相关联的“个人大数据”，分析个人生活行为习惯，为其提供更加周到的个性化服务。

麦肯锡在大数据的研究报告中指出，大数据的应用已经渗透到各行各业领域，逐渐成为了重要的生产因素。按照专业领域划分，信息技术、互联网、商业、遥感探测等领域已经开始应用大数据技术进行研究和生产效益；生物信息技术、科研信息机构、图书馆信息等领域已经对大数据展开了研究和规划；部分专业和行业对大数据可能仍处于了解阶段，但大数据的浪潮很快就会蔓延大多数行业。大数据的价值远不止于此，大数据对各行各业的渗透，极大推动了社会生产和生活，对未来必将产生重大而深远的影响。

5.1.5 大数据技术在人工智能方面的应用

1. 人工机器人

人工智能机器人在感知、操作以及认知方面都要进行合理的设计，从而保证机器人能够帮助老人、儿童找到需要的内容，能够为用户播放音乐，为用户提供实时的信息等，人工智能和大数据的结合，让机器人具有人类大脑般的思考能力。通过信息传感器进行数据的收集，然后利用模式识别进而分析大数据的结构和系统特点，在制定人工机器人学习技能时，通过数据和算法完善其学习成果，操作时也能提高训练资料数据，神经元节点的增加，也提高了智能机器人在对语义的识别能力。

2. 智能制造

智能制造方面，包括智能制造系统和智能制造技术两个不同方面，在进行制造的过程中，通过推理、分析、决策等一系列智能活动，开展智能制造，从而进行自动化理念的创新应用，促进自动化的智能效果和柔化效果。大数据是制造业的基础，智能化制造和定制平台时，都需要大数据作为依托。

3. 智能电网

智能电网中的大数据技术体系：

(1) 工程框架：最底层的业务系统层包含电网中各种不同类型的数据源；数据仓库层用于实现 ETL 以及相应的数据质量保障工作，并对电力数据进行各种建模以满足多种分析统计的需要；数据引擎层包含从上层应用系统中提炼出的一些数据开发工作，常见的有数据分析引擎、数据挖掘引擎、数据可视化引擎、推荐引擎等等；应用系统层则是面向用户的系统，以网站或 APP、专业客户端等形式向用户提供数据服务。

(2) 关键技术：主要包含传统的数据管理领域技术，以及当今比较火热的 Hadoop/Spark 生态圈提供的各种分布式数据分析、数据挖掘、推荐系统等工具。其中前者相关技术通常来说比较专有化，大都由类似 IBM 这样的商用软件公司负责，并不具备太多理论研究价值；后者则是这几年大数据领域兴起的产物，一般所说的电力大数据，都与这些技术息息相关。

大数据技术被广泛应用在电网的各个环节，通过分析用户用电的情况来实现对电网配电和供电计划的完善和优化，让网络监控效果更佳完善，提高电网的可靠性。智能电网在人民生活中的应用，智能电网大数据服务的发展更加全面和有效，有利于促

进国家电网工作效率的提升。

5.1.6　大数据对人工智能的影响

在大数据时代飞速发展的当下，人工智能技术在应用和推广上都具有一定的局限性，将人工智能技术与人们的生活和工作情况结合起来，通过不断的完善相关措施，不断改进技术，找到发展人工智能技术的有效手段，能够促进人工智能技术与社会发展密切联系起来，从而能够通过发展大数据技术为人们的生活和工作提供更加高效和优质的服务。当前人们所说的人工智能，是指研究、开发用于模拟、延伸和扩展人的智能的理论、方法、技术以及应用系统的一门新的技术科学，是由人工制造出来的系统所表现出来的智能。传统人工智能受制于计算能力，并没能完成大规模的并行计算和并行处理，人工智能系统的能力较差。2006 年，Hinton 教授提出深度学习神经网络使得人工智能性能获得突破性进展，进而促使人工智能产业又一次进入快速发展阶段。深度学习神经网络主要机理是通过深层神经网络算法来模拟人的大脑学习过程，通过输入与输出的非线性关系将低层特征组合成更高层的抽象表示，最终达到掌握运用的水平。数据量的丰富程度决定了是否有充足数据对神经网络进行训练，进而使人工智能系统经过深度学习训练后达到强人工智能水平。因此，能否有足够多的数据对人工神经网络进行深度训练，提升算法有效性是人工智能能否达到类人或超人水平的决定因素之一。随着移动互联网的爆发，数据量呈现出指数级的增长，大数据的积累为人工智能提供了基础支撑。同时受益于计算机技术在数据采集、存储、计算等环节的突破，人工智能已从简单的算法加数据库发展演化到了机器学习加深度理解的状态。大数据训练可以有效提高人工智能水平机器学习是人工智能的核心和基础，使计算机具有智能的根本途径，其应用遍及人工智能的各个领域。

5.2　人工智能

5.2.1　人工智能的概述

人工智能（Artificial Intelligence）简称 AI，它是研究与开发用于模拟、延伸和扩展人类智能的理论、方法、技术和应用系统的一门新的技术科学。人工智能作为计算机科学的一个分支，它试图从中理智能的本质，进而生产出一种新的智能机器，并且这种机器能够以人类智能相似的方式做出反应。从本质上讲，人工智能是根据人们编写的程序与指令去执行相应的动作命令，实现一定行为表征的技术。人工智能所具有的功能都是人类赋予的，是人类头脑的延伸与扩展，它可以满足人们的部分需要，帮助人们解决一部分问题或者是难以解决的问题。因此，智能机器人可以说是智能化的或者是程序化的机器人，是人类所赋予的智能，而不是机器本身所具有的智能。

人工智能发展历程可分为以下 6 个阶段：

（1）萌芽期：1943—1956 年。1943 年，人工神经网络与数学模型建立标志着人工神经网络研究时代的开启；1950 年，计算机与人能之父图灵发表《机器能思考吗?》，并提出了图灵测试。

（2）启动期：1956—1969年。1956年，达特茅斯会议的召开，标志着人工智能的诞生；期间，国际学术界关于人工智能研究潮流兴起罗素《数学原理》被算法全部证明，在此期间学术交流频繁。

（3）消沉期：1969—1975年。1969年，作为主要流派的连接主义与符号主义进入消沉，关于人工智能的四大预言遥遥无期，在计算能力的限制下，国家及公众对人工智能的信心持续减弱。

（4）突破期：1975—1986年。1975年，BP算法开始被研究，第五代计算机开始研制，专家系统的研究和应用艰难前行，半导体技术开始发展，计算机成本和计算能力逐步提高，人工智能开始取得突破。

（5）发展期：1986—2006年。在此期间，BP网络得以实现，神经网络得到广泛认知，基于人工神经网络的算法研究突飞猛进；计算机硬件能力快速提升，互联网开始构建，分布式网络降低了人工智能的计算成本。

（6）高速发展期：2006—现今。2006年，深度学习被提出，人工智能再次突破性发展；2010年，随着移动互联网的发展，人工智能应用场景开始增多；2012年，深度学习算法在语音和视觉识别上实现突破，同时，融资规模开始快速增长，人工智能商业化开始高速发展。

5.2.2 人工智能研究领域及其技术特征

人工智能是自然科学、社会科学、技术科3个交叉的综合学科，涉及哲学、认知科学、数学、计算机科学等，其研究领域也非常广泛。关于人工智能的研究主要集中在以下几个方面：

（1）专家系统。专家系统是人工智能最重要也是最活跃的一个研究领域，是一个具有大量专门知识和经验的程序系统。它可以根据某个领域中一个或者多个专家提供的知识和经验，进行推理和判断，模拟人类专家的决策过程，以解决那些需要人类专家才能解决的问题。专家系统被广泛应用于工程、科学、医药、军事、商业等方面，其功能主要包括：解释、预测、诊断、设计、规划、监督和控制等。

（2）计算机视觉。计算机视觉是使用计算机及其相关设备对人类视觉的一种模拟。其主要任务是通过对采集的图片或视频进行处理以获得相应场景的三维信息，包含了模式识别、图像处理、图像解释、图像理解、图像分析、机器视觉等，最终目标是为了使计算机能够像人一样通过视觉观察和理解世界，具有环境自主适应能力。

（3）自然语言理解与处理。自然语言理解与交流是指使用自然语言与计算机进行通讯的技术，让计算机能够阅读和理解人类语言。它的直接应用包括人机对话、信息检索、文本挖掘、问题回答和机器翻译等，在Web搜索、社交网络、生物数据分析和人机交互等领域有广泛应用。

（4）机器人学。机器人学是与机器人设计、制造和应用相关的科学。它主要研究机器人的控制与被处理物体之间的关系，如搬运物体和导航等。其研究领域主要涉及两个方面：一方面是让机器人具备视觉和触觉，使其能够识别空间景物的实体和阴影；另一方面是指机器人在接受外界的刺激后，驱使机器人行动的过程。

（5）机器学习。机器学习是指让机器自身具有获取知识的能力，使机器能够总结经验、发现错误、改进性能，对环境具有更强的适应能力。机器学习的应用主要包括：

数据挖掘、计算机视觉、自然语言处理、语音和手写识别、机器人运用等。

(6) 博弈与伦理。博弈是指智能机器和人类之间的较量，如 1997 年 IBM 公司研制的深蓝系统首次在正式比赛中战胜了国际象棋冠军卡斯帕罗夫以及近两年谷歌 Alpha Go 和 Alpha Go Zero 分别战胜了围棋高手李世石和柯洁，由此引发人工智能博弈问题的热议；伦理是指对人工智能安全、人工智能时代下个人隐私、人工智能是否会取代人类工作等问题的思考。关于人工智能的研究领域从不同的角度分析，其结果也不尽相同，很难面面俱到；但不同领域的技术方法和思想可以相互借鉴和相互促进。

5.2.3 人工智能在生活中的应用

自人工智能出现以来，在社会上的发展取得了举世瞩目的成就，在许多领域中取得了骄人的成果，使我们每一天都享受着这门学科带来的便利。比如，在交通领域的应用，智能辅助驾驶实现安全畅通。目前北京、上海等城市公交系统先后在公交车上安装了智能辅助驾驶系统，这套系统包括前端预警设备、大数据传输及管理平台，具有行人及车辆防撞预警、车道偏离预警等多项功能，既提升了驾驶科技水平，又增强了安全运营保障水平。

在服务领域的应用，无人操作提高了服务水平。目前无工作人员服务的有无人超市、无人加油站、无人 4S 店、无人酒店、无人餐饮等服务行业正在逐步出现在我们生活的视野，为我们提供着便捷服务，尤其是 2018 年阿里上线的杭州“未来酒店”，一切操作全由智能机器人“天猫精灵”操控，全程无服务员参与，更不用前台结账，客人可以使用支付宝“未来酒店”小程序即可办理业务，用户可以处处体验人工智能元素。不仅如此，同时上线的北京海底捞智慧餐厅一号店也开业了，半人半机器人提供服务，不同于传统店面，该餐厅拥有送餐机器人、收盘机器人、机械手臂、巨屏投影墙壁等科技元素，机器人可以实现精准送达菜品到桌，同时可以躲避行人，自由行走，而且机器人会显示菜品的新鲜度等数据。

在安防领域的应用，人脸识别实现快速甄别。从 2016 年人工智能兴起以来，AI 人脸识别技术的应用逐渐增多，并广泛应用于金融、交通、银行、教育等场景。随着国家对智慧社区和智慧城市建设的大力扶持鼓励，人脸识别发挥了重要的影响。比如社区楼宇门禁系统、通过智能化管理系统可以快速精确地识别人脸，并做出打开或关闭的决定，大大提高了社区楼宇的安全度；在疑犯追踪系统当中应用人脸识别技术和监控摄像头互相结合，实时监控火车站、机场等公共场所，若疑犯一旦在人群中被精确识别出来，能够即刻报警，不仅可以提高警方的抓捕效率，还大大提高了城市的安全度。

在医疗领域的应用，机器代替医生治病。其应用技术主要包括：语音录入病历、医疗影像辅助诊断、药物研发、医疗机器人、个人健康大数据的智能分析等。

在家居领域的应用，优化生活品质。据统计，我们平均每天在室内空间停留的时间超过 90%，我们的工作与生活质量与居室空间密切相关，全球范围内，人工智能在家居领域主要有五大典型应用，分别为：智能家电、智能控制、绿色家居、安全监测和家居机器人。智能家居通过互联网技术将家中的各种设备连接到一起，提供家电控制、照明控制、室外遥控、防盗报警等多种功能和手段。

5.2.4 人工智能存在的问题及局限

历史在变革中向前推进，但变革也有风险，人工智能时代的变革更是如此。目前而言，人工智能这一视域下太过火热，受到很多人吹捧，但在蓬勃发展的同时也会携带一些隐患或者存在一定的问题，因此，有必要对其进行热的冷思考。本文将人工智能存在的问题归纳为以下 4 个方面：

(1) 影响人类主体地位的发挥。

随着智能机器的快速发展，导致一些不重视人、过于重视机器的现象出现，造成人们产生任何事情都想用智能机器解决的想法，影响了人的创造性和主体地位的发挥。人工智能并没有人类智慧头脑的天才创新，机器永远无法取代人，特别是人的情感，是任何事物都无法替代的。人类只有为机器人设定算法与程序，才能使它做出相对应的反应，发生相关变化。因此，它永远代替不了赋予它“智能”的人、赋予它程序的人。

(2) 导致伦理道德困境的产生。

人工智能技术的应用与发展会出现一些严肃的问题，像无人驾驶汽车这种精巧的机器做出的决定可能会关乎生命。例如在一条道路上，迎面过来一个人，而另一边是动物，如果此时车速过快，来不及刹车，智能汽车该如何做出选择呢？目前水平的人工智能还无法进行道德判断，也无法理解伦理原则。可想而知，如果缺乏人工智能的伦理制约规则和规范，将会带来严重的伦理道德与安全问题。

(3) 侵犯人们的隐私权。

人工智能的热潮使得用于身份验证的人脸识别技术登上了时代舞台。其主要目的在于快速有效地进行身份验证以节省时间，但在给人们提供方便的同时也带来了隐私保护方面的伦理问题。通过人脸识别，人们的眉眼信息、嘴唇信息以及面部轮廓等脸部信息都被记录下来，当需要找这个人时，可以立刻识别出来，倘若在未经许可的情况下采集人的脸部信息，这就会侵犯人们的隐私权。因此，思考人工智能下的隐私保护问题刻不容缓。

(4) 引发严重的结构性失业问题。

简单机械的工作较容易被人工智能代替，人工智能可以更好地为人们提供便利。但是如果人工智能的发展过快、产业需求过大，而另一方面又缺乏应用人工智能技术的高层次人才，就会出现劳动型工人没有工作，技术型应用人员供不应求的极端状况，引发严重的结构性失业问题。

目前，人工智能的局限主要体现在以下 3 个方面：

(1) 人工智能技术应用只能解决部分问题，真正的高阶思维能力它是不具备的。在学习理论中，布鲁姆等按层级秩序将人的认知发展水平分为了 6 个层次：知道、领会、应用、分析、评价和创新。人工智能技术能够完成识数、计算、记忆、类别分类等人所具有的低阶思维，而且在这计算方面能力很强，但是人所具有的高级思维能力在相当长的时间内是不可能被替代的，比如人的创新创造、价值判断情感与包容、归纳与分析等高级综合能力。

(2) 人工智能技术本身存在着一定的局限性。人工智能技术中图像识别慢、反应慢等问题还有待改善，例如进行图像识别时，需要将图像完全契合在识别范围内，然后再按储存信息识别，该过程反应较慢，需要等待。此外还有环境的适应性，目前智

能机器人也很难做到，它不会像人们那样“机智”，不会随着环境的变化而变化。

(3) 人类情感是人工智能不可能具有的。一方面，每个人在世界上都是最独特的存在，每个人又因个体自身经历不同，所附有的情绪情感也是不同的、多变的；另一方面，没有任何一个人能够随时随地做到完全开心。因此，面对人类情感的差异与变化，人们自身都无法预料下一秒会怎样，机器人又怎么能够完全模仿和代替人呢？另外，人的情感分为喜怒哀乐，即使人工智能也存在这种情感，那它也是程序化的，是人赋予它的，并且无法战胜人类。特别是在人际交往过程中，海德格尔就曾说过：“人的本质体现在与他人的交流交往过程中，需要和真实存在的人打交道。”然而智能机器人还感受不到人类情感的细腻，机器终归是机器，它尚且达不到深层次的交流互动，无法与人一样用“心”交往。这是人工智能最大的局限。

5.3 云计算

互联网技术的飞速发展，信息量与数据量快速增长，导致计算机的计算能力和数据的存储能力满足不了人们的需求，大大提高了成本费用。在这种情况下，云计算应运而生。云计算将待处理的数据送到互联网上的超级计算机集群中进行计算和处理，有效地降低应用计算的成本。

5.3.1 什么是云计算

云计算（cloud computing）是由分布式计算（distributed computing）、并行处理（parallel computing）、网格计算（grid computing）发展而来，是一种新兴的商业计算模型。中国云计算专家刘鹏给出如下定义：“云计算将计算任务分布在大量计算机构成的资源池上，使各种应用系统能够根据需要获取计算力、存储空间和各种软件服务。”

狭义的云计算指的是厂商通过分布式计算和虚拟化技术搭建数据中心或超级计算机，以免费或按需租用方式向技术开发者或者企业客户提供数据存储、分析以及科学计算等服务，比如亚马逊数据仓库出租生意。广义的云计算指厂商通过建立网络服务器集群，向各种不同类型客户提供在线软件服务、硬件租借、数据存储、计算分析等不同类型的服务。

广义的云计算包括了更多的厂商和服务类型，例如国内用友、金蝶等管理软件厂商推出的在线财务软件，谷歌发布的 Google 应用程序套装等。可通俗的理解为：云计算的“云”即存在于互联网上的服务器集群上的资源，它包括硬件资源（服务器、存储器、CPU 等）和软件资源（如应用软件、集成开发环境等），本地计算机只需要通过互联网发送一个需求信息，远端就会有成千上万的计算机为客户提供需要的资源并将结果返回到本地计算机，这样，本地计算机几乎不需要做什么，所有的处理都通过云计算提供商所提供的计算机群完成任务。

5.3.2 云计算的关键特征

提供服务高质量、高可靠保证。云计算提供了安全的数据存储方式，能够保证数据的可靠性，用户无需担心软件的升级更新、漏洞修补、病毒的攻击和数据丢失等问题，从而为用户提供可靠的信息服务。云计算系统能够向用户提供满足要求的服务，能够根据用户的需求对系统做出调整，如用户需要的硬件配置、网络带宽、存储容量等。

具有高扩展性、可用性和可扩放性。云计算能够无缝地扩展到大规模的集群之上，甚至包含数千个节点同时处理。云计算可从水平和垂直 2 个方向进行扩展。云计算系统必须保证向用户提供可靠的服务，保证用户能够随时随地地访问所需要的服务，并且用户的系统规模变化时，云计算系统能够根据用户的需求自由伸缩。

支持虚拟技术。云计算是一个虚拟的资源池，它将底层的硬件设备全部虚拟化，并通过互联网使得用户可以使用资源池内的计算资源。通过在一个服务器上部署多个虚拟机和应用，从而提高资源的利用率，当一个服务器过载时支持负载的迁移。

廉价性。云计算将数据送到互联网的超级计算机集群中处理，这样无需对计算机的设备进行升级和更新，仅需支付低廉的服务费用，即可完成数据的计算和处理，从而大大降低了成本资金。

自治性。云计算系统是一个自治系统，系统的管理对用户来讲是透明的，不同的管理任务是自动完成的，系统的硬件、软件、存储能够自动进行配置，从而实现对用户按需提供。

5.3.3 云计算的关键技术

虚拟化技术是指计算元件在虚拟的基础上而不是真实的基础上运行，它可以扩大硬件的容量，简化软件的重新配置过程，减少软件虚拟机相关开销和支持更广泛的操作系统。通过虚拟化技术隔离软件应用与底层硬件，它包括将单个资源划分成多个虚拟资源的裂分模式，也包括将多个资源整合成一个虚拟资源的聚合模式。虚拟化技术根据对象可分成存储虚拟化、计算虚拟化、网络虚拟化等，计算虚拟化又分为系统级虚拟化、应用级虚拟化和桌面虚拟化。在云计算实现中，计算系统虚拟化是一切建立在“云”上的服务与应用的基础。虚拟化技术目前主要应用在 CPU、操作系统、服务器等多个方面，是提高服务效率的最佳解决方案。

分布式海量数据存储，云计算系统由大量服务器组成，同时为大量用户服务，因此云计算系统采用分布式存储的方式存储数据，用冗余存储的方式（集群计算、数据冗余和分布式存储）保证数据的可靠性。冗余的方式通过任务分解和集群，用低配机器替代超级计算机的性能来保证低成本，这种方式保证分布式数据的高可用、高可靠和经济性，即为同一份数据存储多个副本。云计算系统中广泛使用的数据存储系统是 Google 的 GFS 和 Hadoop 团队开发的 GFS 的开源实现 HDFS。

海量数据管理技术，云计算需要对分布的、海量的数据进行处理和分析，因此，数据管理技术必须能高效地管理大量的数据。云计算系统中的数据管理技术主要是 Google 的 BT（BigTable）数据管理技术和 Hadoop 团队开发的开源数据管理模块 HBase。由于云数据存储管理形式不同于传统的 RDBMS 数据管理方式，如何在规模巨大的分布式数据中找到特定的数据，也是云计算数据管理技术所必须解决的问题。同时，由于管理形式的不同造成传统的 SQL 数据库接口无法直接移植到云管理系统中，目前一些研究对象为云数据管理提供 RDBMS 和 SQL 的接口，如基于 Hadoop 子项目 HBase 和 Hive 等。另外，在云数据管理方面，如何保证数据安全性和数据访问高效性也是研究关注的重点问题之一。

编程方式方面云计算提供了分布式的计算模式，客观上要求必须有分布式的编程模式。云计算采用了一种思想简洁的分布式并行编程模型 Map-Reduce。Map-Reduce 是一种编程模型和任务调度模型。主要用于数据集的并行运算和并行任务的调度处理。在该模式下，用户只需要自行编写 Map 函数和 Reduce 函数即可进行并行计算。其中，Map 函数中定义各节点上的分块数据的处理方法，而 Reduce 函数中定义中间结果的保存方法以及最终结果的归纳方法。

云计算平台管理技术，云计算资源规模庞大，服务器数量众多并分布在不同的地点，同时运行着数百种应用，如何有效的管理这些服务器，保证整个系统提供不间断的服务是巨大的挑战。云计算系统的平台管理技术能够使大量的服务器协同工作，方便地进行业务部署和开通，快速发现和恢复系统故障，通过自动化、智能化的手段实现大规模系统的可靠运营。

5.3.4　云计算的类型

第一种类型私有云（private clouds）是为一个客户单独使用而构建的，因而提供对数据、安全性和服务质量的最有效控制。私有云可部署在企业数据中心的防火墙内，也可以将它们部署在一个安全的主机托管场所。私有云具有如下的特点：

（1）私有云是为了企业单独使用而构建的，可以定制或者从 0 开发，拥有完全的控制权。

（2）私有云的数据所有权为企业自身所有，企业在流程上控制，以防数据泄密。

（3）私有云企业自主保证服务质量，可以通过加强监控，保证服务稳定性。

（4）私有云的一些费用高于公有云。

第二种类型公有云为虚拟化和云化软件部署在云厂商自己数据中心内，用户不需要很大的投入，只要注册一个账号，即可在一个网页上创建一台虚拟电脑，例如 AWS 也即亚马逊的公有云，例如国内的阿里云，腾讯云，网易云等。

公有云的优点是除了通过网络提供服务外，客户只需为他们使用的资源支付电用。此外，由于组织可以访问服务提供商的云计算基础设施，因此他们无需担心自己安装和维护的问题。

公有云的缺点与安全有关。公共云通常不能满足许多安全法规遵从性要求，因为不同的服务器驻留在多个国家，并具有各种安全法规。而且，网络问题可能发生在在线流量峰值期间。虽然公共云模型通过提供按需付费的定价方式通常具有成本效益，但在移动大量数据时，其费用会迅速增加。

第三种是混合云是公有云和私有云两种服务方式的结合。由于安全和控制原因，并非所有的企业信息都能放置在公有云上，这样大部分已应用云计算的企业将会使用混合云模式。混合云也为其他目的的弹性需求提供了一个较好的基础，比如，灾难恢复。这意味着私有云把公有云作为灾难转移的平台，并在需要时使用它。这是一个极具成本效应的理念。另一个好的理念是，使用公有云作为一个选择性的平台，同时选择其他的公有云作为灾难转移平台。

混合云的优点是允许用户利用公共云和私有云的优势，还为应用程序在多云环境中的移动提供了极大的灵活性。此外，混合云模式具有成本效益，因为企业可以根据需要决定使用成本更昂贵的云计算资源。

混合云的缺点是因为设置更加复杂而难以维护和保护。此外，由于混合云是不同的云平台、数据和应用程序的组合，因此整合可能是一项挑战。在开发混合云时，基础设施之间也会出现主要的兼容性问题。

5.3.5 云计算的三种服务

基础设施即服务（IaaS，Infrastructrue as a Service），把硬件资源集中起来一个关键性技术突破就是虚拟化技术。虚拟化可以提高资源的有效利用率，使操作更加灵活，同时简化变更管理。单台物理服务器可以有多个虚拟机，同时提供分离和安全防护，每个虚拟机就像在各自的硬件上运行一样。

这种把主机集中管理，以市场机制通过虚拟化层对外提供服务，用按使用量收费的盈利模式，形成了云计算的基础层。这就是基础设施即服务（IaaS，Infrastructrue as a Service），构成了云计算的基础层。

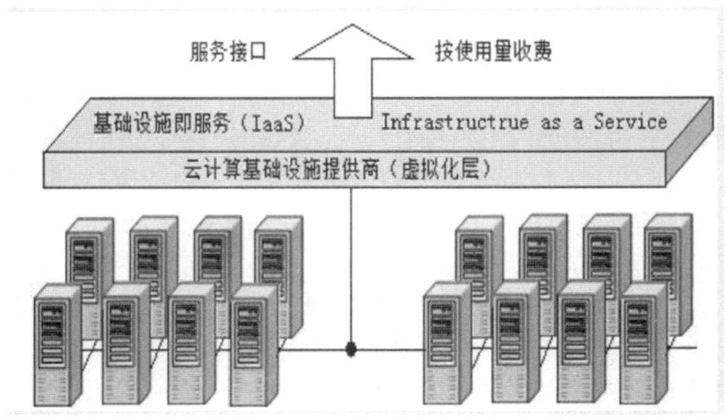

图 5-1 云计算的基础层

基础设施即服务提供给消费者的服务是对所有计算基础设施的利用，包括处理CPU、内存、存储、网络和其它基本的计算资源，用户能够部署和运行任意软件，包括操作系统和应用程序。

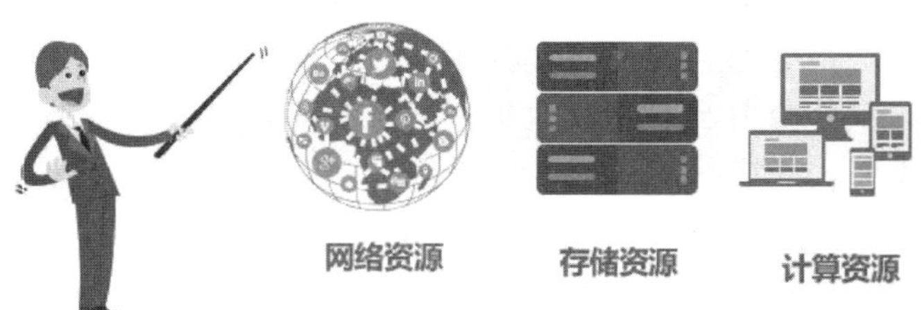

图 5-2 提供给消费者的服务是对所有计算基础设施的利用

消费者不管理或控制任何云计算基础设施，但能控制操作系统的选择、存储空间、部署的应用，也有可能获得有限制的网络组件（例如路由器、防火墙、负载均衡器等）的控制。

图 5-3 消费者不管理或控制任何云计算基础设施

平台即服务（PaaS，Platform as a Service），为了给用户提供更大的方便，很多公司开始提供云计算的应用平台，即云计算的第二层：平台即服务（PaaS，Platform as a Service）。

平台即服务（PaaS）是指把一个完整的应用程序运行平台作为一种服务提供给客户。在这种服务模式中，客户不需要购买底层硬件和平台软件，只需要利用 PaaS 平台，就能够创建、测试和部署应用程序。

平台即服务提供给消费者的服务是把客户的应用程序部署到供应商的云计算基础设施中。客户不需要管理或控制底层的云基础设施，包括网络、服务器、操作系统、存储等，但客户能控制部署的应用程序，也可以控制运行应用程序的托管环境配置。

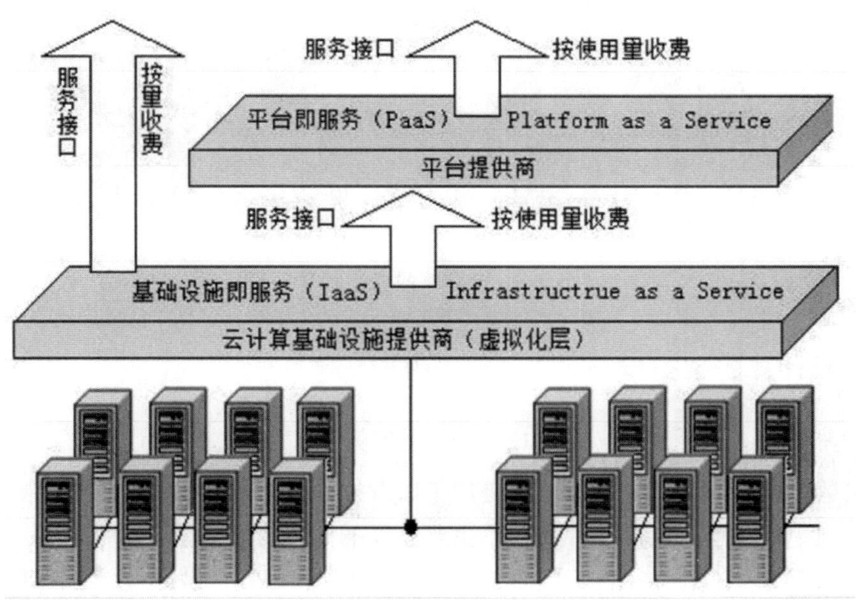

图 5-4 云计算的平台即服务

软件即服务（SaaS，Software as a Service），在云计算推出之前，人们已经开始认识到软件与服务的关系，首先提出来的概念就是：“软件即是服务”（Software as a Service）。其概念可以这样来定义：把软件部署为托管服务，用户不需要购买软件，可以通过网络访问所需要的服务，或者把各种服务综合成需要，而客户按照使用量付费。SaaS 的出现彻底颠覆了传统软件的运营模式。它不仅仅从价格上、交付模式、实施风险上带来了明显改观。在云计算上，SaaS 有了更好的发展空间。而云计算的推出，给 SaaS 提供了更好的生态环境。这就形成了云计算的第三层：软件即服务（SaaS，Software as a Service）。

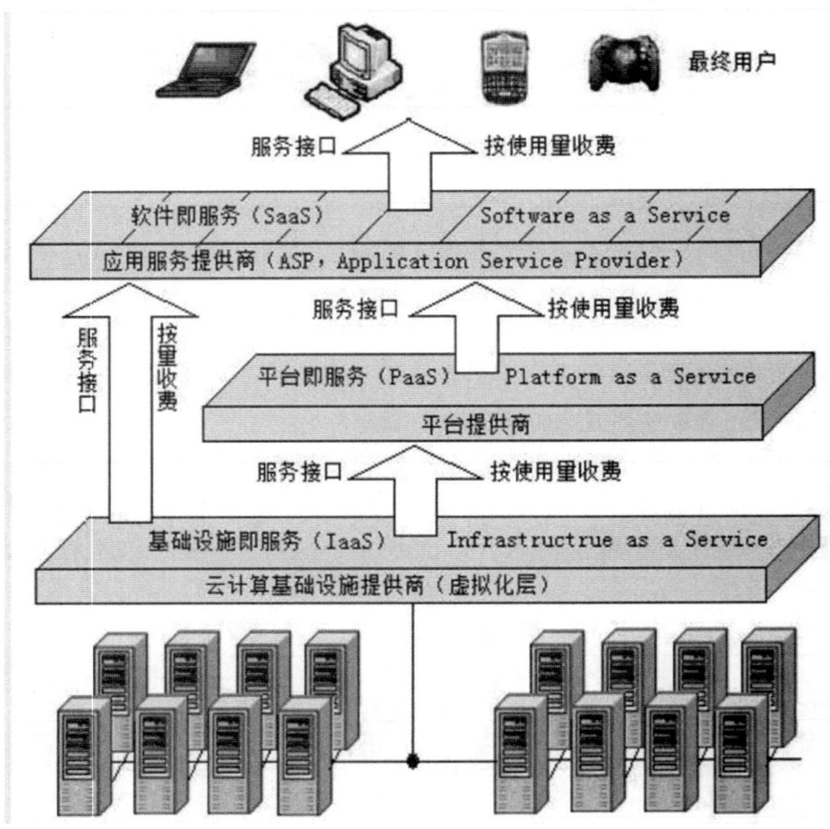

图 5-5　云计算的软件即服务

5.3.5　云计算的架构层

1. 显示层

大多数数据中心云计算架构主要是用于以友好的方式展现用户所需的内容和服务，并会利用到中间件层提供的多种服务，主要有以下五种技术：

（1）HTML：标准的 Web 页面技术，主要以 HTML 4 为主，但是将要推出的 HTML 5 会在很多方面推动 Web 页面的发展，比如视频和本地存储等方面。

（2）JavaScript：一种用于 Web 页面的动态语言，通过 JavaScript，能够极大地丰富 Web 页面的功能，并且用以 JavaScript 为基础的 AJAX 创建更具交互性的动态页面。

（3）CSS：主要用于控制 Web 页面的外观，而且能使页面的内容与其表现形式之间进行优雅地分离。

（4）Flash：业界最常用的 RIA（Rich Internet Applications）技术，能够在现阶段提供 HTML 等技术所无法提供的基于 Web 的富应用，而且在用户体验方面非常不错。

（5）Silverlight：来自业界巨擘微软的 RIA 技术，虽然其市场占有率稍逊于 Flash，但由于其可以使用 C# 来进行编程，对开发者非常友好。

2. 中间层

这层起到承上启下的作用，它在下面的基础设施层所提供资源的基础上提供了多种服务，比如缓存服务和 REST 服务等，而且这些服务可用于支撑显示层，也可以直接让用户调用，并主要有以下五种技术：

（1）REST：通过 REST 技术，能够非常方便和优雅地将中间件层所支撑的部分服务提供给调用者。

（2）多租户：能让一个单独的应用实例可以为多个组织服务，而且保持良好的隔离性和安全性，并且通过这种技术，可有效地降低应用的购置和维护成本。

（3）并行处理：为了处理海量的数据，需要利用庞大的 X86 集群进行规模巨大的并行处理，Google 的 MapReduce 是这方面的代表之作。

（4）应用服务器：在原有的应用服务器的基础上为云计算进行一定程度的优化，比如用于 Google App Engine 的 Jetty 应用服务器。

（5）分布式缓存：通过分布式缓存技术，不仅能有效地降低对后台服务器的压力，而且还能加快相应的反应速度，最著名的分布式缓存例子莫过于 Memcached。

3. 基础设施层

这层作用是为中间件层或者用户准备其所需的计算和存储等资源，主要有以下四种技术：

（1）虚拟化：也可以理解它为基础设施层的“多租户”，因为通过虚拟化技术，能够在一个物理服务器上生成多个虚拟机，并且能在这些虚拟机之间实现全面的隔离，这样不仅能减低服务器的购置成本，而且还能同时降低服务器的运维成本，成熟的 X86 虚拟化技术有 VMware 的 ESX 和开源的 Xen。

（2）分布式存储：为了承载海量的数据，同时也要保证这些数据的可管理性，所以需要一整套分布式的存储系统。

（3）关系型数据库：基本是在原有的关系型数据库的基础上做了扩展和管理等方面的优化，使其在云中更适应。

（4）NoSQL：为了满足一些关系数据库所无法满足的目标，比如支撑海量的数据等，一些公司特地设计一批不是基于关系模型的数据库。

4. 管理层

这层是为横向的三层（云计算架构其中有三层是横向的，分别是显示层、中间件层和基础设施层）服务，并给这三层提供多种管理和维护等方面的技术，主要有以下六个方面内容：

（1）帐号管理：通过良好的帐号管理技术，能够在较安全的环境下方便用户登录，并方便管理员对帐号的管理。

（2）SLA 监控：对各个层次运行的虚拟机，服务和应用等进行性能方面的监控，以使它们都能在满足预先设定的 SLA（Service Level Agreement）的情况下运行。

(3) 计费管理：即对每个用户所消耗的资源等进行统计，以准确地向用户索取费用。

(4) 安全管理：对数据，应用和帐号等IT资源采取全面地保护，使其免受犯罪分子和恶意程序的侵害。

(5) 负载均衡：通过将流量分发给一个应用或者服务的多个实例以应对突发情况。

(6) 运维管理：主要是使运维操作尽可能地专业和自动化，从而降低云计算中心的运维成本。

5.3.6 云计算模式下大数据处理技术

以往的数据管理主要是存储和采集，但是云计算的核心在于数据挖掘和数据分析，它能显著改变大数据管理方法，为单位的重要决策以及管理提供相关依据。

大数据采集技术。根据不同的采集方法，能够将大数据的采集划分成多种，例如集中式采集以及分布式采集等等。每种方法都有其不同的优点和缺点，可以利用这些方法的优点进行分析。首先，集中式收集能够对各项数据进行掌握控制，但是分布式采集却具有一定的灵活性。在大数据采集时，如果既要收集学校内部的数据信息，又要收集学校和学校之间的数据信息，可以在学校内部设置不同的服务器，来存储学校共享的数据。利用分布式计算方式，将各种采集方法共同运用，这样有利于提升数据收集水平。因此针对学校内部可以采用集中式采集方法，而学校和学校之间可以采用分布式采集方法，对于中心服务器之间的组织，可以选择分布式采集方法。此外，结合不同的结构类型，可以将大数据划分成多种类型的数据，比如结构化、非结构化以及半结构等数据。对数据进行收集时，首先必须要系统全面地分析数据的种类，根据不同的种类，充分发挥云计算的优势作用，例如容错、拓展方面等，进而达到信息同构化的目的，有效完成数据对接工作。

大数据存储技术。原来的数据存储往往是单结点仓库，其容量空间相当小，对新时期的大量数据已经丧失所有的承载能力，尽管其具备视图能力以及索引能力，然而由于受到空间的约束，依旧无法真正满足现代社会发展的实际需求。尤其是在新时期，以往的数据运行缓慢，已经不能与现代社会对数据分析和处理速度提出的要求相符。就云计算来讲，其存储方法多数是列式，有利于准确科学区分数据的属性，能够从根本上实现数据按照属性进行保存以及分类。同时利用查找属性就能在第一时间提取所需的数据，显著提升数据处理水平，让系统功能越来越突出。并且根据不同的属性分类也有其他的特征，即能够根据相似程度科学排列数据属性，对一些不确定的属性进行查询时，能够熟练掌握相似的属性，进而方便为后续查询数据奠定坚实的基础，获得显著的数据压缩成效，减少因错误查询而造成的问题。

大数据联机分析技术。对于大数据系统来说，联机技术是核心内容，烦琐复杂的数据分析环节，其重点是决策分析，将实际结果提供给用户。通常，对于联机分析方式的运用，应当以分析综合数据为切入点，构建多维度模型，获得总体的最终分析结果，为有关人员作出正确决策提供有力的参考依据。并且联机分析处理的显著特征是对数据进行分析，将仓库与联机分析技术共同运用，这样除了能够计算海量的数据，还能够全面分析数据。

大数据可视化技术。数据可视化管理是以云计算的大数据处理技术为依托的重大创新。在云计算技术的前提下，大数据可视化可以全方位对隐藏的数据信息进行深入挖掘和收集，并且利用直观生动的图表进行表现。首先，大数据可视化技术是将云计算技术作为依托的一种数据挖掘技术，其能够从大量的、复杂多变的数据中，准确识别有价值的信息，并通过服务的形式提供给广大用户。利用云计算分析一些相对复杂的数据以及处理程序，以全局作为切入点，将最原始的数据放在总体数据上，以不断挖掘其中的有价值信息。正是因为有了云计算的有力保障，才可以提高数据挖掘水平。并且大数据从大量数据中挖出重要的信息后，云计算就会立即汇总这些碎片的信息，发现其中的规律，进而更加准确科学地分析市场经济发展的整体趋势。对于可视化处理技术，可以采用绘制趋势图的方法全面展示可视化处理基础，这样可以让数据结果具有直观生动的特征，为企业避免出现决策失误打下良好的基础。例如：谷歌刚研发的最新一代搜索引擎平台，就能够同一时间分析大数据以及海量较小的文件，而且实现实时转换。相较于以往的数据挖掘技术，大数据挖掘技术在处理分布并行数据过程中，主要采用计算移动数据不同类型计算模式相结合的方法，在分析数据立方体相当大和维度属性较为复杂的数据群时，其数据管理系统能够发挥延迟查询的作用。整体来讲，云计算模式下的大数据挖掘技术可以在短时间内有效处理不同结构的大量数据。

大数据挖掘技术。运用联机分析技术，很多情况下仅仅可以获取浅层的数据信息，然而不能掌握数据内在的联系。而在云计算模式下利用大数据挖掘技术能够了解数据的实质，并且能够展现不同数据之间的联系，运用模式以及概念等等，将其充分体现。当前，大数据挖掘方法是以并行为主，在处理海量数据时有显著的优势。原来的串行数据处理的数据区域较小，需要花费大量的时间，而且工作效率低下，但是采用分布式挖掘技术，利用分布式系统，综合运用多样化的方法，例如拆分以及集群等，减少数据计算的时间，提高数据计算结果的准确性。云计算模式下的大数据挖掘技术能够将其并行的优势全面发挥出来，相对于其他的串行方式而言，并行挖掘能够利用计算机对分布式供给系统的工作进行集群拆分，在拆分结束后实施处理，使用多台计算机同时开展工作，这样不仅可以大大提升处理水平，而且还可以显著减少数据处理所需的费用。

5.4　物联网基础

物联网的概念是在 1999 年提出的，物联网的出现和发展改变了人们的生产和生活方式，更深刻地影响到人类的思维模式和生存状态。物联网是信息时代的重要发展阶段，利用局域网或物联网等通信技术把传感器、控制器、机器、人员和物通过新的方式连在一起，形成人与物、物与物，实现信息化、远程管理控制和智能化的网络。严格来说，物联网是通过射频识别（RFID）、红外感应器、全球定位系统、激光扫描器等信息传感设备，按约定的协议，把任何物品与互联网相连接，进行信息交换和通信，以实现对物品的智能化识别、定位、跟踪、监控和管理的一种网络。

物联网是一个基于互联网、传统电信网等信息承载体，让所有能够被独立寻址的普通物理对象实现互联互通的网络。具有普通对象设备化、自治终端互联化和普适服务智能化3个重要特征。

物联网是各种感知技术的广泛应用。其次，是一种建立在互联网上的泛在网络。物联网技术的重要基础和核心仍旧是互联网，通过各种有线和无线网络与互联网融合，将物体的信息实时准确地传递出去。物联网不仅提供了传感器的连接，本身也具有智能处理的能力，能够对物体实施智能控制。物联网将传感器和智能处理相结合，利用云计算、模式识别等各种智能技术，扩充其应用领域。从传感器获得的海量信息中分析、加工和处理有意义的数据，以适应不同用户的不同需求，发现新的应用领域和应用模式。

5.4.1 物联网发展历程

2005年国际电信联盟（ITU）发布了《ITU互联网报告2005：物联网》，报告指出，无所不在的物联网通信时代即将来临，世界上所有的物体从轮胎到牙刷、从房屋到纸巾都可以通过因特网主动进行交换。射频识别技术（RFID）、传感器技术、纳米技术、智能嵌入技术将得到更加广泛的应用。

2008年3月在苏黎世举行了全球首个国际物联网会议“物联网2008”，探讨了物联网的新理念和新技术与如何将物联网推进发展到下个阶段。奥巴马就任美国总统后，与美国工商业领袖举行了一次“圆桌会议”，作为仅有的两名代表之一，IBM首席执行官彭明盛首次提出“智慧的地球”这一概念，建议新政府投资新一代的智慧型基础设施，阐明其短期和长期效益。奥巴马对此给予了积极的回应：“经济刺激资金将会投入到宽带网络等新兴技术中去，毫无疑问，这就是美国在21世纪保持和夺回竞争优势的方式”。此概念一经提出，即得到美国各界的高度关注，甚至有分析认为，IBM公司的这一构想极有可能上升至美国的国家战略，并在世界范围内引起轰动。

2009年8月7日温家宝总理到无锡微纳传感网工程技术研发中心视察并发表了重要讲话。8月24日，中国移动总裁王建宙赴台首次发表公开演讲，提出了物联网理念。王建宙指出，通过装置在各类物体上的电子标签（RFID）、传感器、二维码等经过接口与无线网络相连，从而给物体赋予智能，可以实现人与物体的沟通和对话，也可以实现物体与物体之间的沟通和对话。这种将物体联接起来的网络被称为物联网。王建宙同时指出，要真正建立一个有效的物联网，有两个重要因素：一是规模性，只有具备了规模，才能使物品的智能发挥作用；二是流动性，物品通常都不是静止的，而是处于运动的状态，必须保持物品在运动状态，甚至高速运动状态下都能随时实现对话。

2009年10月，中国的第一颗物联网的芯——“唐芯一号”芯片研制成功，攻克了物联网的核心技术。“唐芯一号”芯片是一颗超低功耗射频可编程片上系统PSOC，可以满足各种条件下无线传感网、无线电域网、有源RFID等物联网应用的特殊需要，为中国的物联网产业的发展奠定了基础。

目前，中国的无线通信网络已经覆盖了各个角落，这是实现物联网必不可少的基础设施。安置在动物、植物和物品上的电子介质产生的数字信号可随时随地通过无线网络传送出去。而且“云计算”技术的运用，使数以亿计的各类物品的实时动态管理变为可能。2009 年 11 月，国务院批准同意在无锡建设国家传感网创新示范区（国家传感信息中心）。

5.4.2　物联网的主要技术

国际电信联盟（ITU）将射频识别技术（RFID）、传感器技术、纳米技术、智能嵌入技术列为物联网关键技术。其中，RFID 也被公认为是物联网的构建基础和核心。中科院软件研究所专家认为，物联网的关键技术包括物体标识、体系架构、通信和网络、安全和隐私、服务发现和搜索、软硬件、能量获取和存储、设备微型小型化、标准。?

物联网是在计算机互联网的基础上，利用 RFID、无线数据通信等技术，构造一个覆盖世界上万事万物的网络。在这个网络中，物品能够彼此进行“交流”，无需人的干预。其实质是利用 RFID 技术，通过计算机互联网实现物品的自动识别和信息的互联与共享。在物联世界中，RFID 标签中存储着规范而具有互用性的信息，通过无线数据通信网络把数据自动采集到中央信息系统，实现物品的识别，进而通过开放性的计算机网络实现信息交换和共享，实现对物品的透明管理。典型的 RFID 系统主要由阅读器、电子标签、RFID 中间件和应用系统软件 4 部分构成，一般把中间件和应用软件统称为应用系统。RFID 系统的基本原理是从电子标签到阅读器之间的通信及能量感应方式来看，系统一般可以分成两类：电感耦合（inductive coupling）系统和电磁反向散射耦合（backscatter coupling）系统。

在物联网中传感器主要负责接收物品“讲话”的内容。传感器技术是从自然信源获取信息并对获取的信息进行处理、变换、识别的一门多学科交叉的现代科学与工程技术，它涉及传感器、信息处理和识别的规划设计、开发、制造、测试、应用及评价改进活动等内容。传感器（sensor）是一种常见但很重要的器件，是感受规定的被测量的各种量并按一定规律将其转换为有用信号的器件或装置。对于传感器来说，按照输入的状态，输入可以分成静态量和动态量。可以根据在各个值的稳定状态下，输出量和输入量的关系得到传感器的静态特性。传感器作为信息获取的重要手段，与通信技术和计算机技术共同构成信息技术的三大支柱。

物联网中物品要与人无障碍地交流，离不开高速、可进行大批量数据传输的无线网络。无线网络既包括允许用户建立远距离无线连接的全球语音和数据网络，也包括近距离的蓝牙技术、红外技术和 Zigbee 技术。无线网络的发展方向之一就是“万有无线网络技术”，即将各种不同的无线网络统一在单一的设备下。Intel 正在开发的一个芯片采用软件无线电技术，可以在同一个芯片上处理 WiFi、WiMAX 和 DVB－H 数字电视等不同无线技术。

5.4.3　物联网的研究领域

物联网用途广泛，遍及智能交通、环境保护、政府工作、公共安全、平安家居、智能消防、工业监测、老人护理、个人健康等多个领域。在生产生活中的应用举不胜举，下面只简述几个比较典型的范例来展望物联网的应用：

将传感器嵌入到家人的手表里，即使在千里之外，也可以随时掌握他们的体征。用这种方法，医生也可以随时随地了解病人的体征，为病人诊断看病。

超市里销售的禽肉蛋奶，在包装上嵌入微型感应器，顾客只需用手机扫描，即可了解食品的产地和转运、加工的时间地点，甚至还能显示加工环境的照片，绿色安全状况。

如果在汽车和汽车钥匙上都植入微型感应器，酒后驾车现象就可能被杜绝。当喝了酒的司机掏出汽车钥匙时，钥匙能通过气味感应器察觉到酒气，并通过无线信号通知汽车“不要发动”，汽车会自动熄火，并能够“命令”司机的手机给其亲友发短信，通知他们司机所在的位置，请亲友来处理。

5.4.4 物联网的发展趋势

1. 纵向市场发展趋势

由于中国物联网的发展是政策主导，所以应用趋势将遵循从公共管理和服务市场到企业、行业应用市场再到个人家庭市场逐步发展成熟的细分市场递进趋势。目前，物联网产业在中国还是处于产业链逐步形成阶段，没有成熟的技术标准和完善的技术体系，整体产业处于酝酿阶段。此前，RFID 市场一直期望在物流、零售等领域取得突破，但是由于涉及的产业链过长，产业组织过于复杂，交易成本过高，产业规模有限，成本难以降低等问题，使得整体市场成长较为缓慢。在物联网概念提出后，面向具有迫切需求的公共管理和服务领域，以政府应用示范项目带动物联网市场的启动将是必要之举。进而随着公共管理和服务市场应用解决方案的不断成熟，企业集聚、技术的不断整合和提升，逐步形成比较完整的物联网产业链，从而带动各行业、大型企业的应用市场。各个行业的应用逐渐成熟后，带动各项服务的完善、流程的改进，个人应用市场随之发展起来。

2. 横向市场的发展趋势

(1) 建立物联网标准体系建立物联网标准体系是一个渐进发展成熟的过程，将呈现从成熟应用方案提炼形成行业标准，以行业标准带动关键技术标准，逐步演进形成标准体系的趋势。物联网概念涵盖众多技术、行业、领域，试图制定一套普适性的统一标准几乎是不可能的。物联网产业的标准将是一个涵盖面很广的标准体系，将随着市场的逐渐发展而发展成熟。在物联网产业发展过程中，单一技术的先进性并不能保证其标准具有活力和生命力，标准的开放性和所面对的市场的大小是其持续下去的关键和核心问题。随着物联网应用的逐步扩展和市场的成熟，占有更大的市场份额，其应用所衍生出来的相关标准将更有可能成为被广泛接受的事实标准。

(2) 形成通用性强的物联网技术平台随着行业应用的逐渐成熟，将出现新的通用性强的物联网技术平台。物联网的创新是应用集成性的创新，一个单独的企业无法完全独立完成一个完整的解决方案。一个技术成熟、服务完善、产品类型众多、应用界面友好的应用，将是由设备提供商、技术方案商、运营商、服务商协同合作的结果。

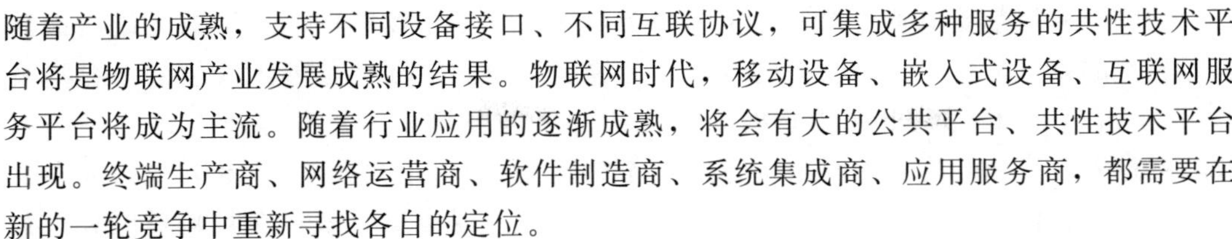

随着产业的成熟，支持不同设备接口、不同互联协议，可集成多种服务的共性技术平台将是物联网产业发展成熟的结果。物联网时代，移动设备、嵌入式设备、互联网服务平台将成为主流。随着行业应用的逐渐成熟，将会有大的公共平台、共性技术平台出现。终端生产商、网络运营商、软件制造商、系统集成商、应用服务商，都需要在新的一轮竞争中重新寻找各自的定位。

总的来说，现阶段物联网仅仅停留在概念和初级应用阶段，出现的问题也层出不穷，不过专家对物联网未来的发展趋势较为看好。发展物联网是信息科技的大势所趋，是未来国与国的新一轮科技竞争前沿，其重要性不言而喻。相信整个社会应为物联网而大大改变。

5.4.5　物联网存在的问题

技术问题及技术标准不同的问题。世界各国存在不同的标准。中国信息技术标准化技术委员会于 2006 年成立了无线传感器网络标准项目组。2009 年 9 月，传感器网络标准工作组正式成立了 PGI（国际标准化）、PG2（标准体系与系统架构）、PG3（通信与信息交互）、PG4（协同信息处理）、PC5（标识）、PG6（安全）、PG7（接口）和 PG8（电力行业应用调研）等八个专项组，开展具体的国家标准的制定工作。

协议统一方面的问题。物联网是互联网的延伸，在物联网核心层面是基于 TCP/IP，但在接入面，协议类别五花八门，GPRS/CDMA、短信、传感器、有线等多种通道，物联网需要一个统一的协议。

IP 地址缺乏和兼容的问题。每个物品都需要在物联网中被寻址，则需要一个地址。物联网需要更多的 IP 地址，IPv4 资源即将耗尽，就需要 IPv6 来支撑。IPv4 向 IPv6 过渡是一个漫长的过程。物联网一旦使用 IPv6 地址，就必然会存在 IPv4 的兼容性问题。

终端多样化需求的问题。物联网终端除具有本身功能外，还拥有传感器和网络接入等功能，且不同行业需求千差万别，如何满足终端产品的多样化需求，对厂商来说是一大挑战。

安全问题，物联网的传感网络分布随机，无线网络无处不在，为各种网络攻击提供了广阔的土壤。在实际应用中，物联网网络规模越大越能放大安全问题所造成的影响。此外，物联网的应用往往是行业性的，一旦出现问题也将是全局性的。物联网在以下七个方面存在潜在隐患与风险：

物联网中标签被盗窃、篡改、伪造或复制，由于物联网的应用将取代人来完成一些危险复杂的工作，物联网的感知节点大多安置在无人监控的场所中，攻击者可轻易接触到这些设备并对其进行破坏，甚至本地操作更换其软硬件。此外，攻击者窃取射频标签实体后，通过物理手段在实验室环境中去除芯片封装，使用微探针获取敏感信号，从而进行射频标签的伪造、复制、篡改等主动攻击。

物联网中标签被随意扫描，物联网设备的标签中存储着密钥、身份认证等重要信息，能自动应答阅读器的查询，而不会警告其所有者，因此，物联网标签可以向附近的所有阅读器广播其信息，特别是当个人信息或机密信息与标签结合在一起时，将会引起个人隐私及机密信息泄露问题。

物联网通信遭受干扰、窃听、拒绝服务等攻击，由于物联网通信中的无线信道具有开放性的特点，缺少安全保障的节点十分脆弱，设备之间传输的无线信号很容易被非法窃听、干扰和屏蔽。在传感网络和无线网络的环境下恶意程序将有无穷多的入口，一旦入侵成功，将非常容易地进行网络传播。另外，拒绝服务（DoS）攻击大多发生在感知层和核心网络的衔接位置，在物联网中节点以集群方式存在且数量庞大，在数据传播时，大量节点的数据传输需求将引发网络拥塞，产生DoS攻击。

利用物联网标签进行跟踪、定位，RFID标签并不对来自合法读写器和非法读写器的访问信号加以区分，只要工作频率相符合即发出响应信号。因此攻击者可能会利用标签的这种性质对携带者进行跟踪、定位。携带电子标签的用户可能被跟踪而暴露所在的位置。

物联网核心网络异构性导致管理上存在隐患。物联网核心网络的异构性增加了管理难度，也就增加了管理上存在的隐患。现有的通信网络安全架构都是以人的通信角度而设计，不完全适用于机器间通信，现有的互联网安全机制将会割裂物联网机器间的逻辑关系。另外，在物联网传输层和应用层中，将会面临现有TCP/IP网络中存在的所有安全问题，与此同时，各种感知节点数据的海量性和多源异构性，感知层采集数据格式的多样化所带来的网络安全问题将更加复杂。

物联网现有的加密机制不健全，信息安全存在较大隐患。互联网时代，网络层传输的加密机制通常是逐跳加密的，而业务层传输的加密机制则是端到端的。逐跳加密机制只对必须受保护的链接进行加密，在各节点进行解密，因此中间所有节点都有可能解读被加密的信息，若节点可信任度不高就会存在严重泄密隐患；而端到端的加密机制，可由不同业务类型选择不同等级的安令保护策略，但是，它不保护消息的目的地址，不能加密传输消息的源地址和目标地址，易遭到网络嗅探引发的恶意攻击。明确物联网中的特殊安全需求，考虑提供恰当的安全等级保护，架构合理的加密机制等成为亟待解决的问题。

物联网整体的安全隐患。物联网作为一个应用整体，各层独立安全措施的简单求和并不能提供可靠安全保障。物联网与几个逻辑层基础设施之间仍存在许多本质区别：已有的对感知层的传感网、传输层的互联网和移动网、处理层的云计算等的安全解决方案，在物联网环境中，可能将不再适用。传感网的数和终端的规模是单个传感网无法比较的；终端设备器件的处理能力具有很大差异，它们之间可能需要相互作用；处理的数据量将比如今的互联网和移动网大得多；即使感知层、传输层和处理层各自都是安全的，作为一个大系统，物联网的安全不一定能够得到保障；物联网的数据共享和应用都对安全提出了新要求，如隐私保护问题。此外，一般情况下感知节点功能单一、能量有限，没有复杂的安全保护能力，而网络节点种类较多，采集的数据和传输的信息没有特定标准，不能提供统一的安全保护体系。

总的来说，作为一项战略性新兴产业，目前物联网产业在中国处于刚刚起步的阶段。目前，中国RFID产业在超高频领域与国际先进水平相比，还存在着许多瓶颈：

（1）企业技术研发水平薄弱。

（2）RFID标签成本过高，限制了其应用范围的扩大。

(3) 推广中困难重重。

(4) 缺乏国家标准。

(5) 行业人才匮乏。

5.5 量子计算

5.5.1 量子计算与量子计算机

量子计算起源于 20 世纪 80 年代，1982 年著名物理学家、诺贝尔奖获得者费恩曼 R. P. Feynman 首先提出量子计算的概念，1995 年美国科学家 Peter Shor 创造了著名的量子分解算法，是至今为止量子计算领域中最著名的算法。后来由其他科研人员研究并演示了量子计算在冷却离子系统中实现的可能性。此时大家才逐渐认识到量子计算机的超强计算能力和破解编码的能力，之后许多科学家便开始了对量子计算的研究。

1965 年英特尔创始人戈登·摩尔提出了摩尔定律，换而言之就是用一美元能买到的计算机性能每隔 18 个月翻一倍。2016 年摩尔定律近乎失效，导致摩尔定律失效的两大主因：一是处理器性能在物理上无法按照摩尔定律增长，二是数据的快速增长对计算机性能要求远超摩尔定律的增长速度。2014 年，美国宣布研制出了世界上纯度最高的硅晶体，硅 28 的含量达到 99.999 9%，解决了量子高速运算的关键问题。量子计算的实现有两个前提：一是量子计算机，二是量子算法。只有量子计算的快速运算能力才能满足人工智能的需求。量子计算是利用量子力学规律，以缠绕的量子态作为信息载体，利用量子态的线性叠加原理进行信息并行计算的方案，比现有计算速度快的核心优势是可以实现高速并行计算。随着纳米技术逐渐取代传统的半导体晶体管，通过控制原子或小分子的状态进行运算和存储，存储和运算能力远远超出现有计算机，并且能够完成比如复杂路径搜索、大数分解等运算。

5.5.2 量子计算的发展现状

近年来，随着量子计算机优势逐渐体现，世界上各大量子物理试验室频频有实验成果被宣布，攻克量子计算机研发难题，各国政府也开始将尽快掌握量子计算机提上了议程。美国集中了 Intel、IBM 公司等多家企业以及哈佛大学、普林斯顿大学等科研机构，旨在加速美国量子计算机研发过程，保证美国率先掌握并拥有量子计算技术。日本和欧共体也有着发展量子计算机意识，紧随美国启动了类似计划。

各大计算机巨头也在计划将量子计算机商业化。2007 年 2 月，加拿大 D-Wave 公司宣布研制出世界上首台拥有 16 量子位的量子计算机。但接下来几年，D-Wave 以惊人速度迅速将量子位提升至五百以上，引起科学界普遍怀疑。最终证实其研制的量子计算机实质上比经典计算机的运算速度没有任何加速优势。虽然 D-Wave 的加速传奇破灭了，但也从侧面彰显了量子计算机的重要战略价值。

2017 年 3 月 6 日，IBM 宣布将于年内推出全球首个商业“通用”量子计算服务一

IBM Q。IBM 表示，此服务配备有直接通过互联网访问的能力，在药品开发以及各项科学研究上有着变革性的推动作用，已开始征集消费用户。除了 IBM，其他公司还有英特尔、谷歌以及微软等，也在实用量子计算机领域进行探索。

2017 年 5 月 3 日，中国科学院潘建伟团队构建的光量子计算机实验样机计算能力已超越早期计算机。此外，中国科研团队完成了 10 个超导量子比特的操纵，成功打破了目前世界上最大位数的超导量子比特的纠缠和完整的测量的记录。

2018 年 3 月，谷歌宣布实现 72 个量子位的原型机，极大的拓展了量子计算的商业化应用。同年 5 月中国阿里巴巴达摩院顶级科研机构量子实验室发布消息，称已成功模拟了 81 比特 40 层作为基准的谷歌随机量子电路，研发出当前世界最强的量子电路模拟器“太章”。

5.5.3 量子计算机的基本原理

量子计算机是一种基于量子理论而工作的计算机。追根溯源，是对可逆机的不断探索促进了量子计算机的发展。量子计算机装置遵循量子计算的基本理论，处理和计算的是量子信息，运行的是量子算法。1981 年，美国阿拉贡国家实验室的 Paul Benioff 最早提出了量子计算的基本理论。

1. 量子比特

经典计算机信息的基本单元是比特，比特是一种有两个状态的物理系统，用 0 与 1 表示。在量子计算机中，基本信息单位是量子比特（qubit），用两个量子态 | 0＞和 | 1＞代替经典比特状态 0 和 1。量子比特相较于比特来说，有着独一无二的存在特点，它以两个逻辑态的叠加态的形式存在，这表示的是两个状态是 0 和 1 的相应量子态叠加。

2. 态叠加原理

现代量子计算机模型的核心技术便是态叠加原理，属于量子力学的一个基本原理。一个体系中，每一种可能的运动方式被称作态。在微观体系中，量子的运动状态无法确定，呈现统计性，与宏观体系确定的运动状态相反，量子态就是微观体系的态。

3. 量子纠缠

量子纠缠：当两个粒子互相纠缠时，一个粒子的行为会影响另一个粒子的状态，此现象与距离无关，理论上即使相隔足够远，量子纠缠现象依旧能被检测到。因此，当两粒子中的一个粒子状态发生变化，即此粒子被操作时，另一个粒子的状态也会相应地随之改变。

4. 量子并行原理

量子并行计算是量子计算机能够超越经典计算机的最引人注目的先进技术。量子计算机以指数形式储存数字，通过将量子位增至 300 个量子位就能储存比宇宙中所有原子还多的数字，并能同时进行运算。函数计算不通过经典循环方法，可直接通过幺正变换得到，大大缩短工作损耗能量，真正实现可逆计算。

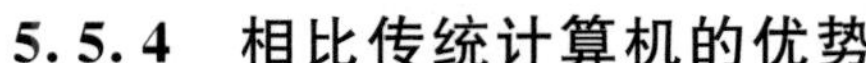

5.5.4　相比传统计算机的优势

传统计算机的运行速度只有在一定温度下才能够保证，计算机芯片散热将降低运算速度。研究发现，计算过程中的不可逆操作是高能耗的主因，而量子计算机最突出的优势就是能够进行可逆操作，解决了传统计算进难以避免的能耗问题。

根据摩尔定律，集成电路的性能能够于每 18－24 个月的时间内翻一倍，与之相对，当材料与技术成本不变时，价格也会降为原价的 0.5 倍。由这一定律我们能够感受到信息技术的飞速进步，但终有一天会达到此定律的极限。计算机芯片的布线密度是很大的限制原因，一旦达到某极限密度，使不会再遵循摩尔定律，此时波粒二象性不容忽视，根据海森堡不确定性关系，电子位置的不确定量很小时，动量的不确定量会很大，量子效应显著，精准操作电子难度极大，易造成元件故障。因此元件的集成度有限，单位体积运算速度受到很大影响，但量子计算机能很好的克服这一缺点。

5.5.5　量子计算和量子计算机的应用前景

随着对量子理论和量子计算机科学研究的不断深入，量子计算和量子信息等已越来越频繁地应用于军事、经济、情报、通信等领域，已经体现出非常广阔的科技研发和应用前景，经济效益不可估量。信息时代中，计算能力是最为基本的生产力，不仅可以代表国家的实力，同时还能够让国家在竞争之中处于有地位。从根本上来讲，计算就是处理能力，当今世界范围内的信息传播速度基本相同，在这种情况下，如果可以掌握更加强劲的信息处理能力，就可以在信息竞争上占据一定的优势。随着发展，量子计算可能会如过去经典计算机那样逐步地形成一个较为完整的产业链条，并在国家经济体系之中逐步地构建起一个较为重要的领域。围绕研制通用型量子计算机的中心目标，量子计算技术的快速发展还可以推动量子导航、量子精密测量以及量子通信等各个相关行业的快速发展和繁荣。量子信息科学是以量子计算作为基础，同时也是解决其他各种复杂问题的重要基础能力，如果量子计算机能获得革命性的技术突破，那么其他各种相关研究都能够获得突破，进而为提高国家整体经济竞争力创造条件。量子物理与计算科学第一次结合的原因就是对核心武器的研制需求，量子计算机计算能力与其可操纵的量子数密切相关。理论上，达到 50 量子位时，其对特定问题或特定实验环境的模拟与计算能力就已远超现代的超级计算机，实现信息及通讯意义上的“量子称霸”。对许多大规模的计算难题，有了量子计算机就可以迎刃而解。

量子计算机的特殊运算方式，将带给人们真正精确的天气预报，高效模拟各类实验，加快有效药物的发现，使人们真正意义上攻克交通拥堵。而量子计算机先进的计算能力水平正是制造人工智能的关键。

5.6 计算机原版文章阅读

Is Artificial Intelligence New to Multimedia?

With the proliferation of social networks and smartphones, multimedia data have grown exponentially. This valuable source of information can be utilized to answer many complex problems in various fields such as medical, finance, marketing, and environmental science. On the other hand, AI has transformed many applications and businesses these days, from language translator and virtual assistants (e. g. , Siri and Alexa) to self-driving vehicles (e. g. , Waymo and Tesla cars), which were not possible before. Multimedia researchers have already leveraged AI to provide intelligent solutions for research topics including multimedia content analysis, multimedia social networks, multimodal learning, and multimedia database management. Although AI is not new to multimedia, the searchers are trying to take advantage of the most recent AI technologies in multimedia research to further advance the field.

Several factors have contributed to the fast progress in Multimedia AI in the last decade. First, massive amounts of multimedia data, including audio, video, text, satellite images, geographic in-formation, etc. , have been generated for training AI models. In addition, the development of new machine learning (ML) algorithms such as deep neural networks and deep reinforcement learning has resulted in notable advancements in AI. Finally, recent progress in hardware and computing powers such as graphics processing units has significantly enhanced the training of such complex and large AI models. However, at present, there are several limitations and challenges in existing Multimedia AI systems. First, the success of AI-based systems is highly subject to the availability of large-scale data. Therefore, obtaining clean, large, and comprehensive data is a major challenge in Multimedia AI. Besides, despite the great success of AI-based models in various multimedia applications, the interpretability and generalization of these models remain challenging. Finally, manipulating and analyzing a large volume of data using AI cause the multimedia systems to be vulnerable and easily exposed to security attacks. In the following, the aforementioned challenges and several possible solutions are discussed.

We live in an era where the world is collecting and generating vast amounts of data and information every second. Multimedia is an extensive source of data for training the AI models. How-ever, since heterogeneous sources of multimedia data are ubiquitous in nearly every research area, its volume is getting far beyond the ability of general storage and processing techniques and tools. Distributed computing, cloud computing, and edge computing solutions are developed and incorporated in various multimedia big data systems to enable efficient analyses of large amounts of data. However, it is still challenging to achieve fast processing in many scenarios given that recording or gathering the data and adding the necessary annotations and metadata are time-consuming tasks. Recently, many researchers in the multimedia and AI research areas try to tackle this challenge by utilizing techniques that can learn from data with noisy labels or without any labels. For instance, unsupervised learning such as Variational AutoEncoders can get insight from the data without requiring labeled data. In addition, in cases where there is a scarcity of supervised data, low-shot learning can be a good alternative. Also, by using techniques such as data augmentation and generative adversarial networks, we can automatically generate large-scale multimedia data to train the AI models.

Another main challenge in Multimedia AI is transferring the knowledge learned from one problem domain to another, even when the two domains are highly correlated. Namely, a slight deviation from the original distribution of the training data will cause a significant decrease in the model performance. To alleviate this problem, AI models need a stronger generalization capability. Possible solutions such as transfer learning while implementing a technique known as "lifelong learning" can store the knowledge gained from solving one problem and apply it to a different but related problem. The "lifelong" system will also continually learn new tasks, from one or more domains, throughout its lifetime. Additionally, solutions like reinforcement learning with a "curiosity-driven exploration" mechanism can be used to en-courage the models to apply the knowledge acquired from previous experiences for the faster exploration of unseen scenarios. Recently, the black-box nature of most AI models has opened a debate, and there have been controversies where individuals argue these unexplainable models are untrustworthy, unfair, and unaccountable. This challenge becomes an obstacle to any possible applications of Multimedia AI in solving critical decision-making tasks, such as deciding whether a patient should have the surgery or should give a guilty verdict at a justice court. Numerous techniques have been proposed to overcome this challenge and provide the proper justifications for the human-level understanding. Explainable AI is an initiative that stems from the growing integration of AI into our day-to-day life and activities, offering a suite of techniques including visualization, sensitivity analysis, global/local interpretability, etc. , which could be either model-specific or model-agnostic. Although many of the proposed techniques have shown promising results, there is still a tremendous amount of work to be done in the concept of making explainable and interpretable models.

Given the long history of utilizing AI techniques, they have been deeply embedded into a broad range of multimedia applications and systems. This opportunity brings up the security challenges, namely, how to defend malicious attacks, protect the privacy of the users, and enhance the robustness of the system. For example, when users' data are analyzed via a cloud-based service, the service provider may get access to some sensitive data, or other malicious attackers may hack the service to access the data without permission. Therefore, the private-preserving analysis framework should be developed where the AI techniques work on the encrypted data with equivalent or com-parable performance or work under certain security protocol to prevent such risks. On the other hand, the locally deployed AI-based multimedia analysis system can be vulnerable to the adversarial attacks, where the attacker intends to interfere with the AI system with artificial examples. This critical challenge has attracted a lot of attention, and the researchers have developed various techniques to mitigate its effect, such as generative models and network distillation. However, new attacks are still being developed and the protection of the multimedia systems from these attacks will continue to be crucial.

To conclude, Multimedia researchers have used AI for decades in various real-world applications. However, there exist open challenges in both areas, including model explain ability and generalization, big data, and security. Multimedia AI, as a breakthrough research topic, is going to undertake such challenges and provide huge promise for future research.

一、简答题

1. 大数据发展历史分为哪几个阶段，分别是什么？
2. 大数据的应用有哪些领域？
3. 人工智能研究领域有哪些？简述其特征。
4. 目前人工智能存在哪些问题？
5. 什么是云计算？
6. 简述云计算有哪几种类型并描述其特征。
7. 物联网的主要技术是什么？
8. 简述量子计算机的基本原理是什么？

第 6 章　算法与数据结构

6.1 算　法

6.1.1 算法的基本概念

所谓算法是指解决问题的方法和步骤。对于计算机科学来说，算法（algorithm）的概念是至关重要的。算法是一系列解决问题的清晰指令，即能够在有限时间内对一定具有规范的输入，获得所要求的输出。利用计算机算法为计算机解题的过程实际上是在实施某种算法。

1. 算法的基本特征

算法一般具有 4 个基本特征：可行性、确定性、有穷性和拥有足够的情报。

（1）可行性：算法中有待执行的运算和操作必须具有相当基本运算的条件，换言之，它们都是能够精确地进行的，算法执行者甚至不需要掌握算法的含义即可根据该算法的每一步骤的要求进行操作，并最终得出正确的结果。如在算法中不允许出现分母为 0 的情况。

（2）确定性：算法的每一个步骤必须进行确切地定义。即算法中所有有待执行的动作必须严格地进行规定，不能有歧义性。

（3）有穷性：一个算法在执行有穷步后必须结束。即一个算法所包含的计算步骤必须是有限的。

（4）拥有足够的情报：一个算法是否有效，还取决于为算法所提供的情报是否足够。通常，算法中的各种运算总是要施加到各个运算对象上，而这些运算对象又可能具有某种初始状态，这是算法执行的起点或是依据。因此，一个算法执行的结果总是与输入的初始数据有关，不同的输入将会有不同的结果输出。当输入量不够或输入错误时，算法本身也就无法执行或导致执行有错。一般来说，当算法拥有足够的情报时，此算法才是有效的，而当提供的情报不够时，算法可能无效。

2. 算法的基本要素

一个算法通常由两种基本要素组成：一种是对数据对象的运算和操作，另一种是算法的控制结构。

（1）算法中对数据的运算和操作。每个算法实际上是按解题要求从环境中能进行的所有操作中选择合适的操作所组成的一组指令序列。因此，计算机算法就是计算机能处理的操作所组成的指令序列。

通常计算机可以执行的基本操作是以指令的形式描述。一个计算机系统能执行的所有指令的集合，称为该计算机系统的指令系统。计算机程序就是按解题要求从计算机指令系统中选择合适的指令所组成的指令序列。在一般的计算机系统中，基本的运算和操作有以下四类：

① 算术运算：主要包括加、减、乘、除等运算。

② 逻辑运算：主要包括“与”“或”“非”等运算。

③ 关系运算：主要包括“大于”“小于”“等于”“不等于”等运算。

④ 数据传输：主要包括赋值、输入、输出等操作。

算法的设计一般应从上述的四种操作角度考虑，通过对已知条件一步一步地加工和变换，从而组成解题的操作序列。

(2) 算法的控制结构。一个算法的功能不仅取决于所选用的操作，而且还与各操作之间的执行顺序有关。算法中各操作之间的执行顺序称为算法的控制结构。

算法的控制结构给出了算法的基本框架，它不仅决定了算法中各操作的执行顺序，而且直接反映了算法的设计是否符合结构化原则。描述算法的工具通常有传统流程图、NS 结构化流程图、算法描述语言等。一个算法一般是可以顺序、选择、循环三种基本控制结构组合而成。三种基本结构如图 6-1 所示。

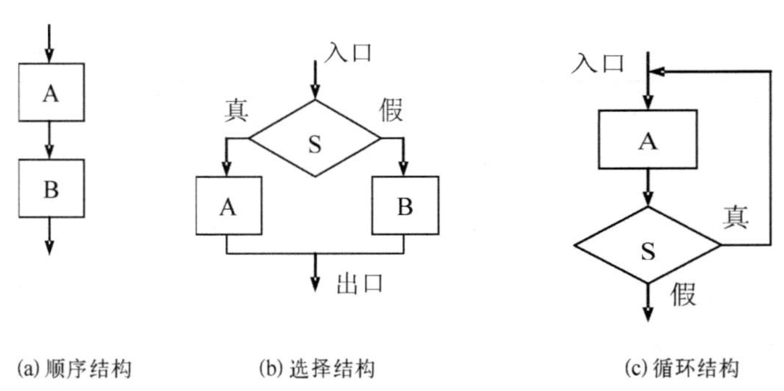

图 6-1　三种基本结构

3. 算法设计基本方法

计算机解题的过程实际上是在实施某种算法，这种算法称为计算机算法。计算机算法不同于人工处理的方法。

算法基本设计方法有：列举法、归纳法、递推、递归、减半递推技术、回溯法。

(1) 列举法。列举法的基本思想是根据提出的问题，列举所有可能的情况，并用问题中给定的条件检验哪些是需要的，哪些是不需要的，列举法常用于解决“是否否存”或“有多少种可能”等类型的问题，例如求解不定方程的问题。

列举法的特点是算法比较简单。但当列举的可能情况较多时，列举算法的工作量将会很大。因此，在用列举法设计算法时，使方案优化、尽量减少运算工作量，是应该重点注意的。通常，在设计列举算法时，只要对实际问题进行详细的分析，将与问题有关的知识条理化、完备化和系统化，从中找出规律；或对所有可能的情况进行分类，引出一些有用的信息，而大大减少列举量。

列举算法虽然是一种比较原始的方法，其运算量比较大，但在有些实际问题中（如寻找路径、查找、搜索等问题）局部使用列举法可以起到显著效果，因此，列举算法是计算机算法中的一个基础算法。

（2）归纳法。归纳法的基本思想是：通过列举少量的特殊情况，经过分析找出一般的关系。显然，归纳法要比列举法更能反映问题的本质，并且可以解决列举量过大的问题。但从一个实际问题中总结归纳出一般的关系，并不是一件容易的事情，尤其是要归纳出一个数学模型更为困难。从本质上讲，归纳就是通过观察一些简单而特殊的情况，最后总结出一般性的结论。

归纳是一种抽象，即从特殊现象中找出一般关系。但由于在归纳的过程中不可能对所有的情况进行列举，因此最后由归纳得到的结论还只是一种猜测，还需要对这种猜测加以必要的证明。实际上，通过精心观察而得到的猜测得不到证实或最后证明猜测是错的，也是常有的情况。

（3）递推。所谓递推，是指初始条件或是问题本身已经给定，或是通过对问题的分析与化简而确定。递推本质上也属于归纳法，实际上，工程上许多递推关系式是通过对实际问题的分析与归纳而得到的，因此，递推关系式往往是归纳的结果。

递推算法在数值计算中是极为常见的。但是，对于数值型的递推算法必须要注意数值计算的稳定性问题。

（4）递归。人们在解决一些复杂问题时，为了降低问题的复杂程度（如问题的规模等），一般总是将问题逐层分解，最后归结为一些最简单的问题。这种将问题逐层分解的过程，实际上并没有对问题进行求解，而只是当解决了最后那些最简单的问题后，再沿着原来分解的逆过程逐步进行综合，这就是递归的基本思想。由此可以看出，递归的基础也是归纳。在工程实际中，有许多问题是用递归进行定义的，数学中的许多函数也是用递归定义的。递归在可计算性理论和算法设计中占有很重要的地位。

递归算法的特点：递归算法是一种直接或者间接地调用自身的算法。在计算机编写程序中，递归算法对解决一大类问题是十分有效的，它往往使算法的描述简洁且易于理解。

递归可分为直接递归与间接递归。如果一个算法显式地调用自身则称为直接递归。如果算法 F 调用另一个算法 P，而算法 P 又调用算法 F，则称为间接递归调用。

递归是很重要的算法设计方法之一。实际上，递归过程能将一个复杂的问题归结为若干个较简单的问题，然后将这些较简单的问题再归结为更简单的问题，这个过程可以一直做下去，直到达到最简单的问题为止。

有些实际问题，既可以归纳为递推算法，又可以归纳为递归算法。但递推与递归的实现方法是不大一样的。递推是从初始条件出发，逐次推出所需求的结果；而递归是从算法本身到达递归边界。通常，递归算法要比递推算法清晰易读，其结构比较简练。特别是在许多比较复杂的问题中，很难找到从初始条件推出所需结果的全过程，此时，设计递归算法要比递推算法容易得多，但递归算法的执行效率比较低。

(5) 减半递推技术。实际问题的复杂程度往往与问题的规模有着密切的联系。因此，利用分治法解决这类实际问题是有效的。所谓分治法，就是对问题分而治之。工程上常用的分治法是减半递推技术。所谓减半，是指将问题的规模减半，而问题的性质不变；所谓递推，是指重复减半的过程。

(6) 回溯法。有些问题很难归纳出一组简单的递推公式或直观的求解步骤，也无法进行无限的穷举。对于这类问题，一种有效的方法是试探，通过对问题的分析，找出一个解决问题的线索，然后沿着这个线索逐步试探，若试探成功，即可得到问题的解，若试探失败，则逐步回退，换别的线路再进行试探。这种方法叫回溯法。

6.1.2 算法复杂性分析

求解同一个问题可以有许多不同的算法，评价这些算法质量的优劣取决于以下几方面内容：

正确性是设计和评价一个算法的首要条件。如果一个算法不正确，其他方面无从谈起。此外主要考虑如下三点：

(1) 执行算法所耗费的时间；

(2) 执行算法所占用的存储空间，其中主要考虑辅助存储空间；

(3) 算法应易于阅读，易于编码，易于调试等。

1. 算法的时间复杂度

时间复杂度是度量时间的复杂性，即算法的时间效率的指标。

算法时间复杂度是指算法中有关操作次数的多少，它用 $T(n)$ 表示，T 为英文单词 Time 的第一个字母，$T(n)$ 中的 n 表示问题规模的大小。如在累加求和中，n 表示待加数的个数。同一个算法用不同语言进行描述，不同的编译程序进行编译，或者在不同的计算机上运行时，效率均不相同。这表明用绝对的时间单位来衡量算法的效率是不合适的。

一个算法由控制结构（顺序、分支、循环）和一些基本操作组成，算法所耗费的时间取决于两者的综合效果，即基本语句的执行次数（也称频度）与该语句执行一次所需时间的乘积。但当算法转换为程序后，每条语句执行的时间取决于机器的硬件速度、指令类型以及编译所产生的代码质量，这是很难确定的。因此假定每条语句执行一次所需的时间均为一个单位时间。这样一个算法的时间耗费就是该算法中所有语句的执行频度之和，从而避开了计算机硬、软件有关的因素，独立地评价算法所耗费的时间。

算法中基本操作的频度是问题规模 n 的某个函数 $f(n)$，算法执行时间的增长率和 $f(n)$ 的增长率相同，称作算法的渐进时间复杂度，简称时间复杂度，记作：$T(n)=O(f(n))$。例如，假设某算法中基本操作的频度为 $f(n)=2n^2+5n+3$，则该算法的时间复杂度为：$T(n)=O(n^2)$。

常见的大 O 表示形式有：

(1) 称为常数级；

(2) $(\log n)$ 称为对数级；

(3) (n) 称为线性级;

(4) (n^c) 称为多项式级;

(5) (c^n) 称为指数级;

(6) $(n!)$ 称为阶乘级。

2. 算法的空间复杂度

算法的空间复杂度可以度量空间的复杂性，即执行算法的程序在计算机中运行时所占用空间的大小。

6.1.3 基本算法

部分算法在计算机科学中应用非常普遍，所以称为基本算法，列举如下三种：

1. 求和

最常用的一种算法为求和算法。运用求和算法可以较容易地将两个或三个整数相加。如果需要进行多个整数相加，可以同时使用循环语句，具体过程如下：

(1) 将变量 sum 初始化。

(2) 循环将整数加入 sum 变量中。

(3) 退出循环中，给出结果。

2. 乘积

类似求和算法的另外一个常用算法为乘积算法。跟上述过程相似的是在循环中使用乘法。在每次迭代中将一个新的整数跟乘积变量相乘后给出结果。

3. 最大值和最小值

通过一个判断结构求出两个数中的较大值。如果把这个结构放到循环中，可以求出一组数中的最大值。最小值跟该算法一致，用判断结构求出两个数中的较小值。

4. 查找

(1) 顺序查找。查找是指在一个给定的数据结构中查找某个指定的元素。从线性表的第一个元素开始，依次将线性表中的元素与被查找的元素相比较，若相等则表示查找成功；若线性表中所有的元素都与被查找元素进行比较但都不相等，则表示查找失败。

例如，在一维数组［21，46，24，99，57，77，86］中，查找数据元素 99，首先从第 1 个元素 21 开始进行比较，比较结果与待查找的数据不相等，接着与第 2 个元素 46 进行比较，以此类推，当进行到与第 4 个元素比较时，它们相等，所以查找成功。如果查找数据元素 100，则整个线性表扫描完毕，仍未找到与 100 相等的元素，表示线性表中没有要查找的元素。

在下列两种情况下只能采用顺序查找：

①如果线性表为无序表，则不管是顺序存储结构还是链式存储结构，只能用顺序查找。

②即使是有序线性表，如果采用链式存储结构，也只能通过顺序查找。

(2) 二分法查找。二分法查找，也称折半查找，是一种高效的查找方法。能使用二分法查找的线性表必须满足“顺序存储结构”和“线性表是有序表”两个条件。

有序是特指元素按非递减排列，即从小到大排列，但允许相邻元素相等。

对于长度为 n 的有序线性表，利用二分法查找元素 X 的过程如下：

①将 X 与线性表的中间项比较。

②如果 X 的值与中间项的值相等，则查找成功，结束查找。

③如果 X 小于中间项的值，则在线性表的前半部分以二分法继续查找。

④如果 X 大于中间项的值，则在线性表的后半部分以二分法继续查找。

例如，长度为 8 的线性表关键码序列为 [6，13，27，30，38，46，47，70]。被查元素为 38，首先将与线性表的中间项比较，即与第 4 个数据元素 30 相比较，38 大于中间项 30 的值，则在线性表 [38，46，47，70] 中继续查找；接着与中间项比较，即与第 2 个元素 46 相比较，38 小于 46，则在线性表 [38] 中继续查找，最后一次比较相等，查找成功。

顺序查找法每一次比较，只将查找范围减少 1，而二分法查找，每比较一次，可将查找范围减少为原来的一半，效率大大提高。

对于长度为 n 的有序线性表，在最坏情况下，二分法查找只需比较 $\log_2^n$ 次，而顺序查找需要比较 n 次。

5. 排序

第一类是交换类排序法，经典排序为冒泡排序法和快速排序法。

(1) 冒泡排序法。首先，从表头开始往后扫描线性表，逐次比较相邻两个元素的大小，若前面的元素大于后面的元素，则将它们互换，不断地将两个相邻元素中的较大者往后移动，最后最大者到了线性表的最后端。

然后从后到前扫描剩下的线性表，逐次比较相邻两个元素的大小，若后面的元素小于前面的元素，则将它们互换，不断地将两个相邻元素中的小者往前移动，最后最小者到了线性表的最前端。

对剩下的线性表重复上述过程，直到剩下的线性表变空为止，此时已经排好序。

【例】数据 {9，6，8，4，5}。

第一趟冒泡排序之后为 6 8 4 5 9；

第二趟冒泡排序之后为 6 4 5 8 9；

第三趟冒泡排序之后为 4 5 6 8 9；

第四趟冒泡排序之后为 4 5 6 8 9。

在最坏的情况下，N 个数冒泡排序需要比较次数为：$n(n-1)/2$。时间复杂度为：$O(n^2)$。

(2) 快速排序法。

基本思想为：选定一个元素作为中间元素，然后将表中所有元素与该元素进行比较，小者调到其前面，大者调到其后面，这样中间元素在表中的位置在两部分之间作为分界点，完成一轮次的排序，再对两个子表进行相同的划分和排序。

具体实现时，一般用第一个元素作为中间元素，在表的两端进行比较，一轮完成时确定中间元素的最终位置，并划分开两个子表，左边子表中任一元素都不大于右边子表中任一元素。

【例】 数据 {52，45，80，36，14，75，58，96，23，61}。

第 1 趟快速排序之后为：(23，45，12，36)，52 (75，58，96 80，61)；

第 2 趟快速排序之后为：(14)，23 (45，36)，52 (61，58)，75 (80，96)；

第 3 趟快速排序之后为：(14，23，36，45，52，58，61，75，80，96。

在快速排序过程中，随着对各子表不断地进行分割，划分出的子表会越来越多，但一次又只能对一个子表进行再分割处理，因此需要将暂时不分割的子表记忆存储，这就要用一个栈来实现。在对某个子表进行分割后，可以将分割出的后一个子表的第一个元素与最后一个元素的位置压入栈中，而继续对前一个子表进行再分割；当分割出的子表为空时，可以从栈中退出一个子表实际上只是该子表的第一个元素与最后一个元素的位置进行分割。这个过程不断循环直到栈空为止，此时说明所有子表为空，没有子表再需要分割，排序即已完成。

第二类为插入类排序法，经典排序法是直接插入排序和希尔排序。

(1) 直接插入排序。

基本思想为：将待排序表看作是左、右两部分，其中左边是有序区，右边是无序区，整个排序过程就是将右边无序区中的元素逐个插入到左边的有序区中，以构成新的有序区。

每一趟的算法是将一个待排序数插入到已排序数中。

【例】 数据 {52，45，80，36，14，75，58，96，23，61}。

第一趟插入排序时已排序区为 {52}，待排序区数据 {45，80，36，14，75，58，96，23，61}。

第一趟插入排序之后为：45　52　8　036　14　75　58　96　23　61；

第二趟插入排序之后为：45　52　80　36　14　75　58　96　23　61；

第三趟插入排序之后为：36　45　52　80　14　75　58　96　23　61；

第四趟插入排序之后为：14　36　45　52　80　75　58　96　23　61；

第五趟插入排序之后为：14　36　45　52　75　80　58　96　23　61；

第六趟插入排序之后为：14　36　45　52　58　75　80　96　23　61；

第七趟插入排序之后为：14　36　45　52　58　75　80　96　23　61；

第八趟插入排序之后为：14　23　36　45　52　58　75　80　96　61；

第九趟插入排序之后为：14　23　36　45　52　58　61　75　80　96；

简单插入排序法，最坏情况需要的比较次数为：n (n－1) /2，时间复杂度为 PO (n^2)。

(2) 希尔排序法。

基本思想为：将待排序列分为若干组，在每组内进行直接插入排序，以使整个序列基本有序，然后再对整个序列进行直接插入排序。

关键在于如何分组，常用办法是第一轮取步长为初始长度 n 的一半，即间隔为

[$n/2$] 的元素为一组，以后每轮的步长为上次的一半（缩小增量法）。

【例】数据 {52，45，80，36，14，75，58，96}。

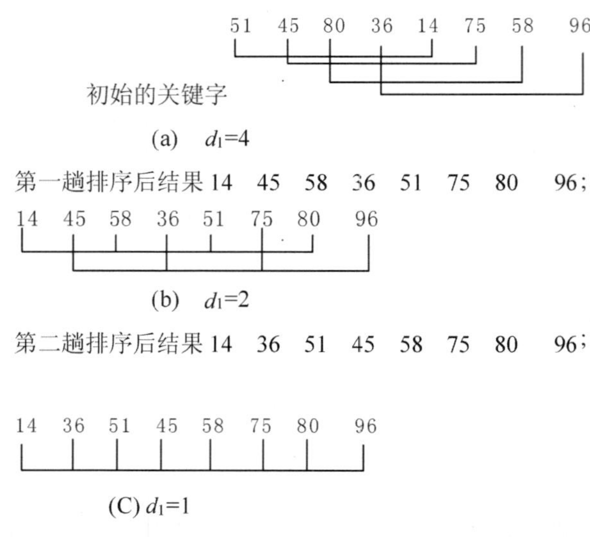

在希尔排序过程中，每组中数据采用的是插入排序，随着增量逐步缩小，每组内记录数增多，但已基本有序，所以效率较高。希尔排序算法的速度比一般直接插入排序要快，但具体分析比较复杂，它涉及到增量序列。

希尔排序的效率与所选的增量序列有关，如果选取上述的增量序列，则在最坏情况需要的比较次数为：$O(n^{1.5})$

第三类为选择类排序法，选择排序的基本思想是：每一步在待排序记录中选取关键字最小（或最大）的记录作为有序序列中的第 i 个记录，直到全部记录排序完成。

直接选择排序是一种简单的排序方法，也是经典选择类排序法。它的具体做法为：首先在所有的记录中选出关键字最小的记录，把它与第一个记录进行位置交换。然后在其余的记录中再选出关键字次小的记录与第二个记录进行位置交换。依次类推，直到所有记录排序完成。

【例】数据 {52，45，80，36，14，75，58，96}。

第一趟选择排序后的结果为：14　45　80　36　52　75　58　96；

第二趟选择排序后的结果为：14　36　80　45　52　75　58　96；

第三趟选择排序后的结果为：14　36　45　80　52　75　58　96；

第四趟选择排序后的结果为：14　36　45　52　80　75　58　96；

第五趟选择排序后的结果为：14　36　45　52　58　75　80　96；

第六趟选择排序后的结果为：14　36　45　52　58　75　80　96；

第七趟选择排序后的结果为：14　36　45　52　58　75　80　96。

6.2 数据结构

6.2.1 逻辑结构和存储结构

1. 数据结构的基本概念

（1）数据结构：指相互有关联的数据元素的集合。

（2）数据结构研究的 3 个方面：

①数据集合中各数据元素之间所固有的逻辑关系，即数据的逻辑结构。

②在对数据进行处理时，各数据元素在计算机中的存储关系，即数据的存储结构。

③对各种数据结构进行的运算。

2. 逻辑结构

数据的逻辑结构是对数据元素之间逻辑关系的描述，它可以用一个数据元素的集合和定义在此集合中的若干关系来表示。数据的逻辑结构有两个要素：一是数据元素的集合，通常记为 D；二是 D 中元素的关系，它反映了数据元素之间的关系，通常记为 R。一个数据结构可以表示成：$B=$（D，R）其中，B 表示数据结构。为了反映 D 中各数据元素之间的前后件关系，一般用二元组来表示。

例如，如果把一年四季看作一个数据结构，则可表示成：$B=$（D，R）。

$D=$ {Spring , Summer , Autumn , Winter}。

$R=$ { (Spring , Summer), (Summer , Autumn), (Autumn , Winter)} 。

3. 存储结构

数据的逻辑结构在计算机存储空间中的存放形式称为数据的存储结构（也称数据的物理结构）。

由于数据元素在计算机存储空间中的位置关系可能与逻辑关系不同，因此，为了表示存放在计算机存储空间中的各数据元素之间的逻辑关系（即前后件关系），在数据的存储结构中，不仅要存放各数据元素的信息，还需要存放各数据元素之间的前后件关系的信息。

一种数据的逻辑结构根据需要可以表示成多种存储结构，常用的存储结构有顺序、链接等存储结构。

顺序存储方式主要用于线性的数据结构，它把逻辑上相邻的数据元素存储在物理上相邻的存储单元里，结点之间的关系由存储单元的邻接关系来体现。

链式存储结构就是在每个结点中至少包含一个指针域，用指针来体现数据元素在逻辑上的联系。

6.2.2 线性结构和非线性结构

根据数据结构中各数据元素之间前后关系的复杂程度，一般将数据结构分为两大类型：线性结构与非线性结构。

线性结构满足：

（1）有且仅有一个根结点；

（2）每一个结点最多有一个直接前趋结点，至多有一个直接后继结点；

（3）在一个线性结构中插入或删除任何一个结点后，还是线性结构。线性结构元素之间为一对一的联系。典型的线性结构有线性表、栈、队列、字符串等。

如果一个数据结构不是线性结构，则称之为非线性结构。数组、广义表、树和图等数据结构都是非线性结构。

1. 线性表

线性表是由 n（$n>=0$）个数据元素组成的一个有限序列，表中的每一个数据元素，除了第一个（首元素）外，有且只有一个前趋，除了最后一个（尾元素）外，有且仅有一个后继。即线性表或是一个空表，或可表示为（a_1，a_2，……，a_i，……，a_n），其中 a_i 是性质相同的数据元素，也称为线性表中的一个结点。

线性表的长度，指表中的元素个数 n，当 $n=0$ 时称为空表。

2. 线性表的顺序存储结构（顺序表）

线性表的顺序存储结构的基本特点：

（1）线性表中所有元素所占的存储空间是连续的（一般用数组实现）；

（2）线性表中每个元素在存储空间中按逻辑顺序进行存放，即用物理上的相邻关系来体现逻辑上的相邻关系。

线性表的随机存取地址计算公式为：

$$\mathrm{ADD}(a_i)=\mathrm{ADD}(a_1)+(i-1)\times k$$

这里，ADD（a_i）是第 i 元素的地址，k 是每个元素占用空间字节数。

线性表上的主要运算：（1）插入；（2）删除；（3）查找；（4）排序；（5）分解；（6）合并；（7）复制；（8）逆转。

6.2.3 栈

1. 栈的基本概念

栈（stack）是一种特殊的线性表，是限定只在一端进行插入与删除的线性表。

在栈中，一端是封闭的，既不允许进行插入元素，也不允许删除元素；另一端是开口的，允许插入和删除元素。当表中没有元素时称为空栈。通常称插入、删除的这一端为栈顶，另一端为栈底。栈顶元素是指最后被插入的元素，也是最先被删除的元素；栈底元素是最先被插入的元素，也是最后才被删除的元素。栈是按照“先进后出”或“后进先出”的原则组织数据。

2. 栈的顺序存储及其运算

栈的基本运算有 3 种：入栈、退栈与读栈顶元素（见图 6-2）。

（1）入栈运算：在栈顶位置插入一个新元素。

（2）退栈运算：取出栈顶元素并赋给一个指定的变量。

（3）读栈顶元素：将栈顶元素赋给一个指定的变量。

栈的运算如图 6-2 所示。

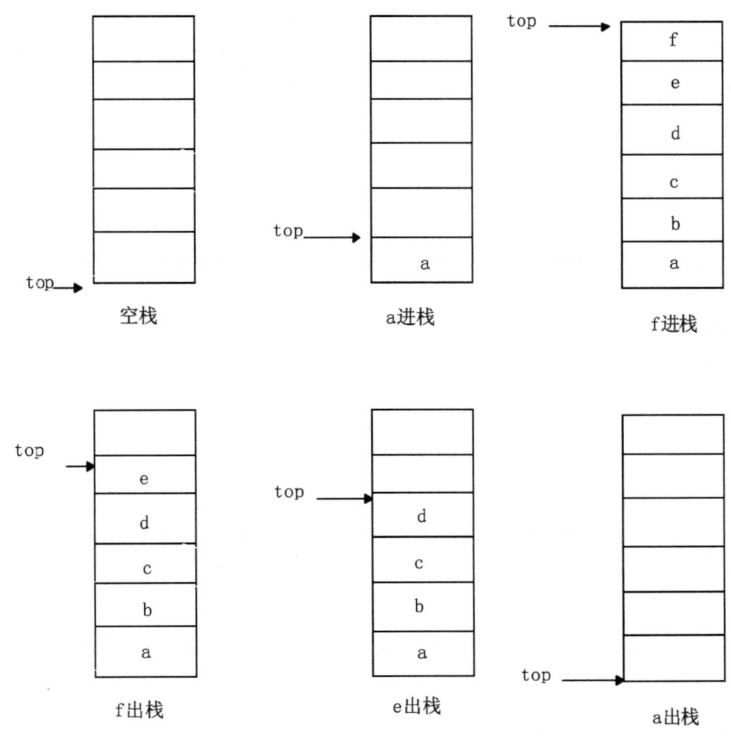

图 6-2 栈的运算

6.2.4 队列

1. 队列的基本概念

队列是只允许在一端进行删除，在另一端进行插入的顺序表，通常将允许插入的这一端称为队尾。用一个称为尾指针（ rear）指向队尾元素；允许删除的这一端称为队首，通常用一个头指针（front）指向队列中第一个元素的前一个位置，当表中没有元素时称为空队列。队列的修改依照先进先出的原则进行，因此队列也称为先进先出的线性表，或者后进后出的线性表。

若有队列：$Q=(q_1, q_2, \cdots, q_n)$ 那么，q_1 为队首元素，q_n 为队尾元素。队列中的元素是按照 q_1，q_2，…，q_n 的顺序进入的，退出队列也只能按照这个次序依次退出，即只有在 q_1，…，q_{n-1} 都退队之后，q_n 才能退出队列。即最先进入队列的元素将最先出队，所以队列具有先进先出的特性，体现先进先出的原则。

队首元素 q_1 是最先被插入的元素，也是最先被删除的元素。队尾元素 q_n 是最后被插入的元素，也是最后被删除的元素。因此，与栈相反，队列又称为“先进先出”

(First In First Out，FIFO）或“后进后出”(Last In Last Out，LILO）的线性表。

2. 队列运算

入队运算是往队列的队尾插入一个数据元素；退队运算是从队列的队首删除一个数据元素，如图 6-3 所示。队列运算示意如图 6-3 所示。

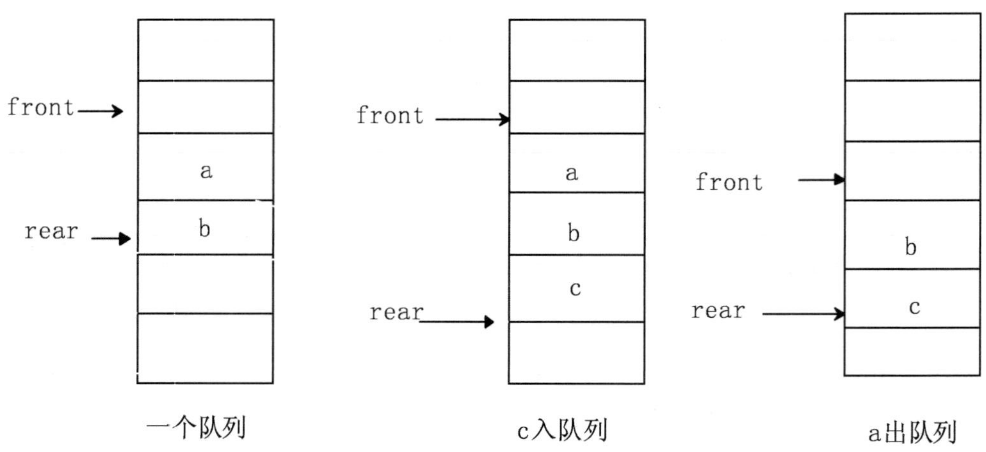

图 6-3 队列运算示意图

6.2.5 链表

线性表的顺序存储方式有结构简单、可以随机存取等优点，但也存在两大缺点：

(1) 插入或删除操作时，需要移动大量元素，效率低；

(2) 对于长度可变的线性表，要预先分配（静态分配）足够的空间，这是很困难的。

分配太大存储空间可能使部分空间长期闲置不用，分配太小空间会造成表的容量难以扩充。为了克服以上缺点，可以采用链式存储方式，实现动态分配。线性表的链式存储称为线性链表。线性链表中各个元素（结点）的存储空间可以连续也可以不连续，根据表的使用情况可以随时申请和撤销元素占用空间。

链式存储方式既可用于表示线性结构，也可用于表示非线性结构。

1. 线性链表

线性表的链式存储结构称为线性链表。

在链式存储方式中，要求每个结点由两部分组成：一部分用于存放数据元素值，称为数据域；另一部分用于存放指针，称为指针域。其中指针用于指向该结点的前一个或后一个结点（即前件或后件)。

在线性链表中，各数据元素结点的存储空间可以是不连续的，且各数据元素的存储顺序与逻辑顺序可以不一致。在线性链表中进行插入与删除，不需要移动链表中的元素。

线性单链表中，Head 称为头指针，Head=Null（或 0）称为空表，如图 6-4 所示。

如果是双向链表的两指针：左指针（llink）指向前件结点，右指针（rlink）指向后件结点。

线性链表的基本运算：查找、插入、删除。

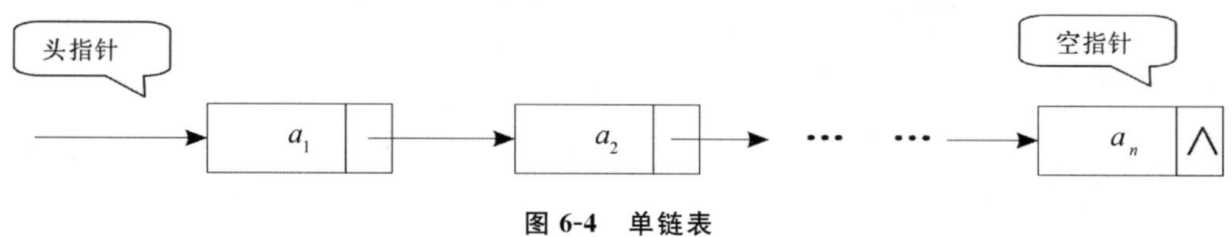

图 6-4　单链表

线性链表主要基本运算：

（1）查找结点：线性链表的查找过程是从头指针（或链式栈的栈顶指针、或链式队列的队首指针）指向的结点开始，沿指针进行扫描，直到找到下一结点的数据域为查找值 x 或已无后继结点为止。

（2）插入结点：先向系统申请一个新结点（由指针 p 指向），并赋值；然后利用查找算法找到待插入位置的前一结点的指针 q；修改两个指针即可：先将 p 指向 q 的后继结点，再将 p 挂接在 q 的后面。

线性链表与顺序存储结构的插入操作的最大区别：一是可随时申请新结点空间，无需判满；二是只修改两个指针，无需移动结点。

（3）删除结点：先判空，对非空表利用查找算法找到待删除位置的前一结点的指针 q，用另一指针 p 暂时保存 q 的后继结点（即待删除结点），然后把 p 结点的后继链直接挂接在 q 的后面，最后释放 p 结点所分配的内存空间。

线性链表与顺序存储结构的删除操作的最大区别：只修改一个指针，无需移动结点。

2. 双向链表

链表中每个结点设两个指针域（可称为左指针 llink 和右指针 rlink），分别指向前趋结点和后继结点，表头结点的左指针指向尾结点，表尾结点的右指针指向头结点。

在某些应用中，对线性链表中的每个结点设置两个指针：一个称为左指针，用以指向其前件结点；另一个称为右指针，用以指向其后件结点。这样的表称为双向链表。如图 6-5 所示。

llink	data	rlink
左指针	数据	右指针

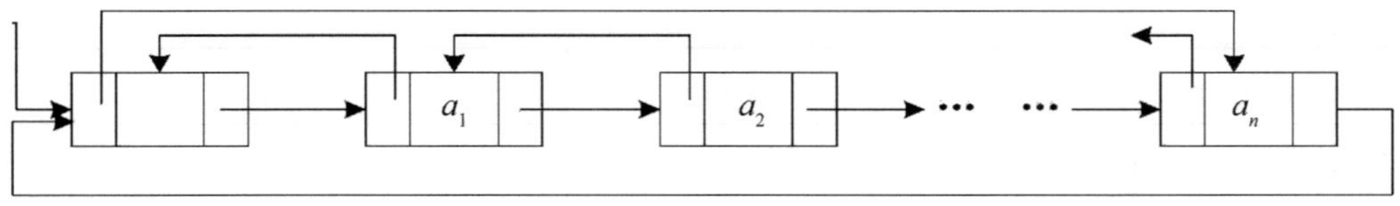

图 6-5　双向链表

3. 链式栈

栈也是线性表，所以也可以采用链式存储结构，栈的链式结构和单链表存储结构基本相同，单链表的头指针含义为栈的栈顶指针。插入和删除结点只能通过栈顶指针在栈顶端进行。带链的栈可以用来收集计算机存储空间中所有空闲的存储结点，这种带链的栈称为可利用栈。

4. 链式队列。

队列的链式结构也和单链表的存储结构基本相同，不过链式队列有两个指针，一个队首指针；一个队尾指针。

6.2.6 树和二叉树

1. 树的基本概念

下面介绍树这种数据结构中的一些基本特征，同时介绍有关树结构的基本术语。

在树结构中，每一个结点只有一个前件，称为父结点，没有前件的结点只有一个，称为树的根结点，简称为树的根。

在树结构中，每一个结点可以有多个后件，它们都称为该结点的子结点。没有后件的结点称为叶子结点。在树结构中，一个结点所拥有的后件个数称为该结点的度。树结构具有明显的层次关系，即树是一种层次结构。

如图 6-6 所示，树中有 12 个结点，A 是根结点，该树又可再分为若干不相交的子树，如 $T_1=\{B, E, F, K\}$，$T_2=\{C, G\}$，$T_3=\{D, H, I, J, L\}$ 等子树。

在树结构中，每一个结点可以有多个后件，称为该结点的子结点。没有后件的结点称为叶子结点。例如，在图 6-6 中，结点 K，F，G，H，L，J 均为叶子结点。

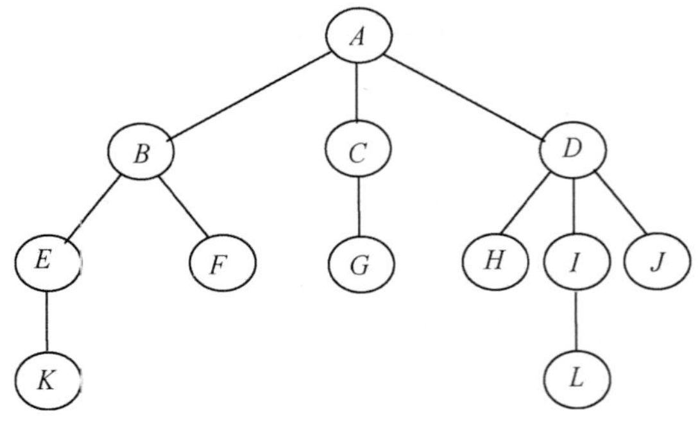

图 6-6 树结构

在树结构中，一个结点所拥有的后件个数称为该结点的度，所有结点中最大的称为树的度。例如，在图 6-6 中，根结点 A 和结点 D 的度为 3，结点 C 的度为 1，叶子结点 K、F、G 的度为 0。因此，该树的度为 3。

定义一棵树的根结点所在的层次为 1，其他结点所在的层次等于它的父结点所在的层次加 1。树的最大层次称为树的深度。例如，在图 6-6 中，根结点 A 在第 1 层，结点 B、C、D 在第 2 层，结点 E、F、G、H、I、J 在第 3 层，结点 K、L 在第 4 层，该树的深度为 4。

在树中，以某结点的一个子结点为根构成的树称为该结点的一棵子树。

2. 二叉树概念及其基本性质

(1) 二叉树及其基本概念。二叉树是一种很有用的非线性结构，具有以下两个特点：

①非空二叉树只有一个根结点；

②每一个结点最多有两棵子树，且分别称为该结点的左子树和右子树。

在二叉树中，每一个结点的度最大为 2，即所有子树（左子树或右子树）也均为二叉树。二叉树中的每个结点的子树被明显地分为左子树和右子树。

在二叉树中，一个结点可以只有左子树而没有右子树，也可以只有右子树而没有左子树。当一个结点既没有左子树也没有右子树时，该结点即为叶子结点。由定义可以看出，二叉树和树是两个不同的概念。二叉树不是树的特殊情况，树和二叉树的最主要的区别是二叉树的结点的子树要区分左子树和右子树，即使在结点只有一棵子树的情况下也要明确指出该子树是左子树还是右子树。

例如，典型的二叉树如图 6-7 所示，A 有后代 B、C；B 有后代 D、E；C 有后代 F。

(2) 二叉树基本性质。二叉树具有以下性质：

性质 1：在二叉树的第 k 层上，最多有 (2^{k-1} ($k \geqslant 1$)) 个结点。

性质 2：深度为 m 的二叉树最多有 (2^m-1) 个结点。

性质 3：在任意一棵二叉树中，度为 0 的结点（即叶子结点）总是比度为 2 的结点多一个。

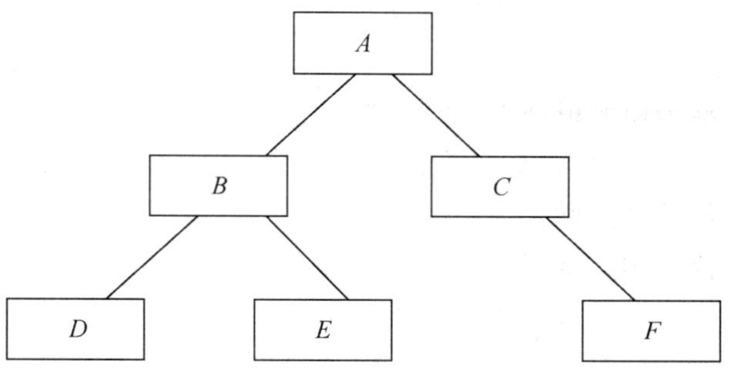

图 6-7　二叉树图

性质 4：具有 n 个结点的二叉树，其深度至少为：[$\log_2^n$⚲] +1，其中 [$\log_2^n$⚲] 表示取 $\log_2^n$⚲的整数部分。

(3) 满二叉树（见图 6-8）与完全二叉树（见图 6-9）。满二叉树是指除最后一层外，每一层上的所有结点都有两个子结点的二叉树。如图 6-8 所示。在满二叉树中，每一层上的结点数都达到最大值，即在满二叉树的第 k 层上有 (2^k-1) 个结点，且深度为 m 的满二叉树有 (2^m-1) 个结点。

完全二叉树是指除最后一层外，每一层上的结点数均达到最大值；在最后一层上只缺少右边的若干结点的二叉树。如图 6-9 所示。

对于完全二叉树来说，叶子结点只可能在层次最大的两层上出现，即对于任何一个结点，若其右分支下的子孙结点的最大层次为 p，则其左分支下的子孙结点的最大层次或为 p，或为 $p+1$ 。

完全二叉树具有以下性质：

性质 1：具有 n 个结点的完全二叉树的深度为：[$\log_2^n$] +1。

性质 2：设完全二叉树共有 n 个结点。如果从根结点开始，按层次（每一层从左到右）用自然数 1，2，……，n 给结点进行编号，则对于编号为 k ($k=1$，2，……，n) 的结点有以下结论：

①若 $k=1$，则该结点为根结点，它没有父结点；若 $k>1$，则该结点的父结点，编

号为 INT（$k/2$）；

②若 $2k \leqslant n$，则编号为 k 的结点的左子结点编号为 $2k$；否则该结点无左子结点（显然也没有右子结点）；

③若 $2k+1 \leqslant n$，则编号为 k 的结点的右子结点编号为 $2k+1$；否则该结点无右子结点。

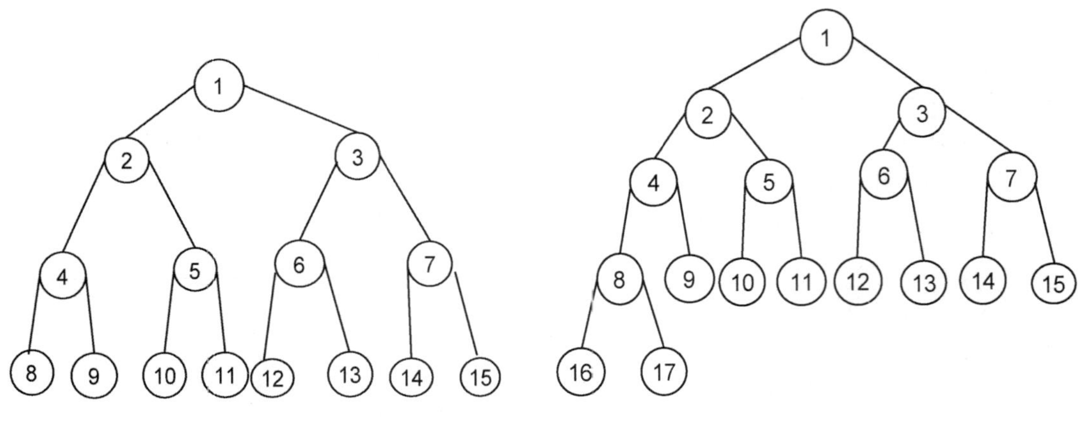

图 6-8　满二叉树　　　图 6-9　完全二叉树

3. 二叉树的遍历

在遍历二叉树的过程中，一般先遍历左子树，再遍历右子树。在先左后右的原则下，根据访问根结点的次序，二叉树的遍历分为三类：前序遍历、中序遍历和后序遍历。

（1）前序遍历。先访问根结点，然后遍历左子树，最后遍历右子树；并且在遍历左、右子树时，仍需先访问根结点，然后遍历左子树，最后遍历右子树。例如，对如图 6-7 所示的二叉树进行前序遍历的结果（或称为该二叉树的前序序列）为：A，B，D，E，C，F。

（2）中序遍历。先遍历左子树，然后访问根结点，最后遍历右子树；并且在遍历左、右子树时，仍然先遍历左子树，然后访问根结点，最后遍历右子树。例如，如图 6-7 所示的二叉树进行中序遍历的结果（或称为该二叉树的中序序列）为：D，B，E，A，C，F。

（3）后序遍历。先遍历左子树、然后遍历右子树，最后访问根结点；并且在遍历左、右子树时，仍然先遍历左子树，然后遍历右子树，最后访问根结点。例如，如图 6-7 所示的二叉树进行后序遍历的结果（或称为该二叉树的后序序列）为：D，E，B，F，C，A 。

6.3　程序设计基础

6.3.1　结构化程序设计

采用先进的程序设计技术既可以提高软件开发与维护的效率，又可以提高软件的质量。多年来，人们一直致力于研究新的程序设计技术。例如，20 世纪 70 年代提出的结构化程序设计技术，结构化程序设计方法引入了工程思想和结构化思想，极大地改善了大型软件的开发和编程方法。

1. 结构化程序设计的原则

结构化程序设计方法的主要原则为：自顶向下、逐步求精、模块化和限制使用 goto 语句。

（1）自顶向上：先考虑整体，再考虑细节；先考虑全局目标，再考虑局部目标。

（2）逐步求精：对复杂问题应设计一些子目标作为过渡，逐步细化。

（3）模块化：把程序待解决的总目标分解为分目标，再进一步分解为具体的小目标，把每个小目标称为一个模块。

（4）限制使用 goto 语句：在程序开发过程中要限制使用 goto 语句。

2. 结构化程序的基本结构

结构化程序的基本结构有三种类型：顺序结构、选择结构和循环结构。

（1）顺序结构：是最基本、最普通的结构形式，按照程序中的语句行的先后顺序逐条执行。

（2）选择结构：又称为分支结构，它包括简单选择和多分支选择结构。

（3）循环结构：根据给定的条件，判断是否要重复执行某一相同的或类似的程序段。循环结构对应两类循环语句，先判断后执行的循环体称为当型循环结构，先执行循环体后判断的称为直到型循环结构。

结构化方法的基本思想可以概括为自顶向下、逐步求精，采用模块化技术和功能抽象将系统按功能分解为若干模块，从而将复杂的系统分解成若干易于控制和处理的子系统，子系统又可分解为更小的子任务，最后的子任务都可以独立编写成子程序模块，模块内部由顺序、选择和循环等基本控制结构组成。这些模块功能相对独立，接口简单，使用维护非常方便。所以，结构化方法是一种非常有用的软件开发方法，也是其他软件工程方法的基础。

在结构化程序设计的具体实施中，要注意把握如下要素：

（1）使用程序设计语言顺序、选择、循环等有限的控制结构表示程序的控制逻辑。

（2）选用的控制结构只准许有一个入口和一个出口。

（3）程序语句组成容易识别的块，每块只有一个入口和一个出口；复杂结构应该使用嵌套的基本控制结构进行组合嵌套。

(4) 语言中所没有的控制结构，应该采用前后一致的方法进行模拟。

由于结构化方法将过程与数据分离为相互独立的实体，因此开发的软件可复用性较差，在开发过程中要使数据与程序始终保持相容也很困难。这些问题通过面向对象方法就能得到较好的解决。

6.3.2 C 语言介绍

1. C 语言的发展

C 语言的原型是 ALGOL 60 语言。1963 年，剑桥大学将 ALGOL 60 语言发展成为 CPL (Combined Programming Language) 语言。1967 年，剑桥大学的马丁·理查兹对 CPL 语言进行了简化，于是产生了 BCPL 语言。1970 年，美国贝尔实验室的肯·汤普森将 BCPL 进行修改，并为它起了一个新名字“B 语言”，意思是提炼出 CPL 语言的精华，并且他用 B 语言写了第一个 UNIX 操作系统。而在 1972 年，B 语言也给人“提炼”了一下，美国贝尔实验室的丹尼斯·里奇在 B 语言的基础上最终设计出了一种新的语言，他取了 BCPL 的第二个字母作为这种语言的名字，即 C 语言。

为了推广 UNIX 操作系统，1977 年丹尼斯·里奇发表了不依赖于具体机器系统的 C 语言编译文本《可移植的 C 语言编译程序》。1978 年布莱恩·科尔尼干和丹尼斯·里奇出版了名著《The C Programming Language》，从而使 C 语言成为目前世界上流行最广泛的高级程序设计语言。1988 年，随着微型计算机的日益普及，出现了许多 C 语言版本。由于没有统一的标准，这些 C 语言之间出现了一些不一致的地方。为了改变这种情况，美国国家标准研究所 (ANSI) 为 C 语言制定了一套 ANSI 标准，成为现行的 C 语言标准。

早期的 C 语言主要用于 UNIX 系统。由于 C 语言的强大功能和各方面的优点逐渐为人们所认识，到了八十年代，C 语言开始进入其他操作系统，并很快应用于各类大、中、小和微型计算机上，成为当代最优秀的程序设计语言之一。C 语言发展迅速，而且成为最受欢迎的语言之一，主要因为它具有强大的功能。许多著名的操作系统软件，如 DOS、Windows、Linux 都是由 C 语言编写。

2. C 语言的特点

C 语言是一种结构化语言。层次清晰，便于按模块化方式组织程序，易于调试和维护。C 语言的表现能力和处理能力极强。它不仅具有丰富的运算符和数据类型，便于实现各类复杂的数据结构。它还可以直接访问内存的物理地址，进行位 (bit) 一级的操作。

由于 C 语言实现了对硬件的编程操作，因此 C 语言集高级语言和低级语言的功能于一体。它的应用范围广泛，具备很强的数据处理能力，不仅仅是在软件开发上，而且各类科研都需要用到 C 语言，适于编写系统软件、三维、二维图形和动画，例如单片机以及嵌入式系统开发 。此外，C 语言还具有效率高、可移植性强等特点，广泛地移植到了各类各型计算机上。因此 C 语言也是中国国家计算机等级考试中计算机二级考试科目之一。

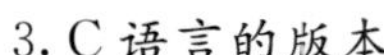

3. C 语言的版本

1989 年，ANSI 发布了第一个完整的 C 语言标准——ANSI X3.159—1989，简称 C89，不过人们也习惯称其为 ANSIC。C89 在 1990 年被国际标准组织 ISO（International Organization for Standardization）采纳，所以也有 C90 的说法。

1999 年，在做了一些必要的修正和完善后，ISO 发布了新的 C 语言标准，命名为 ISO/IEC 9899：1999，简称 C99。C99 被 ANSI 于 2000 年 3 月采用。2011 年 12 月 8 日，ISO 正式发布了新的 C 语言的新标准 C11，之前被称为 C1X，官方名称为 ISO/IEC 9899：2011。新的标准提高了对 C++的兼容性，并增加了一些新的特性。

4. 简单的 C 语言程序

为了说明 C 语言程序结构的特点，先看以下两个程序。这几个程序由简到难，表现了 C 语言源程序在组成结构上的特点。可从这些例子中了解到组成一个 C 语言程序的基本部分和书写格式。

例：在屏幕上输出“Hello world!”。

程序实现：

```
#include <stdio.h>  //头文件包含命令
void main ( )   //main 是主函数的函数名
{  //用 {表示函数体的开始
printf (" Hello world!  \n");    //输出“Hello world!”到屏幕
}                                 //用} 表示函数体的结束
```

运行结果：

```
Hello World!
Press any key to continue
```

程序分析：

本例的第 1 行 #include <stdio. h>称为预处理命令。预处理命令是以 # 开头的代码行。# 必须是该行除了任何空白字符外的第一个字符。# 后是命令关键字，在关键字和 # 之间允许存在任意个数的空白字符。整行语句构成了一条预处理命令，该命令将在编译器进行编译之前对源代码做某些转换。常见的预处理命令有两种：#include 文件包含命令和 #define 宏定义命令。#include 文件包含命令，其意义是把尖括号< >或双引号" "内指定的文件包含到本程序来，成为本程序的一部分。被包含的文件通常是由系统提供的，其扩展名为 .h，也称为头文件或首部文件。C 语言的头文件中包括了各个标准库函数的函数原型。凡是在程序中调用一个库函数时，都必须包含该函数原型所在的头文件。在本例中，stdio. h 是标准的输入输出头文件，输出函数 printf 是该文件中的标准输入输出函数，表示输出双引号里的内容，其中”\n”表示换行。

在程序里/*…*/或//均表示注释，其中/*…*/表示一行或多行注释，//表示一行注释。程序运行时不会执行注释内容。注释内容是用于提醒程序员该行代码的功能和设计思路，它不是程序的必备部分，可以不写。但写注释是一种良好的编程习惯，写好注释对程序的维护很重要。

运行结果最下方的“Press any key to continue”是由操作系统自动添加的，意思是“按任意键继续”，并不是程序运行结果的组成部分。此时按下键盘上的任意一个键后，将返回到C语言编辑开发环境。

例如，计算两数a、b之和，并输出结果c。

程序实现：

```
#include <stdio.h>
void main ( )
{
  int a, b, c;    //定义三个整型变量a, b, c
  a=1; b=2;       //对变量a、b赋值
  c=a+b;    //求a、b的和，并赋值给c
  printf (" c=%d\n", c);    //按照整型值输出c的值
}
```

运行结果：

```
c=3
Press any key to continue
```

程序分析：

本例的主函数体分为两部分，前半部分为定义部分，后半部分为执行部分。定义是对变量的定义。C语言规定，程序中所有用到的变量都必须先定义后才能使用，否则将会出错。程序第4行是定义语句，定义了整型变量a、b、c。

定义部分后为执行部分或称为执行语句部分，用以完成程序的功能。第5行是赋值语句，使a和b的值分别为1和2。第6行计算$a+b$，并将结果赋值给c。第7行是输出语句，以%d的格式输出c的值，其中%d表示“十进制整数类型”。在执行输出时，“$c=$”按原样输出，在%d的位置上代以一个十进制整数值，printf函数中括号内逗号右端的c是待输出的变量。运行时将会把c的值以十进制整数的格式输出在%d的位置上。

例如，从键盘输入一个实数，求它的正弦值，然后输出结果。

程序实现：

```
#include <stdio.h>
#include <math.h>   //包含头文件math.h
void main ( )
{
  double  x, s;   //定义两个双精度浮点型变量x, s
  printf (" input number x: \n");
  scanf ("%lf", &x);   //调用scanf函数从键盘输入一个双精度浮点型值到变量x
  s=sin (x);   //调用sin函数计算变量x的正弦值，并把结果赋给变量s
  printf (" sin (%lf) = %lf\n", x, s);   //按照双精度浮点型输出x对应的正弦值s
}
```

运行结果：

```
input number x:
3.14
sin (3.148888) =8.881593
Press any key to continue
```

程序分析：

本例的前两行是预处理命令，预处理命令根据需要可以设置多行。在本例中，使用了三个 C 语言提供的库函数：正弦函数 sin，输入函数 scanf，输出函数 printf。正弦函数 sin 是数学函数，其所在的头文件为 math. h 文件，因此在程序的预处理部分使用 include 命令，也包含了 math. h。另两个函数 scanf 和 printf 是标准输入输出函数，其所在的头文件为 stdio. h，所以在主函数前使用 include 命令，也包含了 stdio. h 文件。

本例中使用了两个变量 x 和 s，分别用来表示输入的自变量和正弦函数值。由于 sin 函数要求这两个量必须是双精度浮点型，故第 5 行定义部分用类型标识符 double 来定义这两个变量。第 6 行是执行部分的输出语句，调用 printf 函数在屏幕上输出提示信息"input number:"，通知用户输入自变量 x 的值。第 7 行为输入语句，调用 scanf 函数，接收用户从键盘上输入的数并存入变量 x 中。另外，要注意 sin 函数要求输入的参数 x 为弧度值。第 8 行是调用 sin 函数并把结果函数值送到变量 s 中。第 9 行是用 printf 函数输出变量 s 的值（即 x 的正弦值）给用户。

本例程序执行步骤如下：

(1) 定义变量 x，s。

(2) printf 函数在屏幕上显示提示信息，通知用户输入一个数 x。

(3) 用户输入一个数（如 3.14），然后按下回车键"Enter"，输入结束。

(4) scanf 函数接收到这个数，并送至变量 x 中。

(5) 调用 sin 函数，把 x 的值作为实际参数传送给 sin 函数。

(6) 在 sin 函数中计算 x 的正弦值，计算后将结果值返回给主函数。

(7) 主函数收到返回值后赋给变量 s。

(8) 在屏幕上输出 sin（x）$=s$ 的值。

6.3.3 面向对象方法

面向对象方法（object-oriented method）是针对结构化方法的缺点，为了提高软件系统的稳定性、可修改性和可重用性而逐渐产生的方法。开始主要用在程序编码中，后续逐渐出现了面向对象的分析（Object-Oriented Analysis，OOA）和设计（Object-Oriented Design，OOD）方法，是当前软件开发方法的主要方向，也是目前最有效、实用和流行的软件开发方法之一。

面向对象方法的出发点和基本原则，是尽可能地模拟人类习惯的思维方式，使开发软件的方法与过程尽可能接近人类认识世界、解决问题的方法与过程，将客观世界中的实体抽象为问题域中的对象，作为系统的基本构成单位。

面向对象方法在某种程度上可以克服传统方法学的缺陷，缓解软件危机。它具有许多特点，主要表现在以下几点：

（1）符合人们通常的思维方式。面向对象方法强调把问题域的概念直接映射到对象以及对象之间的接口，符合人们通常的思维方式，减少了结构化方法从问题域到分析阶段的映射误差。

（2）高度连续性。面向对象方法从分析到设计再到编码采用一致的模型表示，后一阶段可以直接利用前一阶段的工作成果，弥合了结构化方法从数据流图到模块结构图转换的鸿沟，减少了工作量并降低映射误差。

（3）重用性好。面向对象方法具有的继承性和封装性支持软件复用，并易于扩充，能较好地适应复杂大系统不断发展和变化的要求。

（4）可维护性好。在客观世界以及作为其映射的软件系统中，实体的结构是相对稳定的。面向对象方法通过把属性和服务封装在对象中，当外部功能发生变化时，保持了对象结构的相对稳定，使改动范围局限于一个对象的内部，缩小了改动所引起的系统波动效应。

6.3.4 面向对象的基本概念

在面向对象的设计方法中，对象和传递消息分别是表现事物及事物间相互联系的概念。

类和继承是适应人们一般思维方式的描述范式。方法是允许作用于该类对象上的各种操作。

它主要有以下几个特点：

（1）认为客观世界是由各种对象组成的，任何事物都是对象。

（2）把所有对象都划分为各种对象类，每个类定义一组数据和一组方法。

（3）按照子类与父类的关系，把若干对象类组成一个层次结构的系统。

（4）对象彼此之间仅能通过传递消息相互联系。

1. 对象

对象是面向对象方法中最基本的概念。对象可以用来表示客观世界中的任何实体，应用领域内有意义的、与所要解决的问题有关系的任何事物都可以作为对象，它既可以是具体的物理实体的抽象，也可以是人为的概念，或者是任何有明确边界和意义的东西。例如，一个人、一家公司、一个窗口等，都可以作为一个对象。总之，对象是对问题域中某个实体的抽象，面向对象的程序设计方法中所涉及的对象是系统中用来描述客观事物的一个实体，是构成系统的一个基本单位，它由一组表示其静态特征的属性和可执行的一组操作组成。例如，一辆汽车是一个对象，它包含了汽车的属性（如颜色、型号、载重量等）及其操作（如启动、刹车等）。客观世界中的实体通常都具有静态的属性，又具有动态的行为，因此，面向对象方法学中的对象是由描述该对象属性的数据以及可以对这些数据施加的所有操作封装在一起所构成的统一体。在面向对象的分析和设计中，通常把对象的操作也称为方法或服务。

对象是一个实体，它能够保存一个状态（或称信息或数据），并且能提供一系列操作（或称行为），这些操作或能检查或能影响对象的状态。

对象具有如下基本特点：

（1）标识唯一性。指对象是可区分的，并且由对象的内在本质来区分，而不是通过描述来区分。

（2）分类性。指可以将具有相同属性和操作的对象抽象成类。

（3）多态性。指同一个操作可以是不同对象的行为。

（4）封装性。从外面看只能看到对象的外部特性，即只需知道数据的取值范围和可以对该数据施加的操作，无需知道数据的具体结构以及实现操作的算法。对象的内部，即处理能力的实行和内部状态，对外是不可见的。从外面不能直接使用对象的处理能力，也不能直接修改其内部状态，对象的内部状态只能由其自身改变。

（5）模块独立性好。对象是面向对象的软件的基本模块，它是由数据及可以对这些数据施加的操作所组成的统一体，而且对象是以数据为中心的，操作围绕对其数据所做的处理来设置，没有无关的操作。从模块的独立性考虑，对象内部各种元素彼此结合得较为紧密，内聚性强。

在面向对象程序设计语言中，对象由若干属性值及方法组成。对象的属性和方法称作对象的特性（property）。属性值即对象的状态，方法即对象的行为。属性在内部实际上是一组变量，方法是一组函数或过程。

2. 类和实例

现实世界中存在的部分客观事物彼此之间是相似的，例如，中国人的基本特征相似，都是黄皮肤、黑头发、黑眼睛，统称为中国人。人类习惯于把有相似特征的事物归为一类，分类是人类认识客观世界的基本方法。

在面向对象的方法中，对象按照不同的性质划分为不同的类。同类对象在数据和操作性质方面具有共性。在面向对象程序设计语言中，程序由一个或多个类组成。在程序运行过程中，根据需要创建类的对象（即其实例），因此，类是静态概念，对象是动态概念。类是对象之上的抽象，有了类之后，对象则是类的具体化，是类的实例。

类的定义是具有相同属性和服务的一组对象的集合，它为属于该类的全部对象提供了统一的抽象描述，其内部包括属性和服务两个主要部分。具体来说，类由方法和数据集成，它是关于对象性质的描述，包括外部特性和内部实现两个方面。

在面向对象程序设计语言中，类的作用有两个：一是作为对象的描述机制，刻画一组对象的公共属性和行为；二是作为程序的基本单位，它是支持模块化设计的设施，并且类上的分类关系是模块划分的规范标准。

在面向对象的系统中，每个对象都属于一个类，属于某个类的对象称为该类的一个实例，一个实例是从一个类创建而来的对象，类描述了这个实例的行为（方法）及结构（属性）。实例的当前状态由在该实例执行的操作来定义。类是静态的，实例对象是动态的。

实例的行为和属性由其所在的类来定义，每个实例具有一个对象标识。许多不同的实例可由某一个类所创造，每个实例可由该类上定义的操作（方法）来操纵，不同的实例可由不同的操作序列来操纵，结果会得到不同的状态。如果这些实例严格地用同样的操作方法进行操纵，必定得到相同的状态。

3. 消息和方法

(1) 消息。消息是一个实例与另一个实例之间传递的信息，它请求对象执行某一处理命令或回答某一要求的信息，它统一了数据流和控制流。消息的使用类似于函数调用，消息中指定了某一个实例，一个操作名和一个参数表（可空）。接收消息的实例执行消息中指定的操作，并将形式参数与参数表中相应的值结合起来。消息传递过程中，由发送消息的对象（发送对象）的触发操作产生输出结果，作为消息传送至接受消息的对象（接受对象），引发接受消息的对象一系列的操作。所传送的消息实质上是接受对象所具有的操作方消息中只包含传递者的要求，它告诉接受者需要做哪些处理，但并不指示接受者应该怎样完成这些处理。消息完全由接受者解释，接受者独立决定采用何种方式完成所需的处理，发送者对接受者不起任何控制作用。

消息就是向对象发出的服务请求，它应含有提供服务的对象标识、服务标识、输入信息和回答信息。

消息的接收者是提供服务的对象。在设计时，它对外提供的每个服务应规定消息的格式，这种规定称作消息协议。发送者在它的每个发送点上需要写出一个完整的消息，其内容包括接收者（对象标识）、服务标识和符合消息协议要求的参数。

例如，MyCircle 是一个半径 4 cm、圆心位于（100，200）的 Circle 类的对象，即 Circle 类的实例，当要求它以绿色在屏幕上显示自己时，在 C++语言中应该向它发出下列消息：

MyCircle. Show（GREEN）;

其中 MyCircle 是接收消息的对象的名字，Show 是消息标识符（即消息名），圆括号内的 GREEN 是消息的参数。当 MyCircle 接收到这个消息后，将执行在 Circle 类中所定义的 Show 操作，在屏幕上以绿色显示一个圆。

(2) 方法（method）。方法也称作行为（behavior），指定义于某一特定类上的操作与法则。具有同类的对象只可为该类的方法所操作，换言之，这组方法表达了该类对象的动态性质，而对于其他类的对象可能无意义，乃至非法。

把所有对象分成各种对象类，每个对象类都有一组所谓的方法，它们实际上是类对象上的各种操作。当一个面向对象的程序运行时，一般要做三件事：首先，根据需要创建对象；其次，当程序处理信息或响应来自用户的输入时，要从一个对象传递消息到另一对象（或从用户到对象）；最后，若不再需要该对象时，应删除它并回收其所占用的存储单元。

4. 继承

继承是面向对象方法的一个主要特征。继承是使用已有的类定义作为基础建立新类的定义技术。已有的类可当作基类来引用，则新类相应地可作派生类来引用，广义地说，继承是指能够直接获得已有的性质和特征，而不必重复定义它们。

继承是一种使用户得以在一个类的基础上建立新的类的技术。新类自动继承旧类的对象数据属性和行为特征，并可具备某些附加的特征或某些限制。新类称作旧类的子类，旧类称作新类的父类，继承能有效地支持软件构件的重用，使得当需要在系统

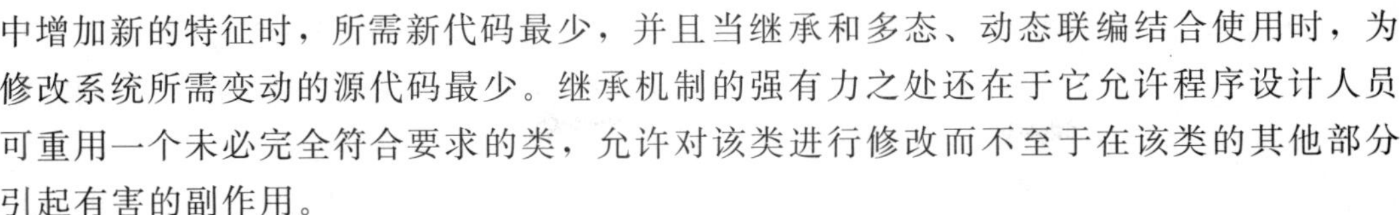

中增加新的特征时，所需新代码最少，并且当继承和多态、动态联编结合使用时，为修改系统所需变动的源代码最少。继承机制的强有力之处还在于它允许程序设计人员可重用一个未必完全符合要求的类，允许对该类进行修改而不至于在该类的其他部分引起有害的副作用。

继承分为单继承与多继承。单继承是指一个类只允许有一个父类，即类等级为树形结构。多重继承是指一个类允许有多个父类。多重继承的类可以组合多个父类的性质构成所需要的性质。因此，功能更强，使用更方便；但是，使用多重继承时要注意避免二义性。继承性的优点是：相似的对象可以共享程序代码和数据结构，从而大大减少了程序中的冗余信息，提高软件的可重用性，以便于软件修改维护。

5. 多态性

对象根据所接受的消息而做出动作，同样的消息被不同的对象接受时会导致完全不同的行动，该现象称为多态性。多态性是指子类对象可以像父类对象那样使用，同样的消息既可以发送给父类对象也可以发送给子类对象。

同一运算符可用于不同的变量类型，称作运算符重载。例如，“加”运算既可用来加两个整数，也可实现浮点数相加、复数相加（由程序定义复数）、复数与整数相加或与浮点数相加等。在这些情况下，“同样”的操作对于不同的参数类型保持运算功能的透明性。

多态性机制不仅增加了面向对象软件系统的灵活性，进一步降低了信息冗余，而且显著地提高了软件的可重用性和可扩充性。当扩充系统功能增加新的实体类型时，只需派生出与新实体类相应的新子类，完全无需修改原有的程序代码，甚至不需要重新编译原有的程序。利用多态性，用户能够发送一般形式的消息，而将所有的实现细节都留给接受消息的对象。

6.4　计算机原版文章阅读

The introduction of two important data structures

In this part we will take a brief introduction about two important data structures, Linked list and Hash table, which will make it effective to search or store the data.

1. Linkedlist

We saw that arrays had certain disadvantages as data storage structures. In an unordered array, searching is slow, whereas in an ordered array, insertion is slow. In both kinds of arrays deletion is slow. Also, the size of an array can't be changed after it's created. In this part we'll look at a data storage structure that solves some of these problems: the linked list.

Linked lists are probably the second most commonly used general-purpose storage structures after arrays. The linked list is aversatilemechanismsuitable for use in many kinds of general-purpose databases. It can also replace an array as the basis for other storage structures such as stacks and queues. In fact, you can use a linked list in many cases where you use an array (unless you need frequent random access to individual items using an index) . Linked lists aren't the solution to all data storage problems, but they are surprisingly versatile and conceptually simpler than some other popular structures such as trees. We'llinvestigatetheir strengths and weaknesses as we go along. In this section we will refer to two very useful data structure .

2. Links

In a linked list, each data item is embedded in a link. A link is an object of a class called something like Link. Because there are many similar links in a list, it makes sense to use a separate class for them, distinctfrom the linked list itself. Each link objects contains a reference (usually called next) to the next link in the list. A field in the list itself contains are reference to the first link. Here's part of the definition of a class Link. It contains some data and a reference to the next link.

```
class Link
   {
publicintiData;          // data
public double dData;      // data
public Link next;         // reference to next link
   }
```

This kind of class definition is sometimes called self-referential because it contains a field-called next in this case-of the same type as itself.

3. Hash Tables

A hash table is a data structure that offers very fast insertion and searching. When you first hear about them, hash tables sound almost too good to be true. No matter how many data items there are, insertion and searching (and sometimes deletion) can take close to constant time: O (1) in Big O notation. In practice this is just a few machine instructions. For a human user of a hash table this isessentiallyinstantaneous. It's so fast that computer programs typically use hash tables when they need to look up tens of thousands of items in less than a second (as in spelling checkers) . Hash tables aresignificantlyfaster than trees Not only are they fast, hash tables are relativelyeasy to program. Hash tables do have several disadvantages. They're based on arrays, and arrays are difficult to expand once they've been created. For some kinds of hash tables, performancemay degradecatastrophicallywhen the table becomes too full, so the programmer needs to have a fairly accurate idea of how many data items will need to be stored (or be prepared toperiodicallytransfer data to a larger hash table, atime-consumingprocess) .

Also, there's no convenient way to visit the items in a hash table in any kind of order (such as from smallest to largest) . If you need this capability, you'll need to look elsewhere. However, if you don't need to visit items in order, and you can predict in advance the size of your database, hash tables are unparalleled in (18) speed and convenience.

一、单选题

1. 算法分析的目的是（　　）。

A. 找出数据结构的合理性　　B. 研究算法中的输入和输出的关系

C. 分析算法的效率以求改进　　D. 分析算法的易懂性和文档性

2. 算法分析的两个主要方面是（　　）。

A. 空间复杂性和时间复杂性　　B. 正确性和简明性

C. 可读性和文档性　　D. 数据复杂性和程序复杂性

3. 计算机算法指的是（　　）。

A. 计算方法　　B. 排序方法

C. 解决问题的有限运算序列　　D. 调度方法

4. 计算机算法必须具备输入、输出和（　　）等 5 个特性。

A. 可行性、可移植性和可扩充性　　B. 可行性、确定性和有穷性

C. 确定性、有穷性和稳定性　　D. 易读性、稳定性和安全性

5. 某算法的时间复杂度为 $O(2n)$，表明该算法的（　　）。

A. 问题规模是 $2n$　　B. 执行时间等于 $2n$

C. 执行时间近似与 $2n$ 成正比　　D. 问题的规模近似与 $2n$ 成正比

6. 在面向对象方法中，实现信息隐蔽是依靠（　　）。

A. 对象的继承　　B. 对象的多态　　C. 对象的封装　　D. 对象的分类

7. 下列叙述中，不符合良好程序设计风格要求的是（　　）。

A. 程序的效率第一，清晰第二　　B. 程序的可读性好

C. 程序中要有必要的注释　　D. 输入数据前要有提示信息

8. 下列选项中不属于面向对象程序设计特征的是（　　）。

A. 继承性　　B. 多态性　　C. 类比性　　D. 封装性

9. 下列选项中不符合良好程序设计风格的是（　　）。

A. 源程序要文档化　　B. 数据说明的次序要规范化

C. 避免滥用 goto 语句　　D. 模块设计要保证高耦合、高内聚

10. 下列选项中不属于结构化程序设计方法的是（　　）。

A. 自顶向下　　B. 逐步求精　　C. 模块化　　D. 可复用

11. 以下叙述中不属于面向对象方法的优点的是（　　）。

A. 可重用性好　　B. 与人类习惯的思维方法一致
C. 可维护性好　　D. 有助于实现自顶向下、逐步求精

12. 结构化程序设计主要强调的是（　　）。
A. 程序的规模　　B. 程序的易读性
C. 程序的执行效率　　D. 程序的可移植性

13. 对建立良好的程序设计风格，下列描述正确的是（　　）。
A. 程序应简单 、清晰、可读性好　　B. 符号名的命名只要符合语法
C. 充分考虑程序的执行效率　　D. 程序的注释可有可无

14. 结构化程序设计只允许有三种基本结构来构成任何程序。下列选项中不属于结构化程序设计的基本结构的是（　　）。
A. 选择结构　　B. 可选结构　　C. 重复结构　　D. 顺序结构

15. C 语言的前身是（　　）。
A. A 语言　　B. B 语言　　C. C＋＋语言　　D. BASIC 语言

16. C 语言规定，必须用（　　）作为主函数名。
A. Function　　B. include　　C. main　　D. stdio

17. 一个 C 程序可以包含任意多个不同名的函数，但有且仅有一个（　　）。
A. 过程　　B. 主函数　　C. 函数　　D. include

18. C 程序的基本构成单位是（　　）。
A. 函数　　B. 函数和过程　　C. 超文本过程　　D. 子程序

19. 下列说法正确的是（　　）。
A. main 函数必须放在 C 程序的开头
B. main 函数必须放在 C 程序的最后
C. main 函数可以放在 C 程序中间部分，执行 C 程序时是从程序开头执行
D. main 函数可以放在 C 程序中间部分，执行 C 程序时是从 main 函数开始

20. 下列说法正确的是（　　）。
A. 在执行 C 程序时不是从 main 函数开始
B. C 程序书写格式严格限制，一行内必须写一个语句
C. C 程序书写格式自由，一个语句可以分写在多行上
D. C 程序书写格式严格限制，一行内必须写一个语句，并要有行号

21. 在 C 语言中，每个语句和数据定义是用（　　）结束。
A. 句号　　B. 逗号　　C. 分号　　D. 括号

二、填空题

1. 数据结构包括数据的________、数据的________和数据的________这三个方面的内容。

2. 栈是一种特殊的线性表，允许插入和删除运算的一端称为________。不允许插入和删除运算的一端称为________。

3. 数据的逻辑结构可以分为________和________两大类。

4. 数据的运算用________表示。

5. 逻辑上相邻的结点在存储器中也相邻，这是________存储结构的特点。

6. 在长度为 n 的顺序表上实现定位操作，其算法的时间复杂度为________。

7. 为了实现随机访问，线性结构应该采用________存储。

8. 在长度为 n 的顺序表中插入一个元素，最多要移动________个元素。

9. 栈的存储结构主要有________和________两种。

10. 在面向对象方法中，________描述的是具有相似属性与操作的一组对象。

11. 在面向对象的软件技术中，________是指子类对象可以像父类对象那样使用，同样的消息既可以发送给父类对象，也可以发送给子类对象。

12. 结构化程序设计的原则中，有一条是要求限制使用 goto 语句，但在用一个________程序设计语言去实现一个结构化的构造时，可以使用该语句。

13. 属于某类的对象除了具有该类所定义的特性外，还具有该类________全部基类定义的特性。

14. 结构化程序设计的三种基本逻辑结构为顺序、选择和________。

15. 多态机制不仅增加了面向对象软件系统的灵活性，进一步降低了信息冗余，而且显著地提高了软件的________和________。

16. C 语言是一种________语言。它层次清晰，便于按模块化方式组织程序，易于调试和维护。C 语言的表现能力和处理能力极强。它不仅具有丰富的运算符和数据类型，便于实现各类复杂的数据结构。它还可以直接访问内存的________，进行位（bit）一级的操作。

17. 常见的预处理命令有两种：________和________。

三、简答题

1. 简述数据结构的基本概念。

2. 简述算法的基本特征。

3. 试说明算法的三种控制结构。

4. 简述 C 语言的优点。

5. 简述 C 语言源程序的结构特点。

第7章　计算机网络的概述

计算机网络，是指将不同的地理位置具有独立功能的多台计算机及其外部设备，通过通信线路连接起来，在网络操作系统中的网络管理软件及网络通信协议的管理和协调下，实现资源共享和信息传递的计算机系统。

7.1　计算机网络的定义与发展

1. 计算机网络的定义

所谓计算机网络是指互连起来且能独立自主进行工作的计算机集合。这里“互连”意味着互相连接的两台或两台以上的计算机能够互相交换信息，达到资源共享的目的。而“独立自主”是指每台计算机的工作是独立的，任何一台计算机都不能干预其他计算机的工作。例如启动、停止等，任意两台计算机之间没有主从关系。从这个简单的定义可以看出，计算机网络涉及以下三个方面的问题：

（1）两台或两台以上的计算机相互连接起来才能构成网络，达到资源共享的目的。

（2）两台或两台以上的计算机连接，互相通信交换信息，需要有一条通道。这条通道的连接是物理意义上的连接，由硬件实现，这就是连接介质（有时称为信息传输介质）。它们可以是双绞线、同轴电缆或光纤等有线介质；也可以是激光、微波或卫星等无线介质。

（3）计算机之间要通信交换信息，彼此需要有某些约定和规则，即协议。

因此，可以把计算机网络定义为：把分布在不同地点且具有独立功能的多个计算机，通过通信设备和线路连接起来，在功能完善的网络软件运行下，按照一定的协议来实现网络中资源共享为目标的系统。

从计算机网络的定义可以看出，计算机网络必顺具有数据处理与数据通信两种能力。因此，可以从逻辑上将它划分成两个部分：资源子网与通信子网。其基本结构如图 7-1 所示。

（1）资源子网。资源子网由主计算机系统、终端、终端控制器、联网外设、各种软件资源与信息资源组成。对于广域网而言，资源子网由网络中的所有主机及其外部设备组成。资源子网的功能是负责全网的数据处理业务，向网络用户提供各种网络资源与网络服务。

（2）通信子网。通信子网是指网络中实现网络通信功能的设备及其软件的集合，是网络的内层，负责信息的传输。通信设备、网络通信协议、通信控制软件等属于通

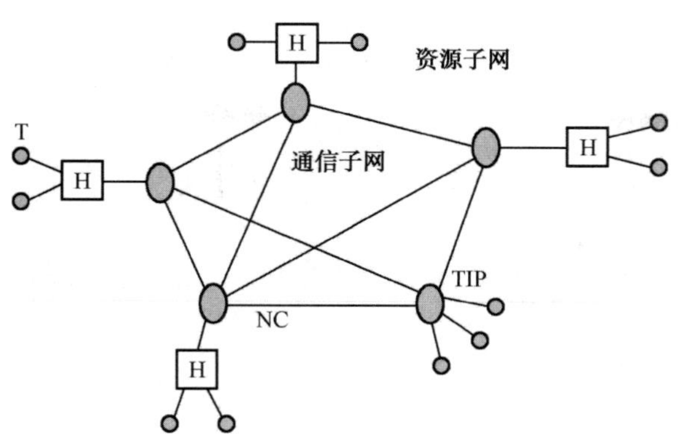

图 7-1　计算机网络的基本结构

信子网，它们主要为用户提供数据的传输、转接、加工、变换等功能。通信子网一般由网卡、线缆、集线器、中继器、网桥、路由器、交换机等设备和相关软件组成。

通信线路为通信控制处理机之间、处理机与主机之间提供通信信道。计算机网络采用多种通信线路，例如电话线、双绞线、同轴电缆、光缆、无线通信信道、微波与卫星通信信道等。

2. 计算机网络的发展

Internet 的基础结构大体经历了三个阶段的演进，这三个阶段在时间上有部分重叠。

第一阶段：从单个网络 ARPAnet 向互联网发展。1969 年美国国防部创建了第一个分组交换网 ARPAnet，它只是一个单个的分组交换网，所有想连接它的主机都直接与就近的结点交换机相连，它规模增长很快，到 70 年代中期，人们认识到仅使用一个单独的网络无法满足所有的通信问题。于是，ARPA 开始研究很多网络互联的技术，后来的互联网的出现与此有关。1983 年 TCP/IP 协议称为 ARPAnet 的标准协议。同年，ARPAnet 分解成两个网络，一个进行试验研究用的科研网 ARPAnet；另一个是军用的计算机网络 MILnet。1990 年，ARPAnet 因试验任务完成正式宣布关闭。

第二阶段：建立三级结构的因特网。1985 年起，美国国家科学基金会 NSF 逐洎认识到计算机网络对科学研究的重要性，1986 年，NSF 围绕六个大型计算机中心建设计算机网络 NSFnet，它是个三级网络，分为主干网、地区网、校园网。它代替 ARPA-net 成为 internet 的主要部分。1991 年，NSF 和美国政府认识到因特网不应限于大学和研究机构，于是支持地方网络接入，许多公司的纷纷加入，使网络的信息量急剧增加，美国政府就决定将因特网的主干网转交给私人公司经营，并开始对接入因特网的单位收费。

第三阶段：多级结构因特网的形成。1993 年开始，美国政府资助的 NSFnet 就逐渐被若干个商用的因特网主干网替代，这种主干网也叫因特网辅助提供者 ISP，考虑到因特网商用化后可能出现很多的 ISP，为了使不同 ISP 经营的网络能够互通，在 1994 创建了 4 个网络接入点 NAP 分别由 4 个电信公司经营。本世纪初，美国的 NAP 数达到了十几个。NAP 是最高级的接入点，它主要是向不同的 ISP 提供交换设备，使它们相互通信。因特网已经很难对其网络结构给出较精细的描述，但大致可分为五个接入级：网络接入点 NAP，多个公司经营的国家主干网，地区 ISP，本地 ISP，校园网、企业或家庭 PC 机上网用户。多级结构的因特网如图 7-2 所示。

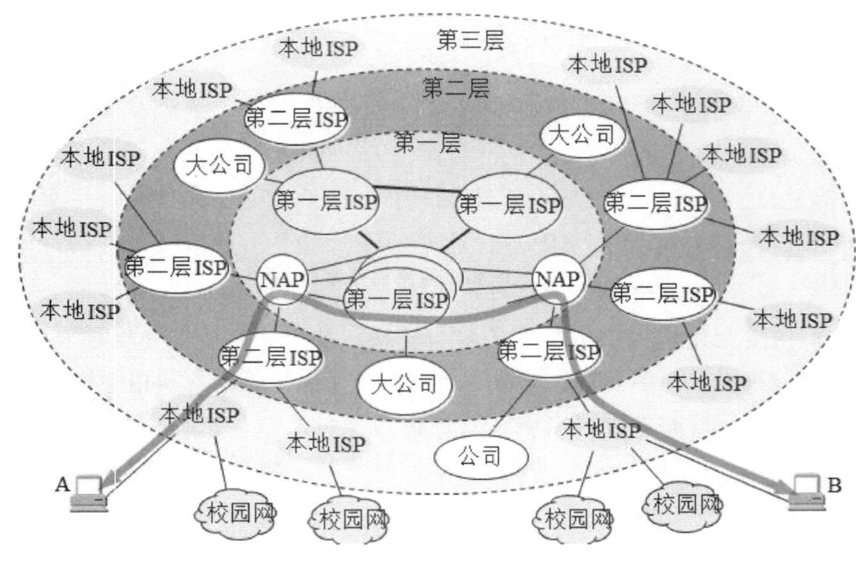

图 7-2　多级结构的因特网

7.2　计算机网络的功能

计算机网络的功能主要体现在数据通信、资源共享、分布式处理和集中管理等几个方面，下面将分别介绍：

1. 数据通信

数据通信功能是计算机网络最基本的功能，主要完成网络中各个结点之间的通信。任何人都需要与他人交换信息，计算机网络提供了最方便快捷的途径。人们可以在网上传送电子邮件、发布新闻消息、进行电子商务、远程教育、远程医疗等。

2. 资源共享

资源共享包括硬件、软件和数据资源的共享。在网络范围内的各种输入/输出设备、大容量的存储设备、高性能的计算机等都是可以共享的网络资源。对一些价格昂贵又不经常使用的设备，通过网络共享可以提高设备的利用率并减少重复投资。

网上的数据库和各种信息资源是共享的主要内容，因为任何用户不可能也没有必要把各种信息收集齐全，而计算机网络提供了这样的便利。全世界的信息资源可通过 Internet 实现共享。例如美国一个名为 Dialog 的大型信息服务机构，有 300 多个数据库，这些数据库中的数据涉及科学、技术、商业、医学、社会科学、人文科学和时事等各个领域，存储了 1 亿多条信息，包括参考书、专利、目录索引、杂志和新闻文章

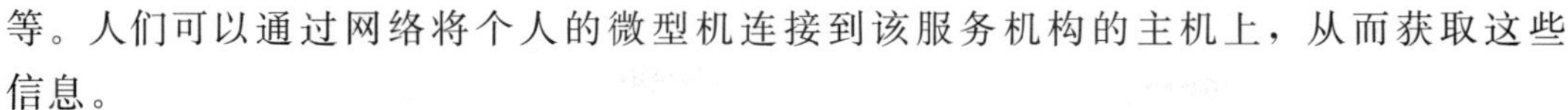

等。人们可以通过网络将个人的微型机连接到该服务机构的主机上，从而获取这些信息。

3. 分布式处理

所谓分布式处理是指网络系统中若干台计算机互相协作共同完成一个任务。即将一个程序分布在几台计算机上并行处理，这样就可将一项复杂的任务划分成多个部分，由网络内各计算机分别完成有关的部分，使整个系统的性能大为增强。

4. 集中管理

计算机网络技术的发展和应用，使现代的办公手段、经营管理等发生了变化。目前，已经有许多 MIS 系统、OA 系统等系统，通过这些系统可以实现日常工作的集中管理，提高工作效率，增加经济效益。

5. 负载平衡

负载平衡是指将任务均匀地分配给网络上的各台计算机。网络控制中心负责分配和检测，当某台计算机负载过重时，系统会自动转移部分工作到负载较轻的计算机中进行处理。

6. 提高安全与可靠性

建立计算机网络后，还可以减少计算机系统出现故障的概率，提高系统的可靠性。对于系统中重要的资源可以将它们分布在不同地方的计算机上，这样即使某台计算机出现故障，用户在网络上也可通过其他路径访问这些资源，而不影响用户对同类资源的访问。

7.3 计算机网络的分类

由于计算机网络的广泛应用，目前世界上出现了各种形式的计算机网络。可以从不同的角度对计算机网络进行分类，例如从网络的交换功能、网络的拓扑结构、网络的通信性能、网络的作用范围、网络的使用范围等进行分类。下面介绍两种具有代表性的分类：

1. 按网络的覆盖范围分类

从覆盖的地理范围上可将计算机网络分为局域网 LAN（Local Area Network）、城域网 MAN（Metropolitan Area Network）及广域网 WAN（Wide Area Network）。一般来说，局域网只能是一个较小区域的网络互联，城域网是不同地区的网络互联，广域网是不同城市之间的网络互联。

（1）局域网 LAN（Local Area Network）。局域网又称为局部区域网，覆盖范围为几百米到几千米，一般连接一幢或几幢大楼。信道传输速率可达 1～20 Mbps，结构简单，布线容易。它是一种可在小范围内实现的计算机网络，一般在一个建筑物、一个工厂、一个事业单位内部，为单位独有。

局域网可以实现文件管理、应用软件共享、打印机共享、扫描仪共享、工作组内的日程安排、电子邮件和传真通信服务等功能。局域网是封闭型的，可以由办公室内的两台计算机组成，也可以由一个公司内的上千台计算机组成。

局域网技术是当前计算机网络研究和应用的一个热点，也是目前技术发展最快的领域之一。在局域网内信息的传输速率较高，误码率低，结构简单，容易实现。局域网中最有代表的是以太网（ethernet）。

（2）城域网 MAN（Metropolitan Area Network）。城域网是由不同的局域网通过网间连接构成一个覆盖在整个城市范围之内的网络。

在一个学校范围内的计算机网络通常称为校园网。实质上，它是由若干个局域网连接构成的一个规模较大的局域网，也可视校园网为一个介于普通局域网和城域网之间的、规模较大的、结构较复杂的局域网。

（3）广域网 WAN（Wide Area Network）。广域网作用范围通常为几十到几千千米，可以分布在一个省内、一个国家或几个国家。广域网信道传输速率较低，一般小于 0.1 Mbps，结构比较复杂。它的通信传输装置和媒体一般由电信部门提供。

2. 按网络拓扑结构分类

计算机网络拓扑是通过网络结点与通信线路之间的几何关系表示的网络结构。计算机网络拓扑结构通常有星型结构、总线型结构、环型结构、树型结构、网状结构和混合结构。常用的网络拓扑结构如图 7-3 所示，在组建局域网时常采用星型、环型、总线型和树型结构。树型和网状结构在广域网中比较常见。但是在一个实际的网络中，可能是上述几种网络结构的混合。

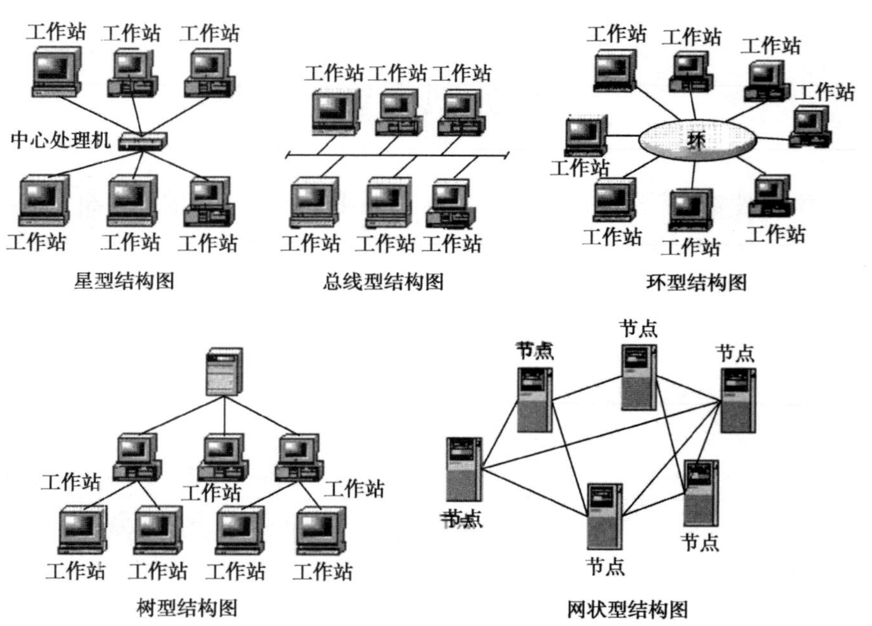

图 7-3 网络拓扑结构图

（1）星型结构。星型结构由中央结点与各结点连接而成。它以中央结点为中心，各结点与中央结点通过点到点方式连接，中央结点执行集中式通信控制策略，各结点间不能直接通信，需要通过该中心处理机转发，因此中央结点相当复杂，负担重，必须有较强的功能和较高的可靠性。

星型结构的优点是结构简单、建网容易、控制相对简单。其缺点是集中控制导致主机负载过重，可靠性低，通信线路利用率低。

（2）总线结构。总线结构是用一条称为总线的中央主电缆，将相互之间以线性方式连接的工作站连接起来的布局方式，称为总线拓扑。网络中各个工作站均经一条总线相连，信息可沿两个不同的方向由一个站点传向另一站点。

总线结构的优点是结构简单灵活，非常便于扩充；可靠性高，网络响应速度快；设备量少、价格低、安装使用方便；共享资源能力强。其缺点是总线易阻塞，对故障的诊断和隔离较为困难。总线形网络结构是目前使用最广泛的结构，也是传统的一种主流网络结构，适用于信息管理系统、办公自动化系统领域的应用。目前在局域网中多采用此种结构。

（3）环型结构。环型结构将各个连网的计算机由通信线路连接形成一个首尾相连的闭合环。在环型结构的网络中，信息按固定方向流动，或顺时针方向，或逆时针方向，每两台计算机之间只有一条通路，简化了路径的选择。

环型结构的优点是结构简单，传输速度较快，路由选择控制简单。其缺点是可靠性差，维护困难。

（4）树型结构。树型结构实际上是星型结构的一种变形，它将原来用单独链路直接连接的结点通过多级处理主机进行分级连接。这种结构与星型结构相比降低了通信线路的成本，但增加了网络复杂性。网络中除最低层结点及其连线外，任何一个结点连线的故障均影响其所在支路网络的正常工作。

（5）网状结构。网状结构又称作无规则结构，结点之间的连结是任意的，没有规律。一般每个结点至少与其他两个结点相连，也就是说每个结点至少有两条链路连到其他结点。

网状结构的优点是结点间路径多，碰撞和阻塞可大大减少，局部的故障不会影响整个网络的正常工作，可靠性高；网络扩充和主机入网比较灵活、简单。其缺点是关系复杂，建网不易，网络控制机制复杂。广域网中一般采用网状结构。

（6）混合型结构。随着网络技术的发展，各种网络结构经常交织在一起使用，这种网络结构形式属于混合型结构。

7.4 Internet 的地址

为了实现 Internet 上各计算机之间的通信，每台计算机都必须有一个独一无二的地址。在 Internet 中常见的地址有 IP 地址、MAC 地址及域名系统。

1. IP 地址

所谓 IP 地址就是给每个连接在 Internet 上的主机分配的一个 32 位（4 字节）的唯一地址。IP 地址通过数字来表示一台计算机在 Internet 中的位置，它具有固定且规范的格式。一个 IP 地址包含 32 位二进制数，分 4 段，每段 8 位，段与段之间用圆点“.”分开。例如一个采用二进制形式的 IP 地址是“00001010000000000000000000000001”，不容易记忆，所以采用“点分十进制表示法”为 10.0.0.1。

IP 地址是一种具有层次结构的地址，由网络号和主机号两部分组成，其中网络号决定了主机所处的位置，主机号显示了该机器的地址，如表 7-1 所示。

表 7-1　分层结构的 IP 地址

网络号	主机号		
8 bit	8 bit	8 bit	8 bit
10	0	0	1

为了适应不同规模的物理网络，在国际上 IP 地址被分为 A、B、C、D、E 五类，如图 7-4 所示。但在 Internet 上可分配使用的 IP 地址只有 A、B、C 三类。D 类地址被称为组播地址，组播地址可用于视频广播或视频点播系统，而 E 类地址作为保留地址尚未使用。

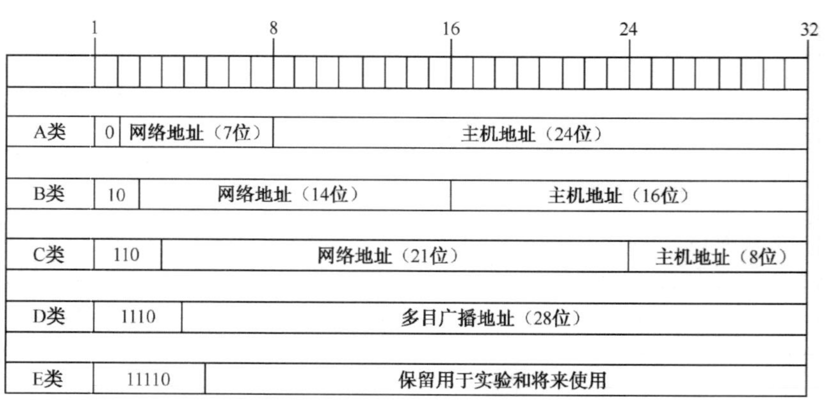

图 7-4　IP 地址分类

A 类 IP 地址的标识符为“0”，网络号占 8 位，主机号占 24 位，范围为 0～127，0 是保留的并表示所有的 IP 地址，而 127 也是保留的并用于测试回环使用。

B 类 IP 地址的标识符为“10”，网络号占 16 位，主机号占 16 位，范围为 128～191。

C 类 IP 地址的标识符为“110”，网络号占 24 位，主机号占 8 位，范围为 192～223。

D 类 IP 地址的标识符为“1110”，范围为 224～239，它是专门保留的地址。

E 类 IP 地址以“11110”开始，范围为 240～254，为将来使用保留。

2. 子网掩码

子网掩码（subnet mask）又称网络掩码、地址掩码，子网掩码不能单独存在，它必须结合 IP 地址一起使用。子网掩码只有一个作用，就是将某个 IP 地址划分成网络地址和主机地址两部分。

子网掩码和 IP 地址一样为 32 位。在子网掩码中，网络位用 1 表示，主机位用 0 表示。如 C 类 IP 地址网络号为 24 位，主机号为 8 位，对应的子网掩码为（11111111 111111111111111100000000），即为 255.255.255.0。A、B、C 类 IP 地址默认子网掩码如表 7-2 所示。

表 7-2　默认子网掩码

A类地址	网络地址 默认子网掩码 255.0.0.0	net-id 全为 1	host-id 全为 0
		111111111	00000000 00000000 00000000
B类地址	网络地址 默认子网掩码 255.255.0.0	net-id 全为 1	host-id 全为 0
		11111111　11111111	00000000 00000000
C类地址	网络地址 默认子网掩码 255.255.255.0	net-id 全为 1	host-id 全为 0
		11111111 11111111 11111111	00000000

3. MAC 地址

MAC（Medium/Media Access Control，介质访问控制）地址也称为物理地址或硬件地址，烧录在网卡里，由网卡生产商提供，该地址是全球唯一的。MAC 地址由 48 bit（6B）组成。

查看 MAC 地址的方法为：单击“开始”按钮，在搜索框输入“cmd”后按“Enter”键，进入 MS-DOS 界面，在界面中输入“ipconfig/all”即可查看 MAC 地址和 IP 地址等，如图 7-5 所示。

4. 下一代网际协议 IPv6

IPv6 是 Internet Protocol Version 6 的缩写，其中 Internet Protocol 译为“互联网协议”。IPv6 是 IETF（互联网工程任务组，Internet Engineering Task Force）设计的用于替代现行版本 IP 协议的下一代 IP 协议。目前 IP 协议的版本号是 4（简称为 IPv4），它的下一个版本就是 IPv6。IPv6 正处在不断发展和完善的过程中，它在不久的

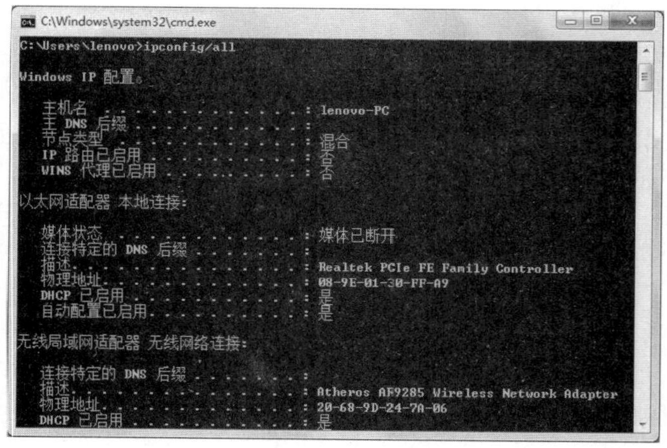

图 7-5　查看 MAC 地址及 IP 地址

将来可能会取代目前被广泛使用的 IPv4。

IPv6 具有以下特点：

(1) IPv6 地址长度为 128 bit，地址空间增大了 296 倍。

(2) 灵活的 IP 报文头部格式。使用一系列固定格式的扩展头部取代了 IPv4 中可变长度的选项字段，加快报文转发，提高了吞吐量。

(3) 提高安全性。身份认证和隐私权是 IPv6 的关键特性。

(4) 支持更多的服务类型。

(5) 允许协议继续演变，增加新的功能，使之适应未来技术的发展。

5. *域名及域名服务*

IP 地址用数字表示不便于记忆，另外从 IP 地址上看不出拥有该地址的组织的名称或性质。由于这些缺点，出现了域名系统，即用字符串来表示一台主机的地址。

域名采用层次结构，域下面按领域又分子域，各层次的子域名之间用圆点“.”隔开，从右至左分别为第一级域名（最高级域名）、第二级域名直至主机名（最低级域名）。即其结构形式为：计算机名，主机名……二级域名，一级域名。

例如，www. wit. edu. cn 是一个域名，cn 为一级域名（表示中国），edu 为 cn 下的子域名（表示教育机构），wit 又为 edu 下的子域名（主机名，表示武汉工程大学），www 为计算机名。

国家和地区的域名常使用两个字符。如表 7-3 所示为常见的国家和地区的一级域名。

表 7-3　常见国家和地区的域名

域　名	国家和地区	域　名	国家和地区	域　名	国家和地区
au	澳大利亚	fl	芬兰	nl	荷兰
be	比利时	fr	法国	no	挪威
ca	加拿大	hk	香港	nz	新西兰

（续表）

域　名	国家和地区	域　名	国家和地区	域　名	国家和地区
ch	瑞士	ie	爱尔兰	ru	俄罗斯
cn	中国	in	印度	se	瑞典
de	德国	it	意大利	tw	台湾
dk	丹麦	jp	日本	uk	英国
es	西班牙	kp	韩国	us	美国

如表 7-4 所示为常见的表示机构或组织性质的一级域名。

表 7-4　常见的一级域名

域　名	用　途	域　名	用　途	域　名	用　途
edu	教育机构	gov	政府部门	com	商业组织
net	网络组织	mil	非保密的军事机构	org	非商业和教育的组织机构
int	国际机构				

7.5　信息检索

信息检索（information retrieval）是指将无序的信息进行整理，形成有序的信息集合，并根据需要从信息集合中找出特定的信息的过程。其实质是将用户的检索要求与信息集合中存储的信息标识进行匹配，当两者匹配成功，信息就会被检索出来。

1. 信息检索的分类

按照处理信息的手段来划分，检索工具可分为手工检索工具和计算机检索工具。手工检索工具是指用手工方式来处理和查找文献信息，如卡片目录等；计算机检索工具是指借助计算机等技术手段进行信息检索的方式，如计算机检索系统、国际联机检索系统等。

按照著录方式来划分，检索工具可分为目录、题录、文摘、索引等类型。目录型检索工具主要有国家书目、馆藏书目、联合书目、专题文献目录等；题录型检索工具主要是指一些新刊题录和题录刊物；文摘型检索工具有指示性文摘、报道性文摘、评论性文摘等；索引型检索工具有主题索引、分类索引、著者索引等。

按照报道的学科内容范围来划分，信息检索工具可分为包含多学科的综合性检索工具，也包含单学科的专业性检索工具。

2. 搜索引擎

搜索引擎（search engine）是指根据一定的策略、运用特定的计算机程序从互联网上搜集信息，在对信息进行组织和处理后，为用户提供检索服务，将用户检索的相关信息展示给用户的系统。

互联网发展早期，以雅虎为代表的网站分类目录查询非常流行。网站分类目录由人工整理维护，精选互联网上的优秀网站，并简要描述，分类放置到不同目录中。用户查询时，通过层层点击查找。

1990 年，加拿大麦吉尔大学（University of McGill）计算机学院的师生开发出 Archie。当时，万维网还没有出现，人们通过 FTP 来共享交流资源。Archie 能定期搜集并分析 FTP 服务器上的文件名信息，提供查找分布在各个 FTP 主机中的文件。根据精确文件名，Archie 将告诉用户哪个 FTP 服务器能下载该文件。虽然 Archie 搜集的信息资源不是网页，但和搜索引擎的基本工作方式是一样的，所以 Archie 被公认为现代搜索引擎的鼻祖。

目前主流的搜索引擎有百度、谷歌、搜搜、搜狗、雅虎、bing 等，这些都是比较综合的搜索引擎。

3. 搜索引擎的使用技巧

灵活地使用搜索技巧，能够使搜索到的信息更准确。

（1）学会使用半角的双引号。双引号的作用是精确查找与所输关键词相匹配的内容。如在搜索引擎中输入“计算机网络发展”，将会出现“计算机网络”与“发展”分开的结果。而加上双引号后搜索则会显示完全匹配的内容。搜索的对比效果如图 7-6 和图 7-7 所示。

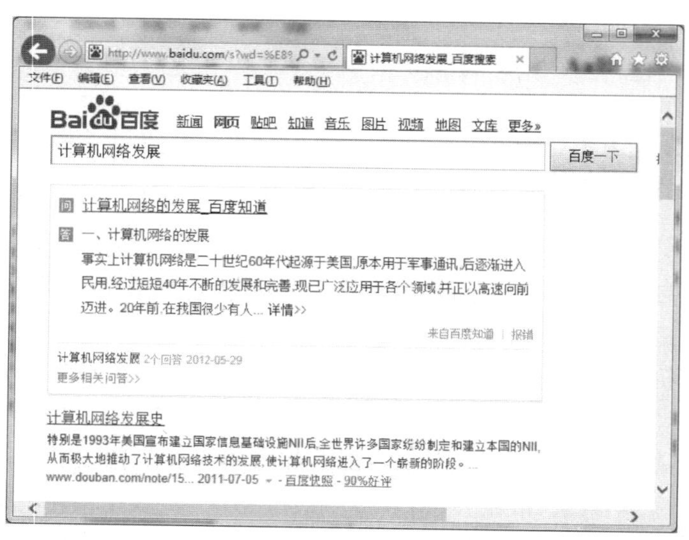

图 7-6 加引号前结果

（2）学会使用减号“—”。“—”的作用是去除无关的搜索结果，提高搜索结果的准确性。例如，在百度搜索引擎中，需要找“申花”的企业信息，输入“申花”却搜索到很多关于“上海申花”的新闻，这些新闻的共同特征是“上海”，可以输入“申花—上海”（申花后要加一个空格）来搜。

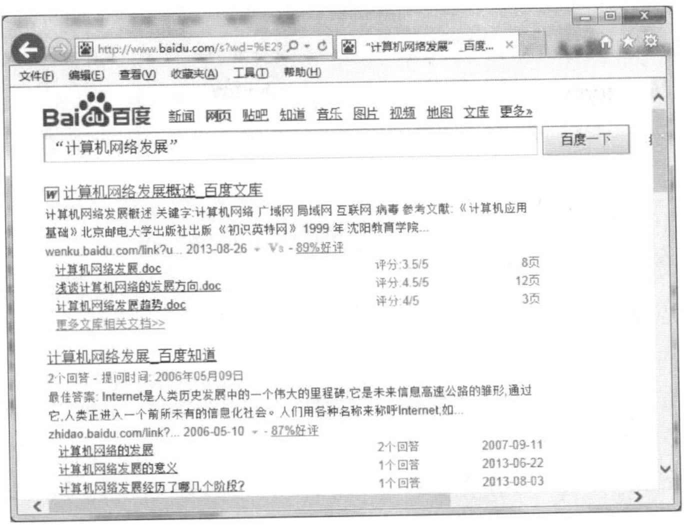

图 7-7　加引号后结果

(3) 学会使用空格。如果要输入多个关键词中间，可以用空格分隔，如“网络信息　计算机”。

7.6　Internet 提供的服务

1. *万维网服务*

万维网（Word Wide Web，WWW）服务是目前应用最广的一种基本互联网服务，通过 WWW 服务，只要用鼠标单击链接就可以访问互联网上的任何资源。由于 WWW 服务使用的是超文本链接，所以可以很方便地从一个信息页转换到另一个信息页。通过该服务，用户不仅能查看文字，还可以欣赏图片、音乐、动画等。

万维网涉及的基本术语有：

(1) 超文本：超文本（hypertext）是用超级链接的方法，将各种不同空间的文字信息组织在一起的网状文本。超文本更是一种用户界面范式，用以显示文本和文本之间相关的内容。目前超文本普遍以电子文档的形式存在，其中的文字包含可以链接到其他位置的超级链接，允许从当前阅读位置直接切换到超文本链接所指向的位置。

(2) 超媒体：是超级媒体的中文缩写。超媒体是一种采用非线性网状结构对块状多媒体信息（包括文本、图像、视频等）进行组织和管理的技术。超媒体在本质上和超文本是一样的，只不过超文本技术在诞生初期的处理对象是纯文本，所以叫作超文本。随着多媒体技术的兴起和发展，超文本技术的处理对象从纯文本扩展到多媒体，为强调处理对象的变化，就产生了超媒体这个词。

(3) URL（统一资源定位符）：Internet 上的每一个资源都具有一个唯一的名称标识，通常称之为 URL 地址，这种地址可以是本地磁盘，也可以是局域网上的某一台计算机，更多的是 Internet 上的站点。简单地说，URL 就是 Web 地址，俗称网址。

一个完整的 URL 包括访问方式、主机名、路径名和文件名。例如，http://xgy.wit.edu.cn/article/news/default.asp，其中 http 是超文本传输协议的英文缩写，xgy.wit.edu.cn 表示主机名，article/news 表示路径，default.asp 表示文件名。

2. 电子邮件服务

电子邮件（electronic mail，E-mail）又称电子信箱、电子邮政，它是一种用电子手段提供信息交换的通信方式。通过网络的电子邮件系统，用户可以用非常低廉的价格快速地发送信息到世界上任何指定的目的地，与世界上任何一个角落的网络用户联系。

电子邮件地址在 Internet 上是唯一的，电子邮件地址由两部分组成：用户名和域名。用户名和域名中间以@分隔，@前面为用户名，后面为邮件服务器的主机域名。例如，liuhua@hotmail.com，其中 hotmail.com 为主机域名，而 liuhua 表示在该邮件服务器上的一个用户名。

3. 文件传输服务

Internet 的入网用户可以使用“文件传输服务”（FTP）进行计算机之间的文件传输，使用 FTP 几乎可以传送任何类型的多媒体文件，如图像、声音、数据压缩文件等。

在 FTP 的使用当中经常遇到两个概念：下载（download）和上传（upload）。下载文件是从远程主机拷贝文件至个人计算机中；上传文件是将文件从个人计算机中拷贝至远程主机中。

4. IP 电话服务

IP 电话是按国际互联网协议规定的网络技术内容开通的电话业务，中文翻译为网络电话或互联网电话，简单来说就是通过 Internet 网络进行实时的语音传输服务。它是利用国际互联网作为语音传输的媒介，实现语音通信的一种全新的通信技术。

此外，Internet 还提供了远程登录 Telnet 服务、QQ 聊天服务、MSN 等各种服务。

7.7 网页制作技术

随着计算机、网络和通信技术的发展，Internet 在人们的生活、学习和工作中的作用越来越重要。通过发布个人、公司、企业网站来宣传个人形象、推广公司产品等已成为一种流行趋势。因此学习和掌握网页制作已成为现代人必备的技能。

7.7.1 网页的基本概念

1. 网页

网页是构成网站的基本元素，是承载各种网站应用的平台。网页文件由网址（URL）进行识别与存取，在访问一个网站时，首先看到第一个页面称为该网站的主页。大多数作为主页的文件名是 index、default、main 或 portal 加上扩展名。如图 7-8 所示为百度主页。

图 7-8　百度主页

2. 网站

网站是指在因特网上根据一定的规则，使用 HTML 等工具制作的用于展示特定内容的相关网页集合。每个网页在服务器上都是以文件形式存放，通常在服务器上有多个主题相关的网页，这些网页按照一定的组织结构、以超链接方式连接在一起，形成一个整体，从而构成网站。

在因特网的早期，网站还只能保存单纯的文本。经过几年的发展，使得图像、声音、动画、视频，甚至 3D 技术都可以通过因特网得到呈现。通过动态网页技术，用户也可以与其他用户或者网站管理者进行交流，也有一些网站提供电子邮件服务或在线交流服务。

3. 网页的类型

(1) 静态网页。在网站设计中，纯粹 HTML 格式的网页通常称为静态网页，扩展名一般为 .html 或 .htm。可以包含文本、图像、声音、FLASH 动画、客户端脚本和 ActiveX 控件及 Java 小程序等。静态网页是相对为动态网页而言的，指没有后台数据库、不含程序和不可交互的网页。静态网页也可出现各种动态的效果，如 GIF 动态图、Flash 动画等。

静态网页的特点如下：

① 静态网页每个网页都有一个固定的 URL，且网页 URL 以“.htm”“.html”等常见形式为后缀，不含“?”。

② 网页内容一经发布到网站服务器上，无论是否有用户访问，每个静态网页的内容都保存在网站服务器上。

③ 静态网页的内容相对稳定，因此容易被搜索引擎检索。

④ 静态网页没有数据库的支持，当网站信息量很大时完全依靠静态网页制作方式比较困难。

⑤ 静态网页的交互性较差，在功能方面有较大的限制。

（2）动态网页。动态网页是通过网页脚本与语言自动处理和自动更新的页面，是运行在服务器端，有后台数据库、可交互的网页。动态网页一般以“.asp”“.aspx”“.php”和“.jsp”为文件扩展名。程序是否在服务器端运行是区分动态网页和静态网页的重要标志。动态网页一般在网页网址中有一个标志性的符号“?”。

动态网页的特点如下：

① 动态网页没有固定的URL。

② 动态网页一般以数据库技术为基础，可以大大降低网站维护的工作量。

③ 采用动态网页技术的网站可以实现更多的功能，如用户注册、用户登录、在线调查、用户管理、订单管理等。

④ 动态网页实际上并不是独立存在于服务器上的网页文件，只有当用户请求时服务器才返回一个完整的网页。

⑤ 动态网页中的“?”对搜索引擎检索存在一定的问题。

7.7.2 HTML 简介

1. HTML 语言简介

HTML（HyperText Mark-up Language）即超文本标记语言（标准通用标记语言下的一个应用）或超文本链接标示语言，是目前网络上应用最为广泛的语言，也是构成网页文档的主要语言。它通过各种标记描述不同的内容，说明段落、标题、图像和文字等在浏览器中的显示效果。

HTML 能够将 Internet 中不同服务器上的文件连接起来，如将文字、声音、图像、动画和视频等媒体有机组织起来，展现出五彩缤纷的画面。HTML 文件独立于平台，对多平台兼容，通过网页浏览器能够在任何平台上阅读。

2. HTML 基本语法结构

HTML 文件由标记和标记内容构成，标记内容被封装在由“<”和“>”构成的尖括号中，HTML 标记的一般格式为：

<标记符>内容</标记符>

标记符一般需要成对使用，前面的<标记符>表示某格式或指令的开始，后面</标记符>表示格式的结束。

3. HTML 文档结构

HTML 文档必须以<html>开始，以</html>结束，其他标记都包含在里面。在这两个标记间，HTML 文件主要包含文件头部和主体两个部分。

查看网页源文件，可见 html 文件格式如图 7-9 所示。

整个文档包含在 HTML 标记中，<html>和</html>成对出现，<html>处于文档开始；</html>处于文档结束。

头部文件用<head>标记，<head>和</head>成对出现，它们之间包含文件的标题<title>我的主页</title>。文件的标题部分可在浏览器的顶端标题栏中显示。文件头部是对网页信息进行说明，在文件头部定义的内容通常不在浏览窗口中出现。

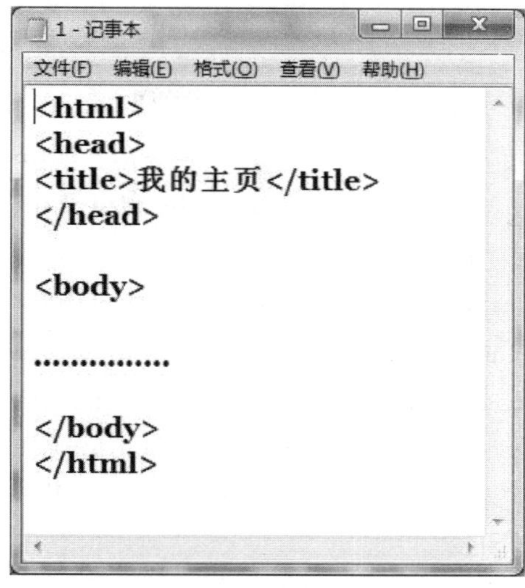

图 7-9　HTML 文件

文件主体部分用<body>标记，网页的内容写在主体部分，它是网页的核心。HTML 主体部分的内容显示在浏览器窗口中。

7.7.3　网站设计的基本步骤

建立一个网站首先要在本地硬盘上建立一个站点，即存放网站所有文档的文件夹。网页制作完成后，再把这些文档发布到服务器上。一般而言，设计网站需要经过以下几个步骤：

（1）确定网站主题：确定网站的主题和风格，收集素材，例如文字内容、图像、声音、Flash 和视频文件等。

（2）创建站点：在本地硬盘上建立一个站点。在站点中建立若干文件夹，分别存放各类文档。例如，Flash 文件夹存放动画文件，Content 文件夹存放网页文件等。

（3）编辑网页：设计页面之间的链接关系，设计和制作各个网页。

（4）发布站点：将本地站点中的所有文档发布到服务器。

7.8　计算机原版文章阅读

Internet Protocol Suite

The Internet Protocol Suite is the set of communications protocols used for the Internet and other similar networks. It is commonly also known as TCP/IP, named from two of the most important protocols in it: the Transmission Control Protocol and the Internet Protocol, which were the first two networking protocols defined in this standard. Modern IP networking represents a synthesis of several developments that began to evolve in the 1960s and 1970s, namely the Internet and local area networks, which emerged during the 1980s, together with the advent of the World Wide Web in the early 1990s.

The Internet Protocol Suite, like many protocol suites, is constructed as a set of layers. Each layer solves a set of problems involving the transmission of data. In particular, the layers define the operational scope of the protocols within.

Often a component of a layer provides a well-defined service to the upper layer protocols and may be using services from the lower layers. Upper layers are logically closer to the user and deal with more abstract data, relying on lower layer protocols to translate data into forms that can eventually be physically transmitted.

The TCP/IP model consists of four layers. From lowest to highest, these are the Link Layer, the Internet Layer, the Transport Layer, and the Application Layer .

1. History

The Internet Protocol Suite resulted from research and development conducted by the Defense Advanced Research Projects Agency in the early 1970s. In the spring of 1973, Vinton Cerf, the developer of the existing ARPANET Network Control Program (NCP) protocol, joined Kahn to work on open-architecture interconnection models with the goal of designing the next protocol generation for the ARPANET.

By the summer of 1973, Kahn and Cerf had worked out a fundamental reformulation, where the differences between network protocols were hidden by using a common internetwork protocol, and, instead of the network being responsible for reliability, as in the ARPANET, the hosts became responsible.

In 1975, a two-network TCP/IP communications test was performed between Stanford and University College London (UCL) . In November, 1977, a three-network TCP/IP test was conducted between sites in the US, UK, and Norway. Several other TCP/IP prototypes were developed at multiple research centres between 1978 and 1983. The migration of the ARPANET to TCP/IP was officially completed on January 1, 1983, when the new protocols were permanently activated.

In March 1982, the US Department of Defense declared TCP/IP as the standard for all military computer networking. In 1985, the Internet Architecture Board held a three day workshop on TCP/IP for the computer industry, attended by 250 vendor representatives, promoting the protocol and leading to its increasing commercial use.

2. Layers in the Internet ProtocolSuite

The TCP/IP suite uses encapsulation to provide abstraction of protocols and services. Such encapsulation usually is aligned with the division of the protocol suite into layers of general functionality. In general, an application (the highest level of the model) uses a set of protocols to send its data down the layers, being further encapsulated at each level.

This may be illustrated by an example network scenario, in which two Internet

host computers communicate across local network boundaries constituted by their internetworking gateways (routers) shown in Figure 7-10.

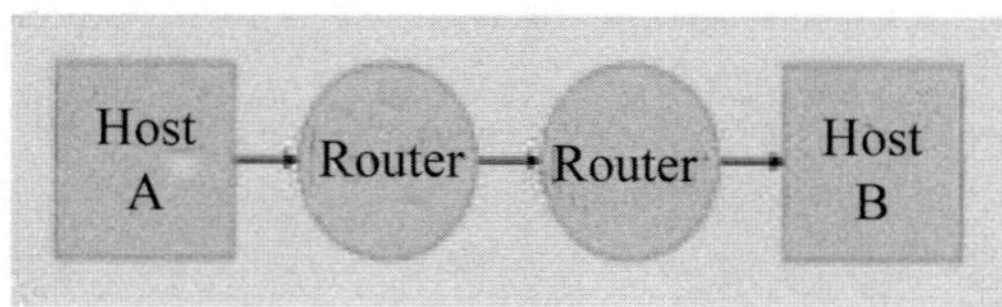

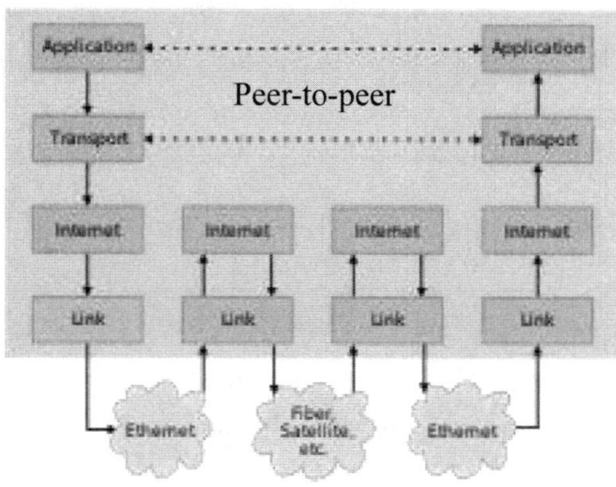

Figure 7-10　TCP/IP stack operating on two hosts connected via two routers and the corresponding layers used at each hop

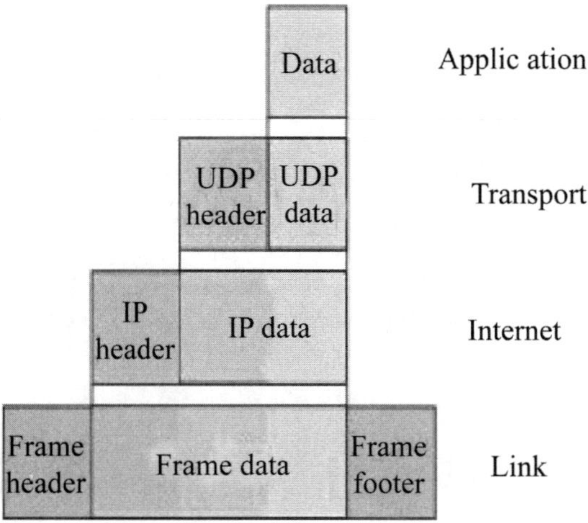

Figure 7-11　Encapsulation of application data descending through the protocol stack

The functional groups of protocols and methods are the Application Layer, the Transport Layer, the Internet Layer, and the Link Layer. This model was not intended to be a rigid reference model into which new protocols have to fit in order to be accepted as a standard.

The following table 7-5 provides some examples of the protocols grouped in their respective layers.

Table 7-5 Some examples of the protocols in their respective layers

Application	DNS, TFTP, TLS/SSL, FTP, Gopher, HTTP, IMAP, IRC, NNTP, POP3, SIP, SMTP, SMPP, SNMP, SSH, Telnet, Echo, RTP, PNRP, rlogin, ENRP
	Routing protocols like BGP and RIP which run over TCP/UDP, may also be considered part of the Internet Layer.
Transport	TCP, UDP, DCCP, SCTP, IL, RUDP, RSVP
Internet	IP (IPv4, IPv6), ICMP, IGMP, and ICMPv6
	OSPF for IPv4 was initially considered IP layer protocol since it runs per IP-subnet, but has been placed on the Link since RFC 2740.
Link	ARP, RARP, OSPF (IPv4/IPv6), IS-IS, NDP

3. Implementations

Most computer operating systems in use today, including all consumer-targeted systems, include a TCP/IP implementation. Minimally acceptable implementation includes implementation for (from most essential to the less essential) IP, ARP, ICMP, UDP, TCP and sometime IGMP.

Most of the IP implementations are accessible to the programmers using socket abstraction (usable also with other protocols) and proper API for most of the operations. This interface is known as BSD sockets and was used initially in C.

一、选择题

1. 目前，Internet 网最主要的服务方式是（　　）。

A. E-mail　　B. FTP　　C. USEnet　　D. WWW

2. 将计算机网络按拓扑结构分类，不属于该类的是（　　）。

A. 星型网络　　B. 总线型网络　　C. 环型网络　　D. 双绞线网络

3. Internet 中的 IPv4 地址采用（　　）位二进制。

A. 16　　B. 32　　C. 64　　D. 128

4. B 类 IP 地址的默认子网掩码是（　　）。

A. 255.255.255.0　　B. 255.255.0.0

C. 255.0.0.0　　D. 255.225.0.0

5. 局域网的简称为（　　）。

A. LAN　　B. WAN　　C. CAN　　D. MAN

二、填空题

1. 网络拓扑结构主要有 5 种：星型拓扑结构、________拓扑结构、________拓扑结构、________拓扑结构和网状拓扑结构。

2. 计算机网络按覆盖范围可分为________、________和广域网。

3. 对于 IPv4 来说，IP 地址为________位，MAC 地址为________位。

4. 域名后缀 .edu 表示________。

三、简答题

1. 简述计算机网络常见的拓扑结构及其特点。

2. IP 地址分为哪几类?

3. 计算机网络按覆盖范围分为哪几类，并简述其特点?

4. 简述网页的类型。

5. 什么是 HTML 语言?

6. 简述网站设计的基本步骤。

第 8 章　计算机应用软件

文字处理软件 Word 2016 是 Microsoft 公司开发的 Office 2016 办公组件之一，也是目前市场上流行的文字处理和文档编辑软件。它取消了传统的菜单操作方式，提供简单易用的功能区新界面、生动的视觉效果、便捷的屏幕截图以及以操作对象为中心的命令组合方式，更轻松、高效地组织和编写文档。

Excel 2016 是美国微软公司 Microsoft Office 2016 办公套装软件的重要组件之一，它以制表的形式来组织、计算和分析各种类型的数据，能高效地处理数据，具有强大的函数、公式计算功能，方便的数据图表制作和有效的数据统计分析等功能，是日常办公或学习中非常方便和实用的帮手。

PowerPoint 2016（幻灯片制作和演示软件）是 Office 2016 中的应用软件之一，它和 Word 2016、Excel 2016 具有相似的操作界面。利用 PowerPoint 2016 可以将文本、图形、图像、视频、音频、动画、超链接等多媒体信息整合在一起，从而制作讲座提纲、系统介绍、产品简介等幻灯片演示文稿。

8.1　Word2016 的基本操作

Word 2016 基本操作包括创建文档、保存文档、打开已有文档、打印文档及保护文档等操作，以下一一进行介绍：

8.1.1　创建文档

利用 Word 2016 可以创建一个空白文档，也可以使用各种模板来创建文档，如博客文章、书法字帖等。空白文档方便用户进行编辑，而模板更能满足特殊用户的需要。

1. 创建空白文档

最常用的创建空白文档的方式有如下几种：

(1) 在启动 Microsoft Word 2016 时，应用程序自动创建一个名为“新建 Microsoft Word 文档”的空白文档。

(2) 在“文件”选项卡中选择“新建”选项，在右侧“可用模板”区域选择“空白文档”，创建一个名为“文档 1”的空白文档。

(3) 使用组合键“Ctrl＋N”。

2. 根据模板创建文档

在“文件”选项卡中选择“新建”选项，在右侧窗口中单击选择各种模板类型创

建文档。

8.1.2　保存文档

文档的保存是文档管理中重要的操作之一，在工作时应每隔一段时间应对文档保存一次，这样可以有效地避免因停电、死机等意外事故而造成的损失。

1. 保存新建文档

对新建的文档执行“保存”命令。在“文件”选项卡中单击“保存”按钮，或单击快速访问工具栏中的“保存”按钮，或使用组合键“Ctrl+S”实现对文档的保存，Word 2016 文档的默认扩展名为 .docx。

2. 保存已有文档

对于已经保存的文档，执行“保存”命令会直接按照原路径及原文件名进行再次保存。若需要将当前文档保存为其他文件格式、文件名或其他位置，可以执行“文件”→“另存为”命令进行另存为，如图 8-1 所示。这种情况相当于在其他位置建立了该文档的复本，在两个位置均存在此文档。但要注意一旦选择“另存为”方式存于其他位置，则另存的文档为当前编辑文档，原文档并不更新。

图 8-1　“另存为”对话框

3. 自动保存文档

Word 2016 还提供了自动保存文档的功能，以避免因断电或死机未及时保存文档造成的损失。执行“文件”→“选项”命令，弹出“Word 选项”对话框，在左侧单击“保存”命令，即可在右侧窗口进行自动保存的设置，如图 8-2 所示，或单击左上角自动保存“开关”按钮。

图 8-2　文档保存方式的设置

8.1.3 打开已有文档

在使用 Word 2016 进行编辑的过程中，对已有文档编辑完成后可能需要多次修改，也可以利用某些已有文档为新文档提供相关的文字或图像信息。

1. 直接双击文档打开

通过“计算机”找到已有 Word 文档，直接双击该文档打开。

2. 执行“打开”命令打开

启动 Microsoft Word 2016 后，执行“文件”→“打开”命令，弹出“打开”对话框，找到该文档并打开。

3. 打开最近使用过的文档

打开在 Word 2016 窗口，执行“文件”→“最近”命令，在右侧窗口出现若干最近打开过的文档，直接单击打开。

8.1.4 打印文档

打印文档前往往需要进行打印预览，可以设定文档按一定比例以单页或多页的形式显示，保证文档以最接近打印效果的形式预览。单击“文件”→“打印”命令，右侧窗口中将显示文档打印时的外观预览情况，如图 8-3 所示。通过窗口右下角的显示比例的调整设置一次预览的页面数。

预览文档确认无误后即可进行正式打印，正式打印文档前要检查打印机是否与计算机连接好。打印文档可按默认的形式打印，也可按用户要求进行打印。在如图 8-3 所示的窗口的中间区域可以设置相关的打印参数，如打印的页数、方向、纸张等，待所有参数设置好后单击“打印”按钮打印即可。

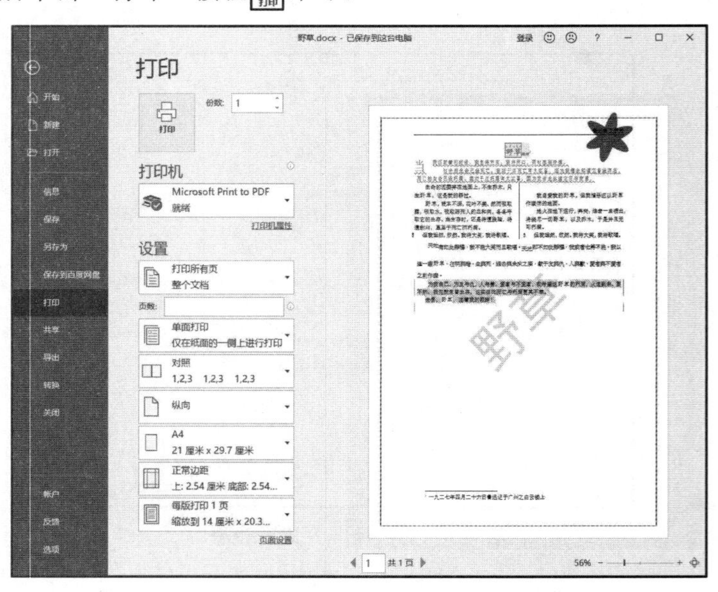

图 8-3 “打印预览和打印”窗口

8.1.5　保护文档

为了避免文档被随意修改，需要对文档进行相关设置保证文档的安全，如可以对文档进行加密保护，使文档具有只读的权限等。

Word 2016 提供了多种方式保护文档，单击“文件”→“信息”命令，弹出如图 8-4 所示的窗口。在“保护文档”区域单击“保护文档”按钮显示“标记为最终”“用密码进行加密”“限制编辑”“限制访问”“添加数字签名”“始终以只读方式打开”6 种保护方式，用户可以根据个人对文档保护的要求选择相应的方式。

图 8-4　保护文档的设置

8.2　文档的编辑

文档的编辑包括文档的录入、文本的选定与编辑、撤消与恢复、查找与替换以及批注与修订等操作，以下一一进行介绍：

8.2.1　录入文档

Word 文档的内容主要为文字，还可以是各种符号、图片、表格等。这里简单介绍有关文字和各种符号的输入方法。

1. 输入中英文和数字

在光标所在处输入中英文、数字，按组合键“Ctrl+Shift”即可转换为相应的输入法进行输入。在页面中输入文本时，Word 会根据页面的大小自动选择换行。按下“Enter”键可以进行手动换行，系统会在行尾插入一个段落标记↵。

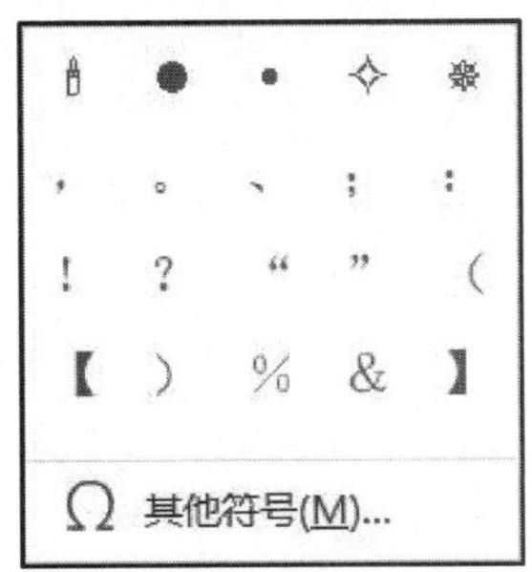

图 8-5　符号列表

若需要将两个段落合并成一个段落（即删除分段处的段落标记），可把插入点移到分段处的段落标记前，然后按“Delete”键（或在标记后按“BackSpace”键）删除该段落标记，即完成段落合并。

2. 插入符号

打开“插入”选项卡，在“符号”选项组中单击“符号”按钮Ω，显示如图 8-5 所示的符号列表，单击需要插入的符号图标完成插入。

如图 8-5 所示的符号列表中只列出了一些常用的符号列表，可以单击下方的“其他符号”按钮，弹出如图 8-6 所示的“符号”对话框查找其他的符号进行插入。在“符号”对话框中有两个选项卡，其中“符号”选项卡包含按字体及子集的下拉列表，选中字体及其子集后，通过移动滚动条找到需要的符号，选中它再单击“插入”按钮。打开“符号”对话框中“特殊字符”选项卡，可以进行插入长划线、短划线、不间断连字符、全角空格、半角空格等特殊字符操作。此外，在需要插入符号的位置右击，在快捷菜单中单击“插入符号”选项也可以进入“符号”对话框。

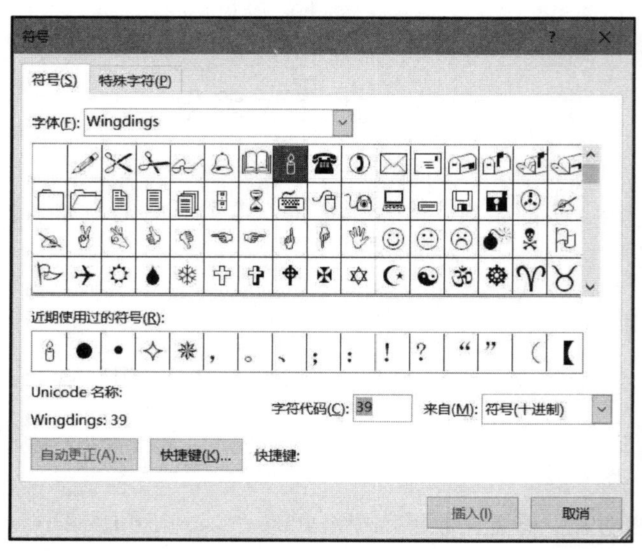

图 8-6 “符号”对话框

除了使用“符号”对话框外，还可以通过软键盘进行特殊符号的输入。在 Word 中切换成系统中文输入法，任意输入字符，单击软键盘☺按钮，找到Ω，显示各种符号类型列表，选择需要的符号类型，打开相应的软键盘进行操作。

8.2.2 选定与编辑文本

在输入一段文本后，如果要对它进行移动、复制和删除等操作，需要先选定文本。

1. 选定文本

选定文本后，该文本成淡蓝色底纹格式。根据选定内容的不同，操作方法也不同。

(1) 选定一个词语：双击该词语所在位置。

(2) 选定任意长度的文本：按住鼠标左键从开始位置拖动到终止位置；对于跨行

或跨页的大块文本，选定起始位置并按住“Shift”键不放，再单击要选定文本的末尾。

（3）选定一句：按住“Ctrl”键，再单击句中任意位置。

（4）选定一行：在文档选定栏（见图 8-7），当鼠标指针呈指向右上方的箭头时，单击鼠可选定所在的行。

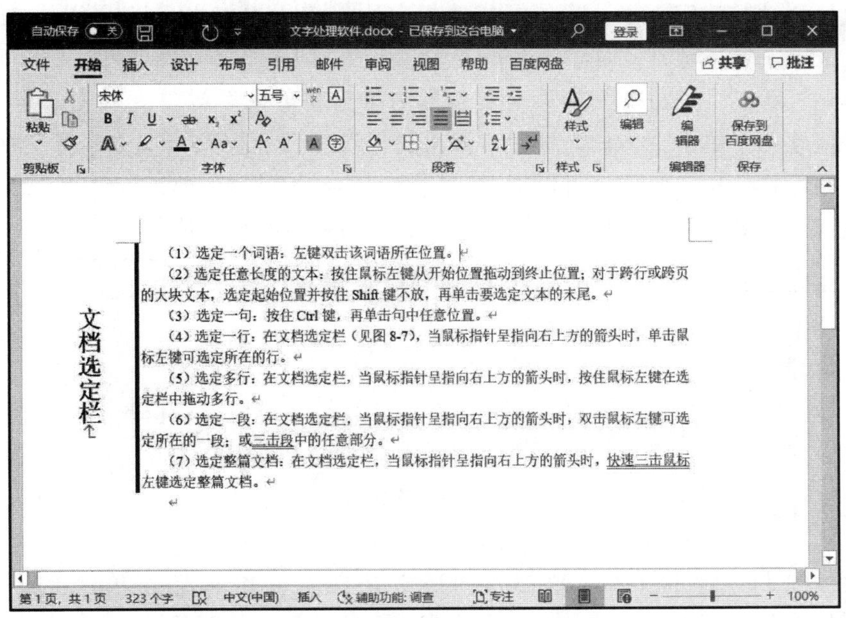

图 8-7　文档选定栏

（5）选定多行：在文档选定栏，当鼠标指针呈指向右上方的箭头时，按住鼠标左键在选定栏中拖动多行。

（6）选定一段：在文档选定栏，当鼠标指针呈指向右上方的箭头时，双击鼠标左键可选定所在的一段；或三击段中的任意部分。

（7）选定整篇文档：在文档选定栏，当鼠标指针呈指向右上方的箭头时，快速三击鼠标左键选定整篇文档。

2. 编辑文本

文本的复制、移动与删除是 Word 文档中最常用的编辑操作，灵活运用，会使文档内容的修改和调整变得更便捷。

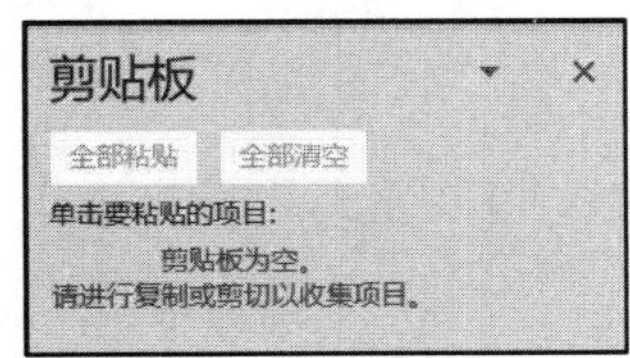

图 8-8　“剪贴板”窗格

“复制”和“剪切”操作都会用到“剪贴板”，Word 提供的剪贴板功能可以存储最近 24 次复制或剪切后的内容。打开“开始”选项卡，单击“剪贴板”选项组右下角的扩展按钮显示“剪贴板”窗格，如图 8-8 所示。可以将多个不同的内容（文本、表格、图形或样式等）通过剪切或复制放到剪贴板中，供用户多次使用。同时，它们也可以在 Office 软件（Word、Excel 等）中共用。

（1）移动文本：将选定的文本从当前所在位置移到目标位置，原位置的文本消失。

①鼠标移动：选定文本，将鼠标指针指向所选定文本使之呈指向左上方的箭头形状，按住鼠标左键不放拖动文本至目标位置。

②剪贴板移动：通过剪贴板移动文本即为进行“剪切”操作。首先选定并右击文本，在快捷菜单中单击“剪切”按钮，再将光标移至目标位置，右击选择“粘贴选项”命令中一种形式。这一操作也可以通过快捷键“Ctrl＋X”和“Ctrl＋V”，或单击“开始”选项卡中“剪贴板”选项组的“剪切”和“粘贴”按钮完成。

提示：进行“粘贴”操作后，光标处出现“粘贴选项”按钮(Ctrl)，单击该按钮打开其下拉菜单，可以选择数据粘贴后的格式。

- 保留源格式：保留所粘贴内容的原有格式。
- 合并格式：被粘贴内容保留原始内容，并且合并应用目标位置的格式。
- 只保留文本：只留下粘贴内容中的文本，并将文本的格式改为粘贴位置的格式。
- 图片：将粘贴内容中的文本以图片的格式放在粘贴处。

（2）复制文本：将选定文本复制到目标位置，而原位置文本不变。

①鼠标复制：选定文本，鼠标指向所选定文本呈指向左上方的箭头，在按住“Ctrl”键同时按住鼠标左键不放，拖动文本至目标位置，放开鼠标左键。

②剪贴板复制：首先选定文本，在其上单击鼠标右键，在快捷菜单中单击“复制”按钮，再将光标移至目标位置，右击选择“粘贴选项”命令中一种形式。这一操作也可以通过快捷键“Ctrl＋C”和“Ctrl＋V”，或单击“开始”选项卡“剪贴板”选项组的“复制”和“粘贴”按钮完成。

（3）删除文本。

在文本编辑过程中，按“BackSpace”键或“Delete”键均可以逐字删除文本，“BackSpace”键删除光标前的内容，而“Delete”键删除光标后的内容。如果要删除大段文本应该先选中所要删除的文本，再用上述方法删除。

8.2.3 撤销与恢复

Word 可记录近期完成的一系列操作步骤，并为某些误操作提供撤销与恢复功能。

1. 撤销

取消上一步或几步操作，使文档恢复到执行该操作之前的状态。撤销操作可采用以下方法实现：

方法一：单击快速访问工具栏中的“撤销”按钮。

方法二：利用快捷键“Ctrl＋Z”实现撤销。

上述两方法都可以进行连续撤销，直至不能撤销为止。而单击快速访问工具栏中的“撤销”按钮右侧的下拉箭头，可在下拉菜单中选择直接撤销回指定的操作，如图

8-9 所示。

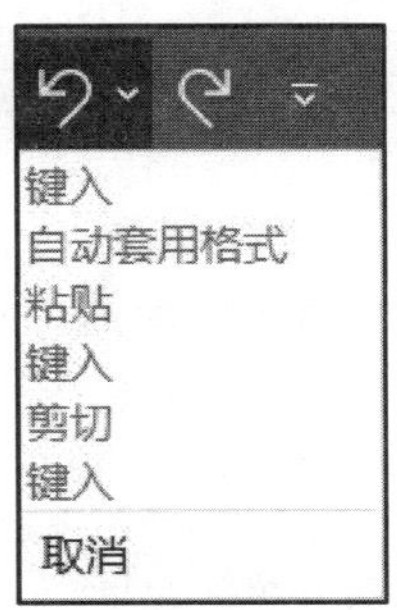

图 8-9　选择直接撤销回的位置

2. 恢复

恢复操作是撤销操作的逆操作，当执行了撤销操作后，可通过恢复操作来恢复上一步或几步操作。因此，只有进行过撤销操作后，单击快速访问工具栏的“恢复”按钮才能使用。与撤销操作类似，恢复操作可采用以下方法实现：

方法一：单击常用工具栏中的“恢复”按钮。

方法二：利用快捷键“Ctrl+Y”实现恢复。

Word 2016 中还提供了“重复键入”按钮，此按钮与“恢复”按钮位于快速访问工具栏的相同位置。“重复键入”按钮可以在 Word 2016 中重复执行最后的编辑操作，如重复输入文本、设置格式或重复插入图片、符号等。当用户进行编辑而未进行撤消操作时，则显示“重复键入”按钮；当执行过一次撤销操作后，则显示“恢复”按钮。

8.2.4　查找与替换

在使用 Word 编辑文档时，用户可以使用“查找和替换”功能迅速找到指定文字或语句的位置，实现批量替换文档中特定的词语或句子，并为多处文字设置格式。在如图 8-10 所示的“查找和替换”对话框中有“查找”“替换”“定位”三个选项卡，下面分别介绍它们的功能。

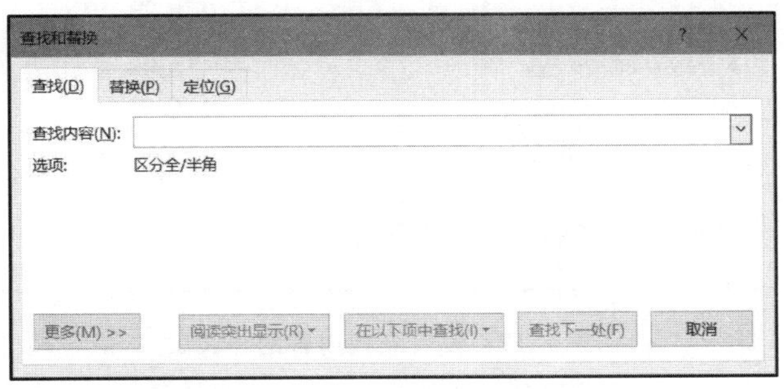

图 8-10　“查找和替换”对话框

1. 查找

将光标定位于所查找的文档，选择“开始”选项卡，在“编辑”选项组中单击“查找”按钮，或通过组合键“Ctrl+F”调出“导航”窗格，如图 8-11 所示，可以在搜索文本框内输入需要查找的内容。

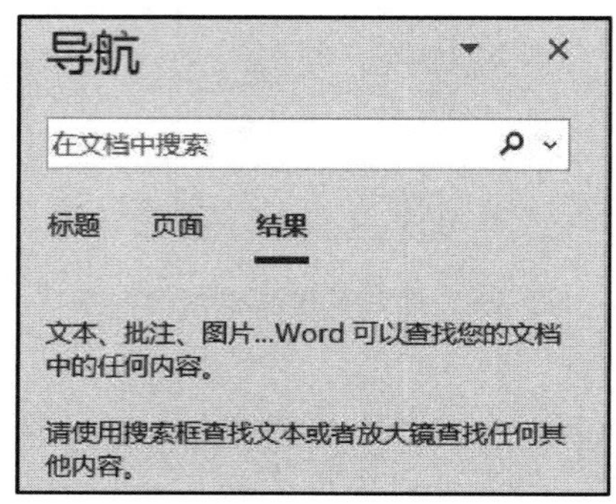

图 8-11 “导航”窗格

单击“查找”按钮右边的下拉箭头，选择“高级查找”弹出如图 3-16 所示的对话框。在“查找内容”文本框中输入要查找的内容，再单击“查找下一处”按钮进行查找。除了查找指定的文字内容，还可以通过单击“更多”按钮，展开“搜索选项”选项组设置查找内容的格式，如图 8-12 所示，再单击“查找下一处”按钮。

图 8-12 设置查找内容的格式

2. 替换

选择“开始”选项卡，在“编辑”选项组中单击“替换”按钮，或在“查找和替

换”对话框中进入“替换”选项卡，设置内容如图 8-13 所示。此外，还可以通过组合键“Ctrl＋H”直接进入该选项卡。

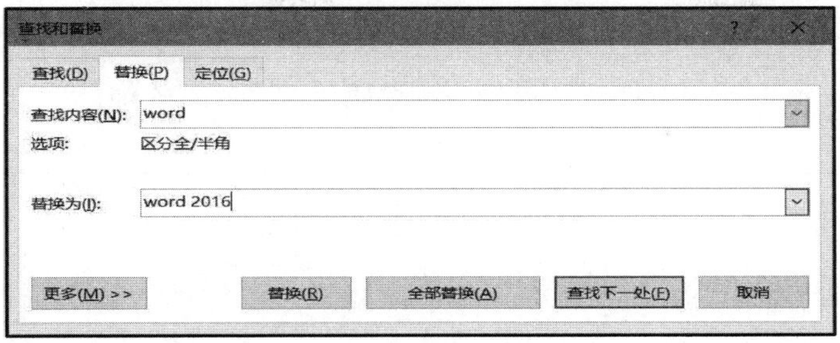

图 8-13　“替换”选项卡

类似于查找操作，在“查找内容”文本框中输入将要被替换的内容，并在“替换为”文本框中输入要替换为的新内容。单击“替换”按钮将替换第一个符合条件的内容；单击“全部替换”按钮替换符合条件的全部内容；单击“查找下一处”按钮，则放弃此处的替换，直接查找下一个符合条件的内容。同样，也可以单击“更多”按钮对查找内容或替换为的内容分别进行格式设置。

3. 定位

在“查找和替换”对话框中进入“定位”选项卡，或通过组合键“Ctrl＋G”直接进入该选项卡，如图 8-14 所示。通过选择定位目标，并输入定位内容，单击“定位”按钮即可把光标定位到指定的位置。

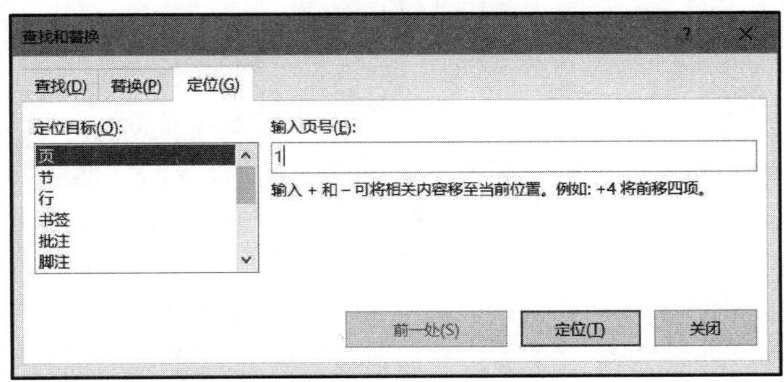

图 8-14　“定位”选项卡

8.2.5　批注与修订

在其他用户审阅 Word 文档过程中，若需要对作者提出一些意见或建议时，可以通过批注或修订的方法表达其建议。另外，Word 2016 还提供自动更正功能、检查拼写与语法错误等功能。

1. 批注文档

批注是审阅者根据自己对文档的理解，给文档添加的注解和说明文字，使文档的作者可以根据审阅者的批注对文档进行修改，如图 8-15 所示。

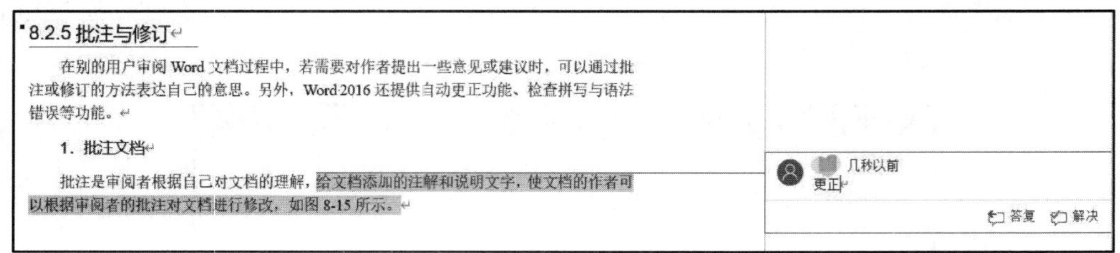
8.2.5 批注与修订

在别的用户审阅 Word 文档过程中，若需要对作者提出一些意见或建议时，可以通过批注或修订的方法表达自己的意思。另外，Word 2016 还提供自动更正功能、检查拼写与语法错误等功能。

1. 批注文档

批注是审阅者根据自己对文档的理解，给文档添加的注解和说明文字，使文档的作者可以根据审阅者的批注对文档进行修改，如图 8-15 所示。

图 8-15　添加批注效果图

为文档添加批注可采用以下方法：选中需要添加批注的内容，选择“审阅”选项卡，在“批注”选项组中单击“新建批注”按钮。若要删除批注，在批注位置右击，在快捷菜单中单击“删除批注”按钮或在“批注”选项组中单击“删除”按钮可删除选中的批注。单击“删除”按钮下方的下拉箭头，会出现“删除”“删除所有显示的批注”“删除文档中的所有批注”三个选项，可以根据用户需要进行选择。

2. 修订文档

修订是审阅者对文档做出的直接修改。它与常规编辑方法做出的修改不同，用户不仅能够看出何处做出了修改，还能接受或拒绝这些修改，大大提高了多个用户协同编辑文档时的效率。

启动修订功能可采用以下方法：打开“审阅”选项卡，在“修订”选项组中单击“修订”按钮，启动修订功能，接下来对文档进行修订。对文档中做出的修订，用户可以接受或拒绝。将光标定位到已修订位置，在“更改”选项组中，选择“接受”或“拒绝”。再次单击“修订”按钮可关闭修订功能。

3. 拼写和语法检查

Word 2016 可以在输入时自动检查拼写和语法错误，并将可能错误的拼写及语法标记出来。若要开启自动检查拼写和语法错误功能，在“文件”选项卡中选择“选项”命令，弹出“Word 选项”对话框，在左侧导航栏中选择“校对”，如图 8-16 所示，勾选“键入时检查拼写”和“键入时检查语法”。

设置完成后，只要在文档中输入文本，即开始拼写和语法检查。文字下出现红色波浪线表示可能出现拼写错误，出现蓝色波浪线表示可能出现语法错误。

4. 自动更正

Word 2016 提供的自动更正功能可在输入文本时自动将一些经常输入错误的词语改正过来，也可将常用的词语或句子以简写的形式添加在自动更正功能中。Word 2016 提供了很多可能需要自动更正的文本，如替换（c）为©等，用户也可根据需要添加自动更正项。

在如图 8-16 所示对话框中，单击“自动更正选项”按钮，弹出“自动更正”对话框，进入“自动更正”选项卡进行添加，如图 8-17 所示。例如将“wit”替换为“武汉工程大学”自动更正项后，当在文档中输入“wit”后，再多输入一个空格即替换为“武汉工程大学”。

图 8-16　校对功能设置

图 8-17　“自动更正”对话框

8.3 文档的排版

文档的排版是文字处理过程中的重要环节，对文字、段落以及图片等对象综合排版达到编辑和美化文档的目的。

8.3.1 文字排版

文字排版包括对字符格式的设置、字符边框底纹的设置以及对字符创建超链接等操作。

1. 设置字符格式

字符格式包括字体、字号、字形、下划线、颜色、字符间距等几方面。字符格式可通过“开始”选项卡“字体”选项组中的相应工具按钮进行设置，也可以通过“字体”对话框进行设置。

选定文本，打开“开始”选项卡，单击“字体”选项组右下角的扩展按钮，弹出“字体”对话框，如图 8-18 所示。

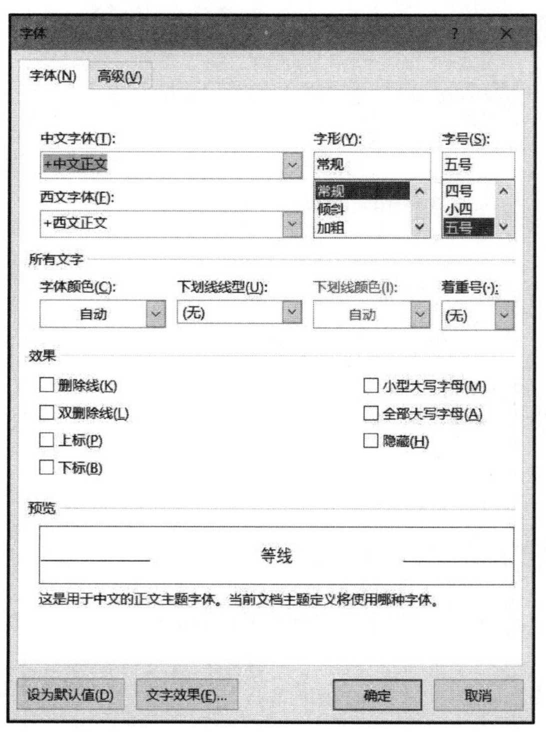

图 8-18 “字体”对话框

(1)“字体”选项卡：设置字体、字形、字号、下划线、颜色等，并可勾选相应的效果，如上标、下标等。

(2)“高级”选项卡：设置文本的缩放比例、字符间的间距、字符的位置。

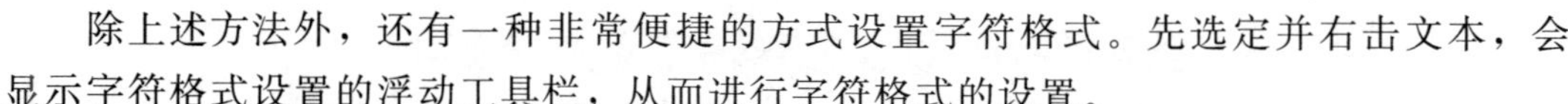

除上述方法外，还有一种非常便捷的方式设置字符格式。先选定并右击文本，会显示字符格式设置的浮动工具栏，从而进行字符格式的设置。

2. 设置文字效果

为了修饰文字，可以对文字进行颜色、添加边框、设置轮廓样式等操作。这些效果设置可通过“开始”选项卡的“字体”选项组进行设置，同样也可以通过“字体”对话框进行设置。单击“字体”对话框中的“文字效果”按钮，弹出“设置文本效果格式”对话框，如图 8-19 所示，根据相应命令设置文本效果。

图 8-19　“设置文本效果格式”对话框

3. 设置边框和底纹

字符格式和文字效果的设置是针对文字本身，若希望对文字加上外边框和底纹，可以通过“开始”选项卡“字体”选项组的“字符边框” A 和“字符底纹” A 按钮进行设置，同样也可以利用“边框和底纹”对话框进行设置。

选定文本，打开“开始”选项卡，单击“段落”选项组中“下框线”按钮旁的下拉箭头，选择“边框和底纹”选项，弹出“边框和底纹”对话框，如图 8-20 所示。可以对文字、段落、表格、图片、文本框等多种对象进行边框和底纹的设置。

（1）“边框”选项卡：设置边框的类型、样式、线条颜色、宽度以及添加边框的范围。

（2）“页面边框”选项卡：设置内容与“边框”选项卡类似，只是在“艺术型”和“应用于”下拉列表中有区别。

（3）“底纹”选项卡：设置底纹填充颜色、样式以及应用的范围。

4. 复制格式

为了加快格式设置的速度，保证某些文字的格式一致，可使用“格式刷”按钮

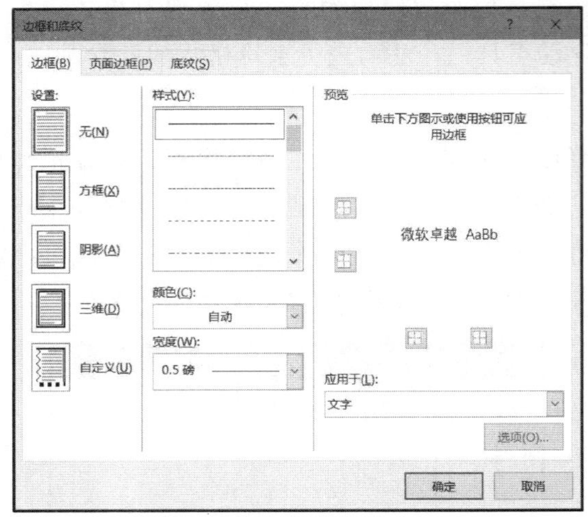

图 8-20 “边框和底纹”对话框

进行格式复制。有多种方法可以获取“格式刷”按钮。

方法一：打开“开始”选项卡，在“剪贴板”选项组中单击“格式刷”按钮。

方法二：选定并右击文本，会显示字符格式设置的浮动工具栏，其中包含“格式刷”按钮。

先选取格式设置好的一段文字，然后单击或双击“格式刷”按钮，此时鼠标指针会变成一个小刷子，这个小刷子代表了一组字符格式的设置。当用这个小刷子刷过某些文字后，被刷过的文字立即应用选中的格式。

提示：单击和双击格式刷的区别在于单击表示只能应用一次该格式，双击可以多次应用该格式，直到再次单击格式刷为止。

5. 设置超链接

超链接不仅可以实现本文档内的跳转，而且可以实现从一个页面或文件跳转到另外一个页面或文件。通过超链接的设置，能更好地实现文字之间的联系。当然，这一操作不仅限于文字之间，也可以对 Word 中的其他对象如图片、文本框等设置超链接。

(1) 插入超链接：选中对象，打开“插入”选项卡，在“链接”选项组单击“超链接”按钮或直接右击对象，在弹出的快捷菜单中单击“链接”按钮，弹出“插入超链接”对话框，如图 8-21 所示。根据需要选择链接目标位置，单击“确定”按钮。在默认情况下，设置完成后，设置超链接的文字以蓝色加下划线显示。当鼠标指针移至其上时，按住“Ctrl”键，指针变为手形，单击即可跳转到目标位置。

(2) 更改超链接：在需要更改的超链接上右击，执行快捷菜单中的“编辑超链接”命令，即可进入“编辑超链接”对话框进行更改。

(3) 删除超链接：在需要删除的超链接上右击，弹出快捷菜单，执行“取消超链接”命令即可删除超链接。

图 8-21　“插入超链接”对话框

8.3.2　段落排版

一篇 Word 文档通常由若干个段落组成，对于每个段落可以设置它的对齐方式、缩进方式、行距等，也可以通过制表位、项目符号和编号、首字下沉、分栏等功能来进行段落的排版。

1. 设置段落的格式

段落的格式设置包括对段落的缩进方式、对齐方式以及行距的设置，设置完成后使得段落的层次更加清晰，版面更加美观。

（1）段落的缩进方式。

段落缩进方式包括首行缩进、悬挂缩进、左缩进和右缩进四种，它们的表现形式如图 8-22 所示。

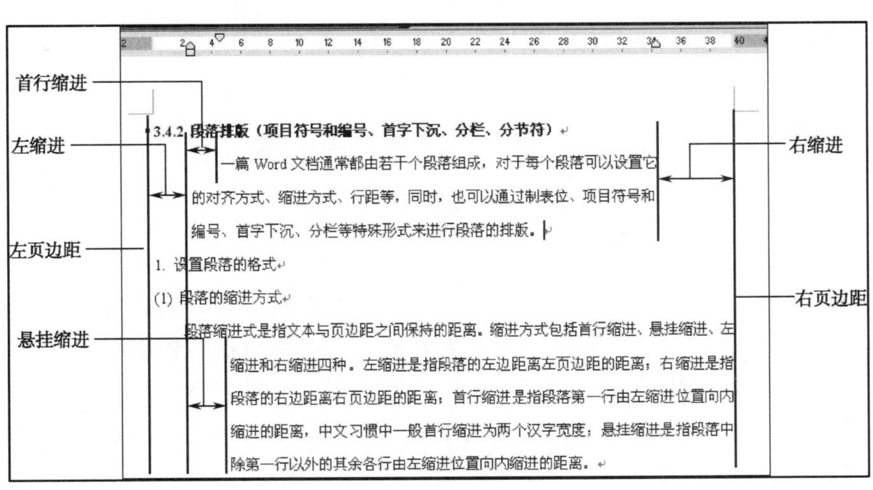

图 8-22　段落缩进方式

①左缩进是指段落的左边离左页边距的距离。

②右缩进是指段落的右边离右页边距的距离。

③首行缩进是指段落第一行由左缩进位置向内缩进的距离，在中文习惯中，一般首行缩进为两个汉字宽度。

④悬挂缩进是指段落中除第一行以外的其余各行由左缩进位置向内缩进的距离。

使用标尺可以直观地设置段落的缩进距离。Word 标尺栏上有 4 个滑块（缩进标记），它们分别对应这四种段落缩进方式。还可以使用“段落”对话框精确设置段落缩进量。单击“开始”选项卡“段落”选项组右下角的扩展按钮，弹出“段落”对话框，如图 8-23 所示，在“缩进”选项组中进行设置。此外，可以通过“段落”选项组中的“减少缩进量”或“增加缩进量”按钮进行相应调整，还可以进入“页面布局”选项卡的“段落”选项组进行设置。

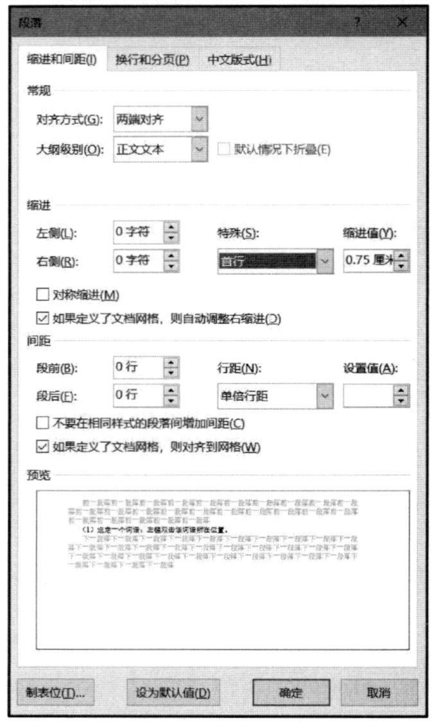

图 8-23 “段落”对话框

（2）段落的对齐方式。

段落的对齐方式分为左对齐、右对齐、居中、两端对齐和分散对齐。

①左/右对齐是以左/右为基准进行对齐，而另一端则可能参差不齐。

②居中对齐是指文本位于页面正中，标题常采用居中对齐格式。

③两端对齐是指一段文字（两回车符之间）两边对齐，对微小间距自动调整，使右边对齐成一条直线，未满一行则左对齐。

④分散对齐是指首尾对齐，未满一行也是如此。

段落的对齐方式可通过“开始”选项卡下“段落”选项组的相应对齐方式按钮进行操作，也可通过如图 8-23 中的“常规”选项组进行设置。

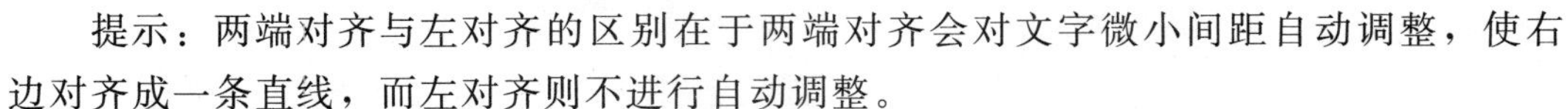

提示：两端对齐与左对齐的区别在于两端对齐会对文字微小间距自动调整，使右边对齐成一条直线，而左对齐则不进行自动调整。

（3）行距。

行距是段落中各行文本间的垂直距离，默认值为单倍行距。段落中的行距可通过“开始”选项卡下“段落”选项组的“行和段落间距”按钮进行更改，也可通过如图 8-23 所示的“间距”选项组进行设置。在“间距”选项组中，“段前”和“段后”文本框可分别用于设置当前段落与上一段落和与下一段落之间的距离。

2. 设置制表位

制表位是水平标尺上的位置，指定文字缩进的距离或一栏文字开始之处，利用制表位可以把文本定位成表格的形式。把光标快速定位到指定的制表位处，再输入表中的内容。按“Tab”键可以快速地将光标移动到下一个制表位处。

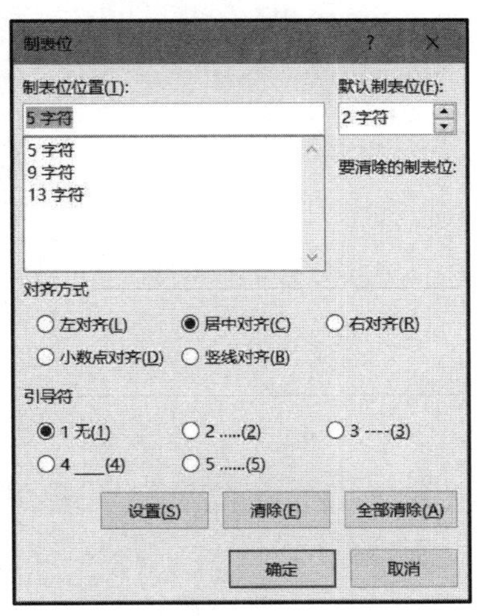

图 8-24　“制表位”对话框

制表位有默认制表位和自定义制表位两种。Word 页面中自左端起每隔 2 字符为一个默认的制表位。设置自定义制表位时，首先将光标定位到需要设置制表位的行，在如图 8-23 所示的“段落”对话框，单击“制表位”按钮 制表位(T)...，弹出“制表位”对话框，如图 8-24 所示。

其中，“制表位位置”表示该制表位所处位置距页面左边的距离；“对齐方式”与段落的对齐格式完全一致，只多出“小数点对齐”和“竖线对齐”方式；“引导符”是制表位的辅助符号，用来填充制表位前的空白区间。

自定义制表位的设置方法是：在“制表位位置”文本框中输入第一个制表位位置后，单击“设置”按钮，继续设置第二个，以此类推。如按如图 8-24 所示设置制表位并输入文字后，标尺栏及页面显示效果如图 8-25 所示。另外，也可以通过标尺直接设置制表位，在标尺上需设置自定义制表刻度处单击即可。

提示：若要去掉制表位，则用鼠标左键按住制表位，拖离标尺栏，释放鼠标左键即可。

3. 添加项目符号和编号

项目符号和编号的使用可以使文档的层次更加清晰，方便用户阅读。

（1）使用项目符号和编号列表。

将光标定位到要插入项目符号或编号的位置，打开“开始”选项卡，在“段落”选项组中单击“项目符号”按钮和“编号”按钮可添加项目符号或编号。还可以通过右击快捷菜单添加项目符号。单击“项目符号”按钮和“编号”按钮旁边的下拉箭头，在下拉菜单中显示项目符号库和编号库以及最近使用过的项目符号和编号，除此之外，还可以定义新项目符号和新编号格式。

图 8-25 利用制表位对齐文字

（2）创建多级列表。

当列表需要分级显示时，可以创建多级列表。编辑文字前可以先在列表库中选择相应的列表形式，再填充内容，也可以在编辑过程中转换列表级别。

在“开始”选项卡的“段落”选项组中，单击“多级列表”按钮旁的下拉箭头，在下拉菜单中选择列表库中相应的列表级别样式，然后再编辑文本。若要更改已有的列表级别，先将光标定位到要移动为其他级别的对象位置，再按上述步骤操作，在下拉菜单中单击“更改列表级别”，然后单击所需的级别，如图 8-26 所示。

4. 设置首字下沉

首字下沉是把一段文字开头的第一个字放大，占据两行或者三行，周围的字围绕在它的右下方。设置首字下沉可以吸引读者对文档的注意力，并在一定程度上达到排版美观的效果。

设置首字下沉的方法为：将光标定位到需要设置首字下沉的段落，在“插入”选项卡的“文本”选项组中单击“首字下沉”按钮，在下拉菜单中，可以选择“无”“下沉”或“悬挂”。若要设置首字下沉的字体、下沉行数等信息，单击下拉菜单中的

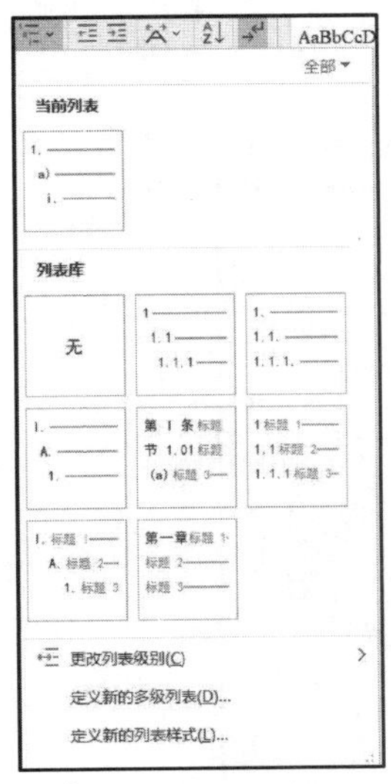

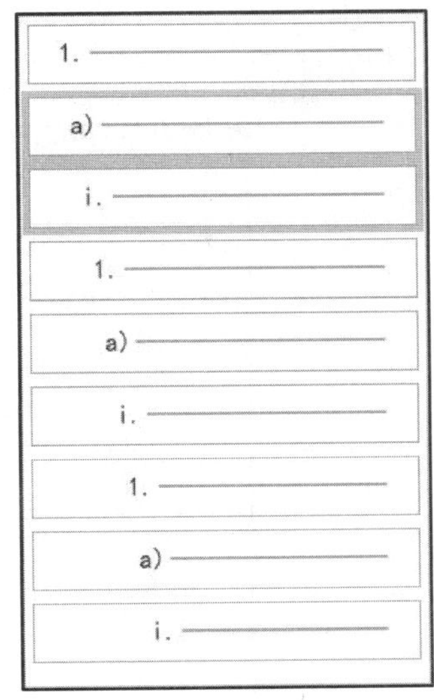

图 8-26　多级列表的设置

“首字下沉选项”按钮，弹出“首字下沉”对话框，如图 8-27 所示。选择下沉位置后还可以设置相应的字体、下沉行数及距正文的距离，单击“确定”按钮即可完成设置。设置成功后，显示效果如图 8-28 所示。

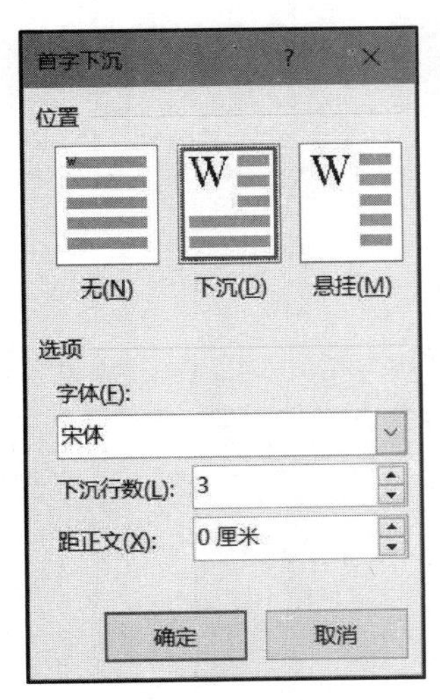

图 8-27　“首字下沉”对话框

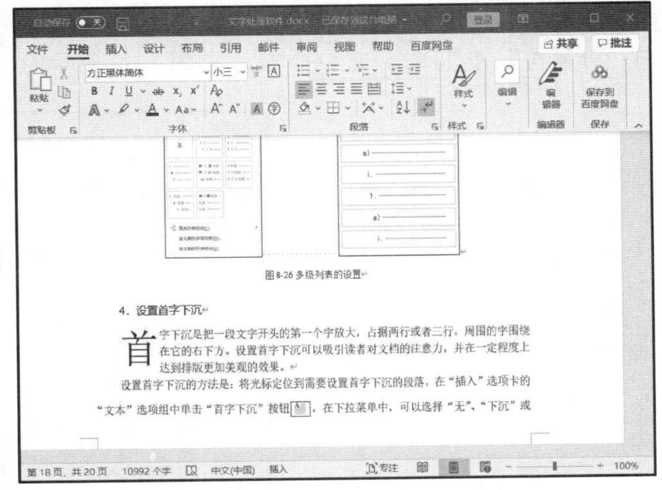

图 8-28　“首字下沉”效果图

5. 设置分栏

分栏排版是将文本分成并排的几栏。分栏的实际效果只能在页面视图或打印预览中看到。

设置分栏排版时，将页面切换到页面视图，选中需要分栏的文字，在“布局”选项卡的“页面设置”选项组中单击“栏”按钮，在下拉菜单中可以选择“一栏”“两栏”“三栏”“偏左”或“偏右”。若需要设置其他参数，则选择“更多栏”选项，弹出

“栏”对话框，如图 8-29 所示。在对话框中，可以设置分为若干栏，并更改栏宽和间距，还能在右下角的预览区中预览分栏后的显示效果。

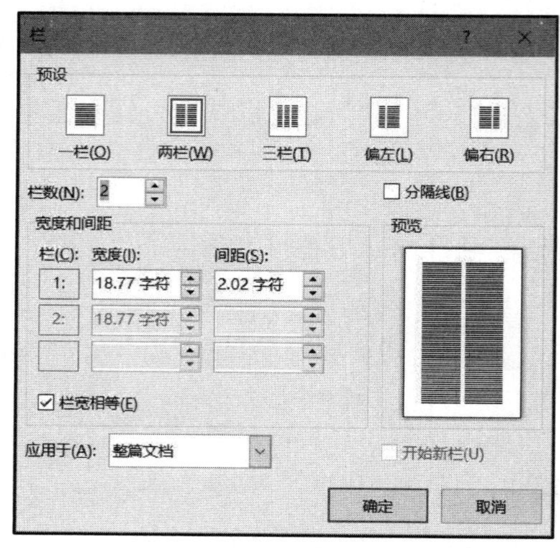

图 8-29　“分栏”对话框

6. 插入分隔符

为了对整篇文档进行不同的页面设置、页眉和页脚等设置，要求对文档进行分节。将光标定位到需要插入分隔符的位置，在“布局”选项卡的“页面设置”选项组中单击“分隔符”按钮 分隔符 ，显示如图 8-30 所示的下拉菜单。

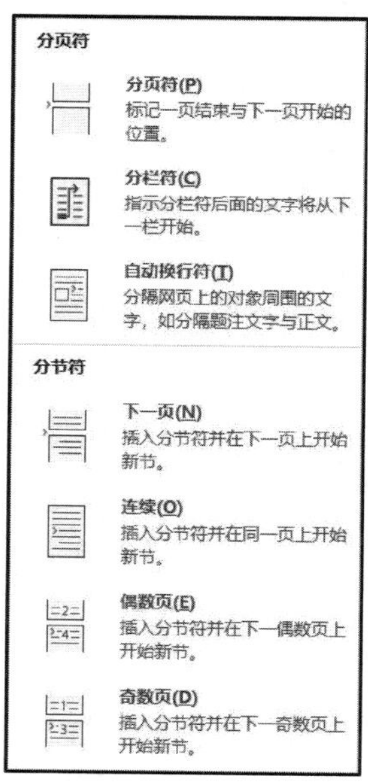

图 8-30　分隔符下拉菜单

Word 中的分隔符包括分页符和分节符两类，“分页符”类型包括分页符、分栏符、自动换行符，它们所起作用如下：

（1）分页符：分隔相邻页之间的文档内容的符号。

（2）分栏符：将其后的文档内容从下一栏起排版。

（3）自动换行符：在插入点插入自动换行符可以强制断行，与直接回车换行不同，这种方法产生的新行仍将作为前段的一部分。

Word 中可以将文档分为多个节，不同的节可以有不同的页格式。通过将文档分隔为多个节，可以在一篇文档的不同部分设置不同的页格式（如页面边框、页眉、页脚等）。“分节符”类型包括下一页、连续、偶数页、奇数页，它们所起的作用如下：

（1）下一页：新的一节显示在下一页。

（2）连续：新的一节与上一节连续显示。

（3）偶数页：新的一节从一个偶数页开始显示。

（4）奇数页：新的一节从一个奇数页开始显示。

选择“分节符”类型并单击“确定”按钮后，位于“分节符”后面的内容将成为新的一节。若要查看“分节符”是否插入成功，只需将页面切换到草稿视图中查看。例如，在文档中插入一个类型为“下一页”的分节符，在草稿视图中显示效果如图 8-31 所示。

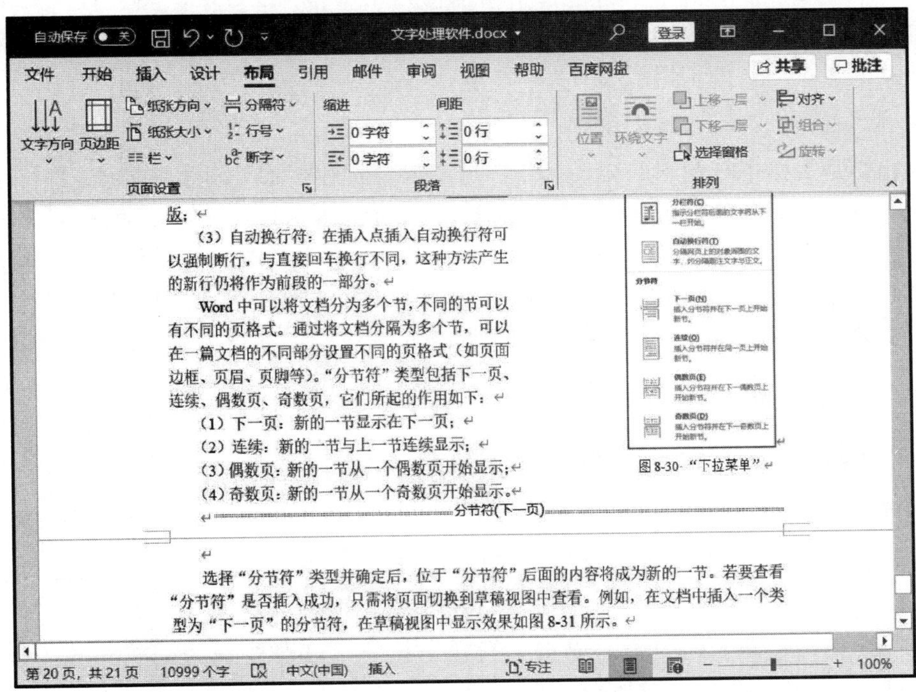

图 8-31　“分节符”显示效果

8.4　Excel 2016 的基本操作

本节主要介绍工作簿和工作表的基本概念，工作簿的新建、退出、保存操作以及工作表的新建、保存、关闭、移动、复制、重命名和删除操作。

8.4.1 工作簿与工作表的基本概念

1. 工作簿

工作簿即 Excel 中用来存储和处理数据的文件，扩展名为 . xlsx。每个工作簿可以包含一个或多个工作表。用户可以将若干相关工作表存放在一个工作簿，操作时可直接在同一工作簿的不同工作表中切换。默认情况下，每个工作簿文件中有三个工作表，分别以 Sheet1、Sheet2、Sheet3 命名。工作表的名字显示在工作簿文件窗口底部的标签里。

启动 Excel 后，用户首先看到的是名为“工作簿 1”的工作簿。“工作簿 1”是一个默认的、新建的和未保存的工作簿，当用户在该工作簿输入信息后第一次保存时，Excel 弹出“另存为”对话框，可以让用户重命名工作簿。如果启动 Excel 后直接打开一个已有的工作簿，则工作簿 1 会自动关闭。

2. 工作表

工作表又称为电子表格，由单元格组成的，是 Excel 进行一次完整作业的基本单位。每一张工作表都由 1048576×16384 个单元格组成，有一个相应的工作表标签，工作表标签上显示的是该工作表的名称。

3. 单元格

单元格是表格中行和列的交叉部分，是工作表的基本元素，也是 Excel 进行独立操作的最小单位。纵向的称为列，列标用字母 A～XFD 表示，共 16 384 列；横向的称为行，行号用数字 1～1 048 576 表示，共 1 048 576 行。在工作表中，单元格的地址就是它的名称，每个地址唯一地标识一个单元格。单元格的地址由单元格所在的列标和行号组成，且列标写在前，行号写在后。例如，D5 就表示第 5 行第 D 列的单元格。

8.4.2 工作簿的基本操作

工作簿的基本操作包括工作簿的新建、打开、保存、关闭等。

1. 新建工作簿

启动 Excel 时，系统会自动为用户打开一个新的工作簿，用户可以直接使用它，也可以根据需要新建工作簿。新建一个工作簿，有以下两种方法：

(1) 打开“文件”选项卡，单击“新建”按钮，这时将在当前窗口的右侧出现“可用模板”区域，如图 8-32 所示。

① 在“可用模板”区域中选择“空白工作簿”新建一个空白工作簿文件。

② 选择“根据现有内容新建”可新建一个同样格式的工作簿文件。

③ 选择“最近打开的模板”“样本模板”或“我的模板”其中的一个选项，则可根据选择的模板建立新的工作簿文件。

(2) 将“自定义快速访问工具栏”列表下的“新建”选项钩选后，单击，可以新建一个系统默认的空白工作簿。

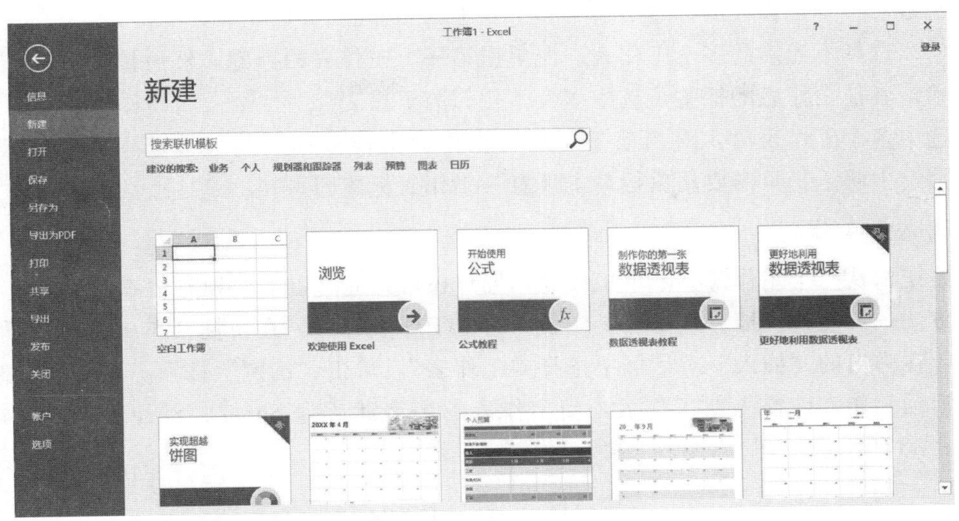

图 8-32　新建工作簿

2. 打开工作簿

用户若要打开已保存的工作簿，操作方法为：执行“文件”→“打开”命令，或将“自定义快速访问工具栏”的“打开”选项钩选后，单击，弹出“打开”对话框，在“打开”对话框中选择并打开所需的文件。

3. 保存工作簿

保存一个工作簿的操作方法为：执行“文件”→“保存”命令，或将“自定义快速访问工具栏”中的“保存”选项钩选后，点击。若文件未命名则系统会提醒用户给文件命名后再保存。用户也可以执行“文件”→“另存为”命令，把工作簿保存到另一个文件中。Excel 2016 默认的工作簿文件后缀名为 . xlsx，用户也可根据需要在保存时选择保存类型为“Excel 97—2003 工作簿（*. xls)”。

4. 关闭工作簿

当完成工作簿的相关操作后，可以关闭工作簿，关闭工作簿并不退出 Excel 2016。操作方法是：执行“文件”→“关闭”命令，或单击选项卡栏的最右边“关闭”按钮 ×。此时，若用户尚未保存工作簿，则显示对话框，提示用户是否进行保存。

8.4.3　工作表的基本操作

1. 选择工作表

在对工作表作移动、复制、删除等操作之前，需要选中工作表，在 Excel 2010 中可按以下方法选中工作表：

（1）选择单个工作表。单击某个工作表标签可选中单个工作表。

（2）选择连续的多个工作表。先单击第一个工作表的标签，然后按住“Shift”键再单击最后一个工作表的标签可选中多个相邻的工作表。

(3) 选择不连续的多个工作表。先单击第一个工作表的标签，然后按住“Ctrl”键依次单击其他工作表的标签可选中多个不相邻的工作表。

选中多个工作表后，对当前工作表的操作会同样作用到其他被选中的工作表中。要取消选中状态，只需要用鼠标单击任意一工作表标签即可。

2. 添加工作表

系统默认每个工作簿有一个工作表，用户还可以通过以下两种方法添加工作表：

方法一：通过快捷方式添加工作表。右击工作表标签，在快捷菜单中选择“插入”选项，在弹出的“插入”对话框中选择“工作表”，单击“确定”按钮。系统会自动在当前活动工作表前插入新工作表，新工作表的名字默认为 Shee2、Sheet3、Sheet4…，如图 8-33 所示。

图 8-33 新增工作表

方法二：通过工作表标签按钮添加。单击工作表标签上的“新工作表”按钮，即可在选中的工作表标签之后插入新的工作表。

3. 移动和复制工作表

在 Excel 中，用户可以通过以下两种方法来移动和复制工作表：

方法一：通过快捷菜单命令移动和复制工作表。具体操作步骤如下：

(1) 选中需要移动或复制的工作表。

(2) 右击，选择“移动或复制…”选项，弹出“移动或复制工作表”对话框，如图 8-34 所示。

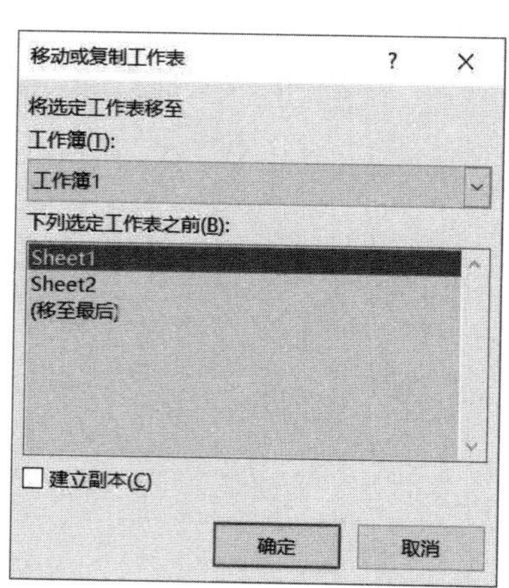

图 8-34 “移动或复制工作表”对话框

(3) 在对话框的“工作簿”列表框中选择需移动或复制的目标工作簿。

(4) 在对话框的“下列选定工作表之前”列表中，选择将移动或复制工作表插入到目标工作表之前。

(5) 若要移动工作表，直接单击“确定”按钮；若要复制工作表，还应勾选“建立副本”复选框，再单击“确定”按钮。

方法二：通过鼠标拖动来移动和复制工作表。具体操作步骤如下：

(1) 选中需要移动或复制的工作表。

(2) 若要移动工作表，按住鼠标左键拖动选中的工作表到目标位置后释放。

(3) 若要复制工作表，在移动工作表的同时，按住“Ctrl”键，将产生一个工作表副本。

同一个工作簿中的工作表不能重名，若因为移动或复制造成重名时，新的工作表将自动改名。

4. 删除工作表

部分情况下需要从工作簿中删除不需要的工作表，删除工作表与添加工作表的方法类似，具体步骤如下：

(1) 选择需要删除的工作表。

(2) 在该工作表标签上右击，从弹出的快捷菜单中选择“删除”选项，如果工作表中包含数据则会弹出“确认”对话框。

(3) 在“确认”对话框中单击“删除”按钮（单击“取消”按钮将会取消删除操作）。

提示：删除工作表是永久性的操作，不可再恢复。

5. 重命名工作表

Excel 2016 的工作表默认以 Sheet1、Sheet2、Sheet3…的格式来命名，不方便记忆和进行有效的管理，但用户可以更改这些工作表的名称。例如，为某个学校三个班级的学生成绩表建立工作表，可将它们分别命名为“一班成绩表”“二班成绩表”“三班成绩表”，这样更符合一般的工作习惯。

要更改工作表的名称，只需用右键单击要改名的工作表标签，在弹出的快捷菜单中选择“重命名”选项，或者直接双击要改名的工作表标签，工作表标签变为黑色填充的编辑状态，在其中输入新的名称并按“Enter”键即可。

6. 拆分工作表

如果制作的表格较大，不能完整地显示在窗口中，可以通过将表格拆分的方法来满足要求。拆分工作表是指将工作表按照水平或垂直方向分割成独立的窗格，每个窗格中可以独立地显示工作表中的不同部分。

在 Excel 2016 中拆分工作表的操作步骤如下：

(1) 选中拆分位置上的单元格。

(2) 在“视图”选项卡中的“窗口”选项组中，单击“拆分”按钮，表格将会从选中的单元格处拆分。

将工作表拆分后，可以同时显示出工作表上相距很远的部分。例如可以在左上窗格中显示 A1 单元格，而同时在右下窗格中显示 I16 单元格，如图 8-35 所示。

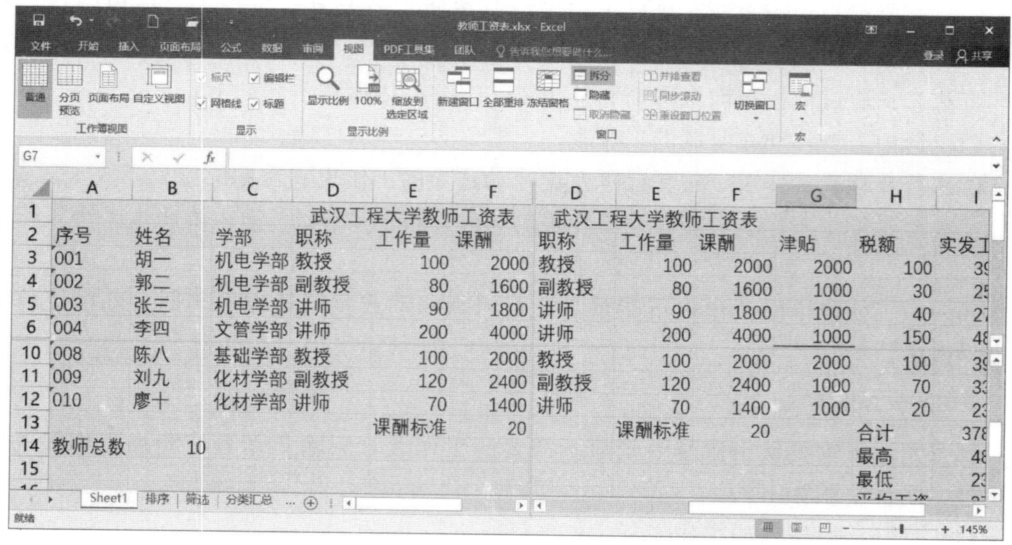

图 8-35 拆分工作表

拆分工作表后，可以通过拖动分隔条来调整分隔位置。如果要将工作表还原为正常显示，可按以下几种操作方法取消拆分：

方法一：再次单击“拆分”按钮。

方法二：双击分隔条。

7. 隐藏或显示工作表

出于保护数据的目的，Excel 2016 中提供了隐藏操作，用户可以根据需要将工作簿或工作表的全部或部分隐藏起来。被隐藏的工作簿仍处于打开状态，其他文档仍可以利用其中的信息。

（1）隐藏工作簿。

如果打开了多个工作簿，可以将暂时不用的工作簿隐藏起来。在“视图”选项卡中的“窗口”选项组中，单击“隐藏”按钮可以将当前工作簿隐藏，被隐藏的工作簿窗口从 Excel 应用程序窗口中消失。

如果要重新显示被隐藏的工作簿，在“视图”选项卡的“窗口”选项组中，单击“取消隐藏”按钮，打开“取消隐藏”对话框，然后在其中选中需取消隐藏的工作簿名称，单击“确定”按钮即可。

（2）隐藏工作表。

如果工作簿中有多个工作表，可以将暂时不用的工作表隐藏起来。选中并右击需隐藏的工作表后，执行“隐藏”命令可以将选中的工作表隐藏起来。

工作表被隐藏后，其对应的工作表标签从标签栏上消失，因而无法切换到该工作表，也无法对该工作表作任何操作。如果要重新显示被隐藏的工作表，在工作表标签栏上右击，执行“取消隐藏”命令，打开“取消隐藏”对话框，然后在其中选择需取消隐藏的工作表名称并单击“确定”按钮，被隐藏的工作表标签重新出现在标签栏中。

（3）隐藏行列。

如果工作表中的某些行列暂时不需使用或怕被误操作，可以将这些行列暂时隐藏起来。

选择要隐藏行（列）中的任意一个单元格，在“开始”选项卡中单击“单元格”选项组中的“格式”按钮，在弹出的下拉菜单中“隐藏和取消隐藏”级联菜单中的“隐藏行（列）”菜单命令，选择的行（列）被隐藏起来执行。

如果要重新显示被隐藏的行（列），可以执行以下操作取消隐藏：

单击“单元格”选项组中的“格式”按钮，在弹出的下拉菜单中执行“隐藏和取消隐藏”级联菜单中的“取消隐藏行”或“取消隐藏列”菜单命令，工作表中被隐藏的行或列即可显示出来。

8.5　数据的输入及设置

本节主要介绍各种类型数据的输入、数据有效性的设置、单元格的选择与编辑以及单元格格式的设置。

8.5.1　输入数据

1. 数据的类型及输入

在 Excel 2016 中，可输入的数据类型有文本、数值、时间和日期、公式和函数等。在向单元格输入这些数据时，要分清数据的类型，再按相应数据类型规范输入，以便 Excel 正确识别和区分。

部分情况下单元格中的数据显示可能会与输入的不一样，这是因为 Excel 单元格中的数据不仅取决于所输入数据的类型，还取决于所设置的单元格的数据格式。因此，如果想完全了解某一单元格中数据的“本来面目”，最直接有效的方法就是在编辑栏中查看单元格的内容。

(1) 输入文本数据。

文本是指由字母、汉字、数字或符号等组成的数据。一般的文本数据可直接输入，输入后在单元格中会自动左对齐显示。

如果要将数字作为文本输入，应先输入一个英文状态的单引号，以区别于数值型数据，常用于邮政编码、电话号码、学号的输入等。例如：’430070，输入后单引号在单元格中不显示，如 430070 。

当单元格列宽容不下文本字符串时，就要占用相邻的单元格，若相邻的单元格已有数据，则文本字符串将截断显示，如图 8-36 所示。

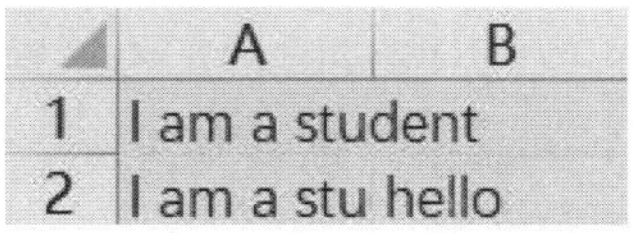

	A	B
1	I am a student	
2	I am a stu	hello

图 8-36　两种输入文本数据情况对比

（2）输入数值型数据。

在 Excel 2016 中，数值型数据是指由数字 0～9、小数点、正负号组成的常量整数和小数以及（）、￥、＄、%、E、e 的组合。数值型数据在输入后会自动右对齐，表明 Excel 将输入的数据识别为数值型数据。数值型数据的输入分为以下几种情况：

①如果要输入正数，直接将数字输入到单元格中。如果要输入负数，必须在数字前加一个负号“－”或给数字加上圆括号。例如，输入“－66”或“（66）”都可以在单元格中得到“－66”。当超过 11 位时，自动以科学记数法表示，例如 1.34E＋05。

②如果要输入科学记数，可先输入整数部分，再输入“E”或“e”和指数部分。

③如果要输入百分比数据，可直接在数值后输入百分号“%”。

④如果要输入分数，例如输入 1/2，应该输入“0 1/2”（注意：0 和 1 之间有一个空格）。

（3）输入日期和时间型数据。

Excel 内置了一些日期与时间的格式，当输入数据与这些格式相匹配时，系统将它们自动识别为日期或时间。所以在 Excel 中输入日期和时间值时，必须按照规定的格式。

常用的日期输入格式有：mm－dd，mm/dd，yyyy/mm/dd，yy/mm/dd，等等。其中，y 代表年，m 代表月，d 代表日，用斜线（/）或破折号（－）作为日期中年、月、日的分隔符。例如：12/04/19、12－04－19、4/19。

常用的时间输入格式有：hh：mm AM，hh：mm，等等。其中，h 代表小时，m 代表分钟，后面可接 AM 或 PM，系统默认设定使用 24 小时制。例如：13?:? 30，1?:? 30PM。

提示：如果要输入当天的日期，可同时按下“Ctrl＋；”键，如果要输入当前的时间，可同时按下“Ctrl＋Shift＋；”键。

2. 自动填充

Excel 2016 具有自动填充功能，既可以在多个连续单元格中填充相同的数据，又可以按照一定的序列规律来完成数据填充。

（1）填充相同的数据。

当需要在同一行或同一列上输入一组相同的数据时，可以在第一个单元格中输入该数据，单击该单元格，用鼠标指针移到该单元格的右下角，使光标变成一个＋字型（称为“填充柄”），拖动填充柄经过待填充区域，即可向其他单元格中填充数据。

提示：按住鼠标右键，拖动填充柄，可以选择更多的填充方式填充。

（2）填充一组规律性变化的数据。

如果需要产生一组规律性变化的数据序列（如等差数列或者等比数列），例如，产生 1，2，3，4，5，…；或 1 月 5 日，3 月 5 日，5 月 5 日，7 月 5 日等等。这时，至少先要输入前两个数据（趋势初始值），Excel 2016 才能判明该数据序列的变化规律。用户只要选定有初始输入的前几个单元格，拖动填充柄，即可自动产生按既定规律变化的一系列数据，并填充到余下的单元格中。

（3）自定义数据序列。

用户可以自定义填充序列。例如，某用户经常要输入几位同学的名字来制作表格，这时可以自定义一个专用的数据序列，步骤如下：

①在“文件”选项卡中单击“选项”按钮，打开“Excel 选项”对话框，如图 8-37 所示。

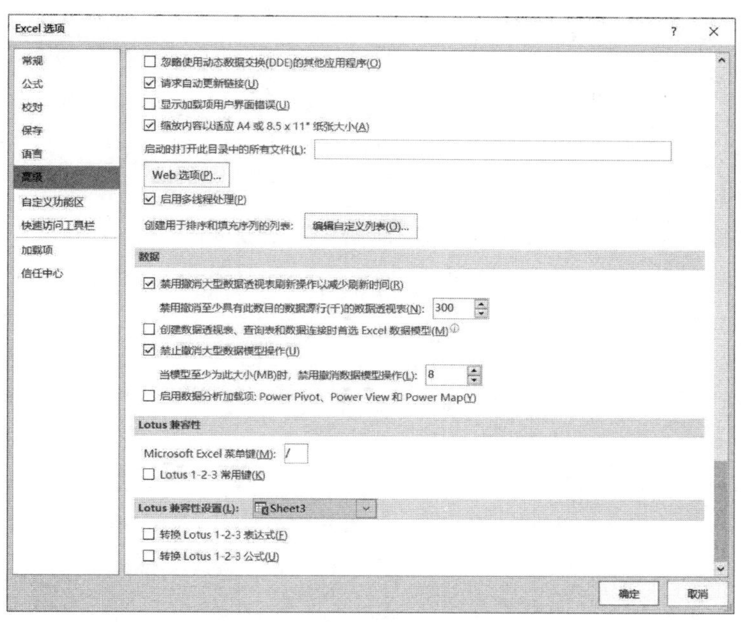

图 8-37 “Excel 选项”对话框

②单击打开“高级”选项，单击“编辑自定义列表”按钮，会弹出“自定义序列”对话框，如图 8-38 所示。

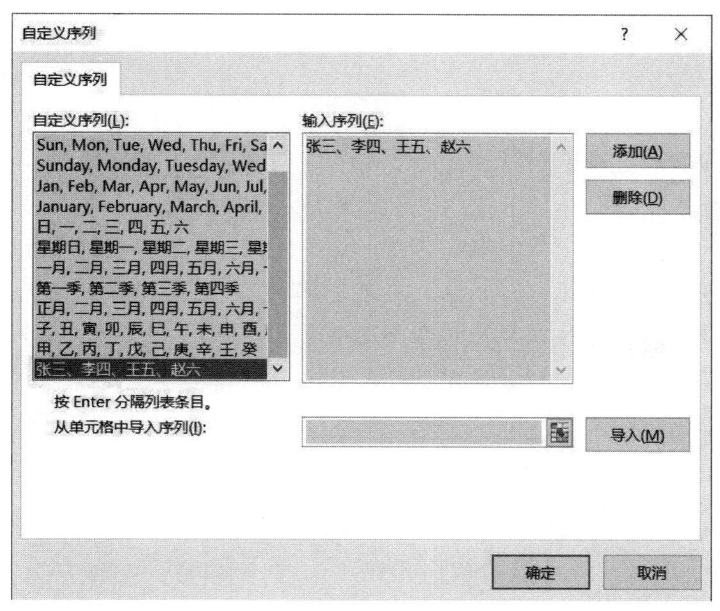

图 8-38 “自定义序列”对话框

③ 在“输入序列”列表框中输入一系列同学的名字。如：张三、李四、王五、赵六。

④单击“添加”→“确定”按钮，即可添加上自定义的一个数据序列。

此后，只要输入该序列中的一个名字，拖动填充柄即可顺序产生自定义的其他名字。

3. 数据的有效性

在 Excel 2016 中，单元格默认的有效数据为任何数值。使用数据有效性功能，可以预先设置单元格所允许输入的数据类型和范围，并设置输入提示信息和输入错误提示信息。数据有效性的设置，可按以下步骤进行操作：

(1) 选择要设置数据有效性的单元格或单元格区域。

(2) 在“数据”选项卡的“数据工具”选项组中单击“数据验证”按钮，打开“数据验证”对话框，如图 8-39 所示。

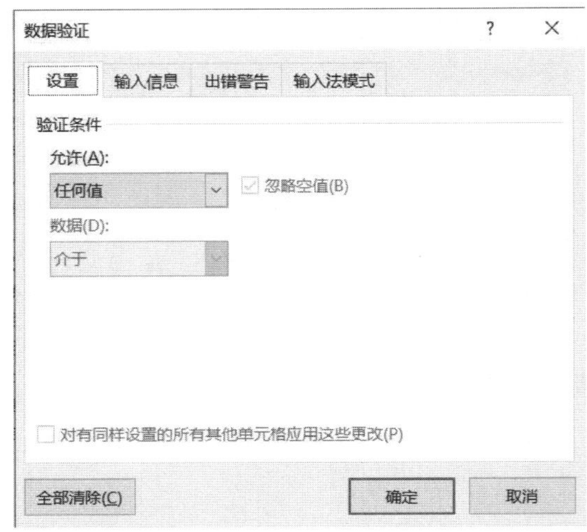

图 8-39 “数据验证”对话框

(3) 在“设置”选项卡中设置有效性条件。

(4) 在“输入信息”选项卡中，设置选定单元格显示的输入信息。

(5) 在“出错警告”选项卡中，设置在输入有误的情况下显示的出错警告。

(6) 在“输入法模式”选项卡中，设置所需的输入法模式。

当对已设置有效性的单元格进行操作时，会出现相应的提示。如果输入错误会出现“警告”对话框，如图 8-40 所示。

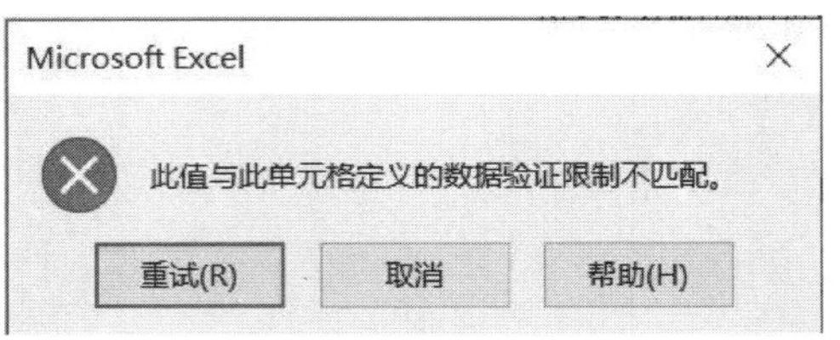

图 8-40 “警告”对话框

如果要将所设定的数据有效性清除，只需选定设有数据有效性的单元格，然后再次单击“数据验证”按钮，在打开的“数据验证”对话框中单击“全部清除”→“确定”按钮。

4. 数据输入时的小技巧

（1）数字格式规范快捷设定。

直接输入 0 开头的数据时，如 00002515，系统往往会去掉前面的 0 变成 2515。此时，只需在英文状态下输入半角单引号（’）再输入 0，Excel 则会保留前面的 0，并按文本方式自动左对齐。

另外，金额总是要带上“.00”的，在 Word 中，用户只能选择手动输入“.00”，而在 Excel 中，则可以选择更加省力的方式：选择要保留小数点后两位的单元格，右击选择“设置单元格格式”选项，在弹出的对话框中，打开“数字”选项卡。在“数值”项中，设置小数点后“2 位”即可（当然，也可以根据需要选择小数点后 1 位、3 位等）。

（2）在多个单元格中输入相同的内容。

部分情况下，表格单元格中有很多重复的数据，如果逐个输入，效率很低。在 Excel 中可以同时在多个单元格中输入相同的内容，先选中待输入相同内容的单元格，输入内容后，按“Ctrl＋Enter”键即可。

（3）文字适应单元格。

如果一个单元格的文字过多，有些文字可能无法正确显示出来。对于这种情况，可以通过设置，让文字自动调整大小，以适应单元格。方法为：选中并右击单元格，在弹出的快捷菜单中选择“设置单元格格式”选项，在“对齐”标签的“文本控制”选项组中，勾选“缩小字体填充”项。以后如果一个单元格中的内容过多，系统会自动调整文字的大小。

（4）逐行输入和逐列输入。

在单元格中输入完毕数字后，可以按“Enter”键或者“Tab”键确认输入操作。

按“Enter”键确认后，将当前单元格下方的单元格设置为活动单元格；按“Tab”键则将当前单元格右侧的单元格设置为活动单元格。

（5）自动记忆功能。

Excel 工作表具备自动记忆功能，对于以前曾经输入过的数据或文本，再次输入时系统会自动给出提示，以减少用户的录入工作。

如在前面的操作中曾经输入过“武汉工程大学”，再次输入“武”字时，系统会自动将“汉工程大学”显示出来，并将建议部分以黑底显示。如果接受建议，可以按“Enter”键，建议的数据会被自动输入。如果不想采用建议，可不必理会系统提示继续输入，当输入的字符与提示的字符不符时，系统会自动取消建议内容。

提示：自动记忆功能只能记忆当前编辑的数据或文本，系统不能记忆关闭文档中的信息。用户还可以按“Alt＋↓”组合键，系统会显示当前列中已有的数据列表供用户选择。

8.5.2 编辑单元格

1. 选取单元格和单元格区域

在工作表中输入数据时，首先要选择相应的单元格或单元格区域。Excel 2016 中有以下几种方式可以选定单元格：

(1) 选中单个单元格。

用鼠标单击某个单元格，该单元格显示为边框加粗状态，并在编辑栏的“名称框”中显示单元格的名称，表示该单元格为活动单元格，可以对其进行编辑。

用户还可以单击编辑栏中的“名称框”，在“名称框”中直接输入单元格的地址，按“Enter”键确认，则该单元格也成为活动单元格。

(2) 选中连续的单元格。

执行以下操作之一可以选中一个矩形区域中的所有单元格：

① 将鼠标指针移动到起始单元格，按下左键，拖动鼠标到终止单元格，然后松开左键，则自起始单元格到终止单元格的矩形区域内的所有单元格被选中。

② 选中起始单元格，然后按住“Shift”键单击终止单元格，则自起始单元格到终止单元格的矩形区域内的所有单元格都被选中。

(3) 选中整行、整列或整个工作表中的单元格。

执行以下操作之一可以按行、列选中单元格或选中整个工作表中的所有单元格：

① 单击行号可选中整行单元格。

② 单击列标可选中整列单元格。

③ 单击行号与列标的交汇处的灰色按钮可选中工作表中的所有单元格。

(4) 选择不连续的单元格。

按住“Ctrl”键，依次选中不连续的单元格。

2. 编辑单元格内容

当在单元格中输入了数据之后，还可以对其中的数据进行编辑修改。修改数据的方式有以下几种：

(1) 双击待修改数据的单元格，直接对其中的数据进行编辑。

(2) 选中待编辑的单元格，按“F2”键对其中的数据进行编辑修改。

(3) 选中待编辑的单元格，在编辑栏中对数据进行编辑修改。

当完成数据的编辑修改后，按“Enter”键或“Tab”键确认修改，按“Esc”键取消修改。

3. 清除单元格内容

清除单元格是指清除单元格中的内容、格式或批注。可通过以下两种方式之一清除单元格内容。

(1) 通过菜单命令清除单元格。

首先需要选择待清除内容的单元格，然后单击“开始”选项卡“编辑”选项组中的“清除”按钮，在弹出的下拉菜单中选择“全部清除”选项。单元格中的数据和格式就会被全部删除。根据需要也可以选择“清除格式”选项，此时将只会清除单元格格式而保留单元格的内容或批注。

（2）通过键盘清除单元格内容。

选中单元格后直接按“Delete”键清除单元格中的内容。

4. 移动和复制单元格

与 Word 等文字处理软件不同，Excel 中的移动或复制操作通常以单元格为单位。在 Excel 中可以将选中的单元格移动或复制到同一工作表的不同位置、不同工作表、甚至不同工作簿中。选中需移动或复制的单元格，可以通过剪贴板或鼠标拖动的方法将其移动或复制到目标位置。

（1）通过剪贴板移动复制。

剪贴板是内存储器的一部分空间，其中最多可以存放 24 项操作，使用剪贴板可非常方便地实现单元格的复制和移动。通过剪贴板移动或复制单元格的操作步骤如下：

① 选择待复制或移动的单元格区域。

② 若是复制，在“开始”选项卡的“剪贴板”选项组中单击“复制”按钮。若是移动，在“开始”选项卡的“剪贴板”选项组中单击“剪切”按钮。此时被选中的区域的边框显示为虚框。

③选择复制或移动到的新区域的左上角单元格。如新区域为 A5?:? C10，则选中 A5 单元格。

④在“开始”选项卡的“剪贴板”选项组中单击“粘贴”按钮。复制单元格数据时，可以只复制单元格的格式、批注等内容。对此，可在粘贴操作时，在“粘贴”按钮下拉菜单中选择“选择性粘贴…”选项，会出现“选择性粘贴”对话框，如图 8-41 所示，然后在粘贴选项组中选择一种粘贴方式。

⑤单击“确定”按钮即可完成复制。

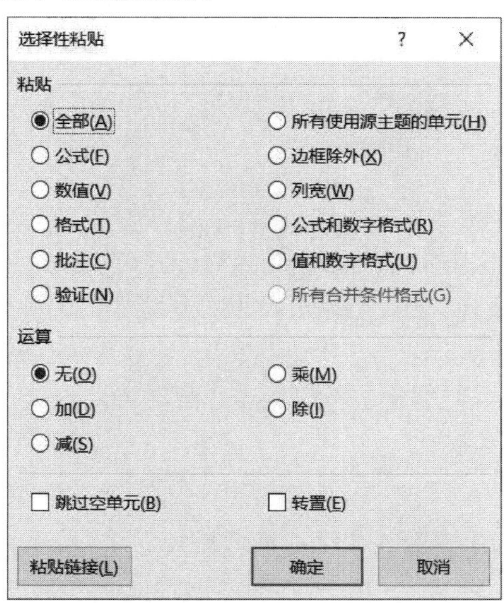

图 8-41　“选择性粘贴”对话框

（2）通过鼠标拖动移动和复制。

移动复制单元格的另一个较简单且直观的方法是使用鼠标拖动，使用鼠标拖动的操作步骤如下：

① 选中需移动的单元格或单元格区域。

② 将鼠标指针指向选中单元格区域的边缘，当出现十字光标时按下左键拖动鼠标至目的地址，释放鼠标即可。

用鼠标拖动单元格数据区域，原单元格内容将会被删除，如果在拖动单元格时按下“Ctrl”键，原单元格内容不会被删除，则实现的是复制操作。鼠标拖动的方法不但能在同一个工作表中移动或复制数据，还能在不同的工作表之间完成数据复制与移动操作。

如果要将选中单元格区域移动或复制到其他工作表上，可以按住“Alt”键，然后将选中单元格区域拖动到目标工作表标签上。如果要在工作簿之间移动或复制单元格，可以同时打开并显示这两个工作簿窗口，然后在原工作簿窗口中选中单元格区域并拖动选中区域到目标工作簿窗口中。

5. 插入行、列和单元格

在 Excel 2016 中，可以在任意位置插入一个或多个单元格，也可插入整行或整列单元格。

（1）插入单元格。

在 Excel 2016 中，可以在选中单元格的上方或左侧插入与选中单元格的数量相同的单元格。插入单元格的操作步骤如下：

①选中单元格或单元格区域。

② 在“开始”选项卡的“单元格”选项组中单击“插入”按钮下方的下拉箭头，在弹出的下拉菜单中选择“插入单元格”选项，则弹出“插入”对话框，如图 8-42 所示，选择一种插入方式后，单击“确定”按钮。

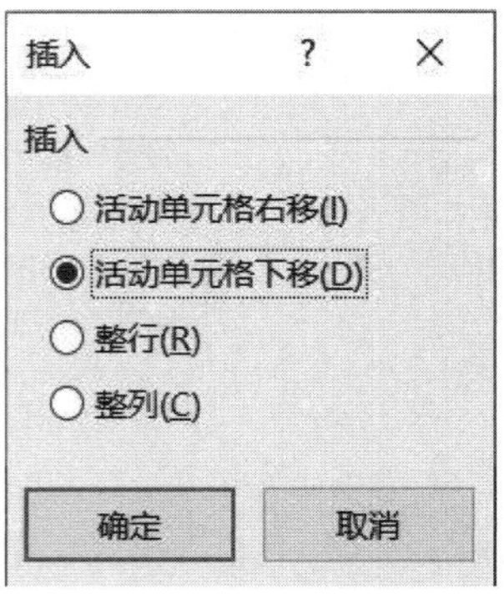

图 8-42　“插入”对话框

在“插入”对话框中，共有 4 个选项供选择。

• 活动单元格右移：将空单元格插入到当前选定单元格的右侧，原有的单元格右侧单元格自动右移。

• 活动单元格下移：将空单元格插入到当前选定单元格的下方，原有单元格下侧单元格自动下移。

• 整行：在选中单元格区域上方插入整行，插入的行数与选中区域的单元格行数相等。

• 整列：在选中单元格区域左侧插入整列，插入的列数与选中区域的单元格列数相等。

（2）插入行或列。

插入行的方法为：选中一个单元格，在“开始”选项卡的“单元格”选项组中单击“插入”按钮下拉箭头，在弹出的下拉菜单中选择“插入工作表行”选项，即可在当前单元格上方插入一行。

插入列的方法是：选中一个单元格，在“开始”选项卡的“单元格”选项组中单击“插入”按钮下拉箭头，在弹出的下拉菜单中选择“插入工作表列”选项，即可在当前单元格左侧插入一列。

6. 删除行、列和单元格

在 Excel 中不但可以插入行、列和单元格，而且可以将工作表中不需要的行、列和单元格删除。

（1）删除单元格。

删除单元格后，不但单元格中的数据会被删除，而且该单元格也将被删除。

在工作表中选中单元格后，在“开始”选项卡的“单元格”选项组中单击“删除”按钮下拉箭头，在弹出的下拉菜单中选择“删除单元格”选项，弹出“删除”对话框，如图 8-43 所示，选中删除的选项后单击“确定”按钮。

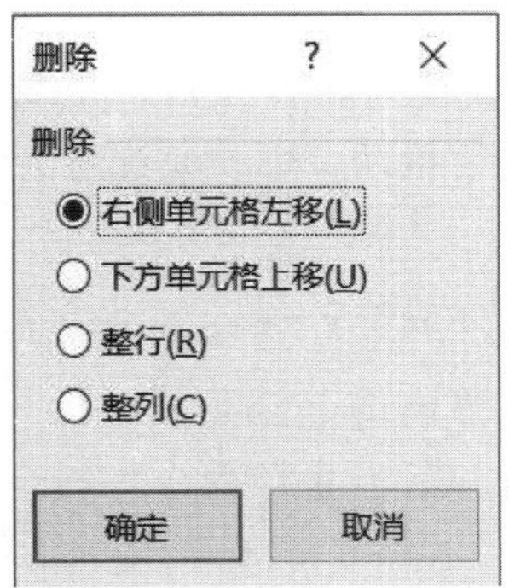

图 8-43 “删除”对话框

在“删除”窗口中，有 4 个选项可以选择：

• 右侧单元格左移：删除单元格后，删除单元格的右侧单元格将会向左移动，以填补空白。

• 下方单元格上移：将选中单元格删除后，将其下方的单元格向上移填充空白。

• 整行：删除选中单元格所在行，并将其下方的行向上移填补空白。

• 整列：删除选中单元格所在列，并将其右侧的列向左移填补空白。

(2) 删除行或列。

在工作表中选中待删除的行或列后，在“开始”选项卡的“单元格”选项组中单击“删除”按钮下拉箭头，在弹出的下拉菜单中选择“删除工作表行”或“删除工作表列”选项。删除行后，下方的行自动向上移以填补被删除行留下的空白位置；删除列后，右侧的列自动向左移以填补被删除列留下的空白位置。

7. 查找和替换数据

可以在指定范围内查找数据，一般从当前单元格开始查找，并可实现替换。

8. 插入批注

用户有时需要给某些单元格作一些说明，这时就可以用批注。插入批注操作步骤如下：

(1) 选择待插入批注的单元格。

(2) 右击单元格，选择“插入批注”选项，出现批注输入框。

(3) 在输入框中输入批注内容。

9. 改变行高和列宽

Excel 工作表中单元格的行高和列宽均可调整，改变单元格行高和列宽的方法有以下几种：

(1) 通过菜单命令改变行高和列宽。

在行号（或列标）上单击鼠标右键，执行“行高”（或“列宽”）菜单命令，打开“行高”（或“列宽”）对话框。在对话框中输入行高（或列宽）的值，单击“确定”按钮。

(2) 通过鼠标拖动改变。

选择一行（列），将鼠标指针移到两行（列）号之间，此时鼠标指针呈上下（左右）双向箭头，然后上下（左右）拖动，可改变行高（列宽）。

10. 合并单元格

选中需要合并的单元格，在“开始”选项卡的“对齐方式”选项组中单击“合并后居中”按钮旁的下拉箭头，在弹出的下拉菜单中执行“合并单元格”命令，即可合并选中的单元格。如果执行“合并后居中”命令，则合并单元格后，设置单元格对齐方式为居中。

取消合并则先选中单元格后，在“开始”选项卡“对齐方式”选项组中单击“合并后居中”按钮旁的下拉箭头，在弹出的下拉菜单中执行“取消单元格合并”命令即可。

8.5.3 格式化单元格数据

1. 设置字符格式

选中需设置字符格式的单元格或其中的部分字符后，可以使用“开始”选项卡“字体”选项组上的“字体”“字号”等字符格式工具来设置字符格式。

提示：还可以选中多个单元格，对这些单元格中的字符作相同设置。

2. 设置数字格式

通过应用不同的数字格式，可将数字显示为百分比、日期、货币等。例如，如果用户在进行季度预算，则可以使用“货币”数字格式显示货币值。设置数字格式的操作步骤如下：

(1) 选择要设置格式的单元格。

(2) 在“开始”选项卡的“单元格”选项组中单击“格式”按钮，在弹出的下拉菜单中执行“设置单元格格式”命令；或在选中的单元格上右击，执行“设置单元格格式”命令，弹出“设置单元格格式”对话框。

(3) 选择“数字”选项卡。在“分类”列表中，选择要使用的格式，在必要时调整设置。例如，如果使用的是“货币”格式，则可以选择一种需要的货币符号，修改小数位数或负数的显示方式，如图 8-44 所示。

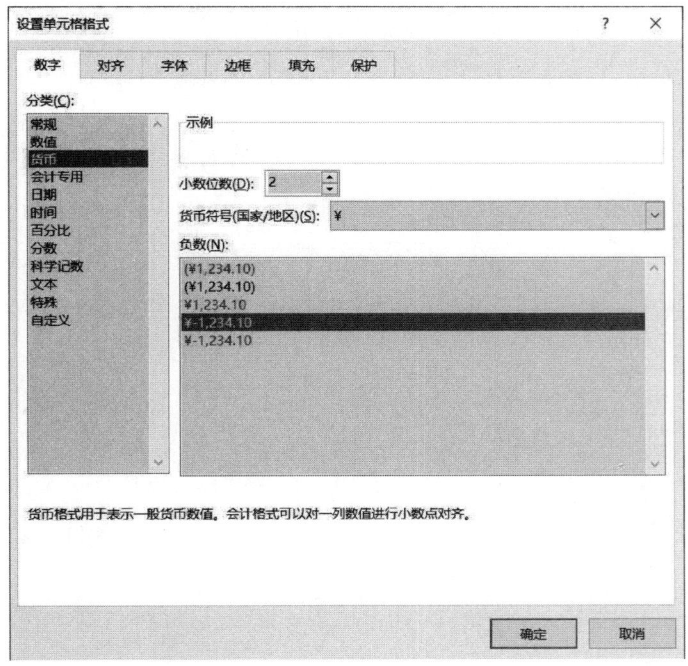

图 8-44　设置数字格式

3. 设置单元格对齐方式

单元格对齐方式是指文本在单元格中的排列规则，包括水平对齐方式和垂直对齐方式。

单元格的水平对齐方式是指单元格文本在水平方向上的分布规则，Excel 2016 的单元格对齐方式除了左对齐、居中等常见的对齐方式之外，还有以下两种方式：

(1) 常规：根据单元格中数据的类型选择对齐方式。

(2) 填充：在全部选中的单元格区域中，复制该区域中最左边单元格中的字符，选中区域中所有待填充的单元格必须都是空的。

单元格的垂直对齐方式包括靠上、居中、靠下、两端对齐和分散对齐，其中分散对齐方式是指单元格内容均匀地排列在单元格的上下边之间。

如图 8-45 所示为常见的各种对齐方式示例。

图 8-45 对齐方式示例

选中待设置对齐方式的单元格后，可以采用以下方法设置其对齐方式。

(1) 选中要设置对齐方式的一个或多个单元格。

(2) 右击单元格，在弹出的菜单中执行“设置单元格格式”命令，弹出“设置单元格格式”对话框。

(3) 在“对齐”选项卡的“水平对齐”和“垂直对齐”下拉列表中，选择单元格的各种对齐方式，如图 8-46 所示。

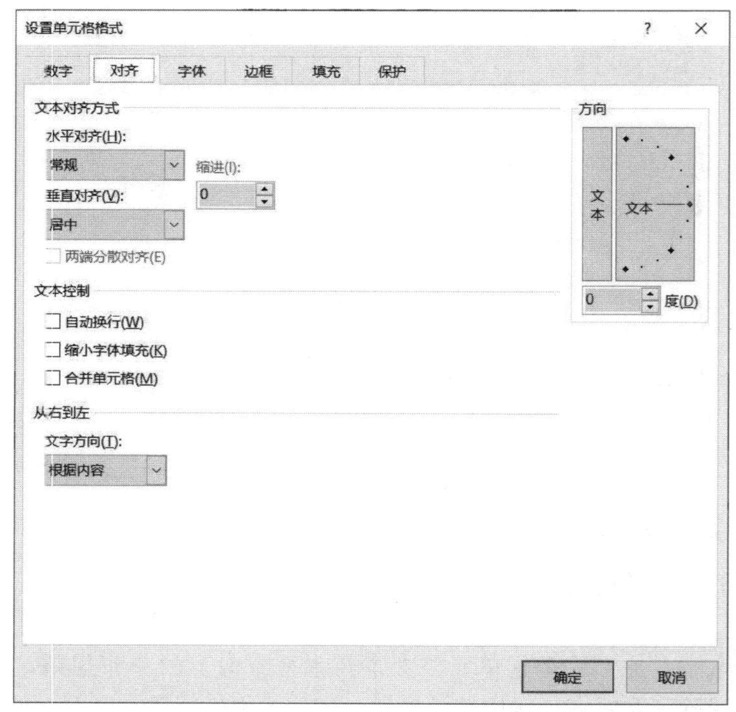

图 8-46 设置对齐方式

使用“开始”选项卡“对齐方式”选项组中的“左对齐”按钮、“居中”按钮

和“右对齐”按钮可分别将选中的单元格设置为左对齐、居中或右对齐格式。

4. 设置边框

在 Excel 2016 中可以为单元格添加或取消边框，并可设置边框的线形、颜色。与其他格式属性一样，单元格的边框属性也可以在“单元格格式”对话框中进行设置。

(1) 设置边框的操作步骤如下：

① 选中需设置边框的单元格区域。

② 右击单元格，在弹出的菜单中执行“设置单元格格式”命令，弹出“设置单元格格式”对话框，打开“边框”选项卡，如图 8-47 所示。

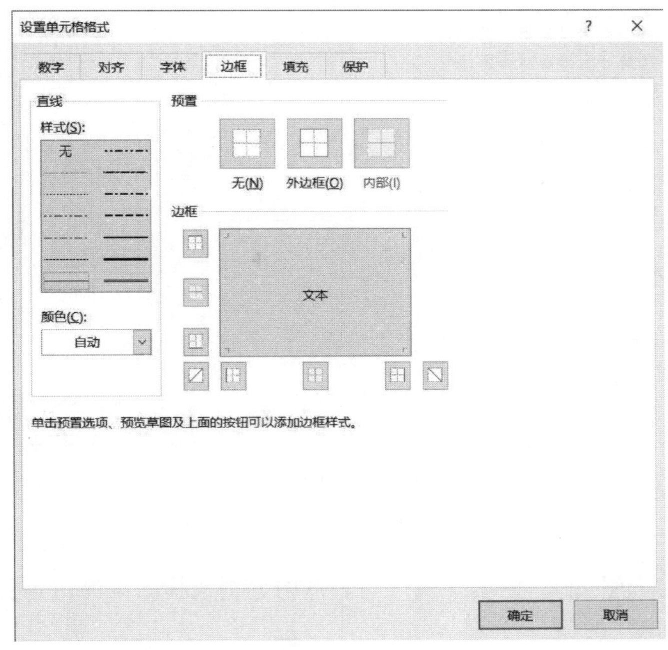

图 8-47　设置边框

③ 在预置选项组中选择一种边框样式，或在边框选项组里面选择一种自定义边框样式。在“样式”列表中选择需要的边框线型；在“颜色”下拉列表中选择需要的边框线颜色。

④ 单击“确定”按钮。

(2) 取消边框。

完成设置边框之后，可以通过以下两种方法将其取消：

方法一：在“设置单元格格式”对话框中的“边框”选项组的预览图中单击需取消的边框，或是单击预览图周围的按钮取消边框。

方法二：单击“开始”选项卡“字体”选项组中的“边框”按钮下拉箭头，在弹出的菜单中选择“无框线”。

5. 设置底纹

在 Excel 2016 中可以为单元格添加或取消底纹，并可设置底纹的图案式样以及前景颜色和背景颜色。设置底纹的操作步骤如下：

①选中需设置底纹的单元格区域。

② 打开“设置单元格格式”对话框，并切换到“填充”选项卡，如图 8-48 所示。

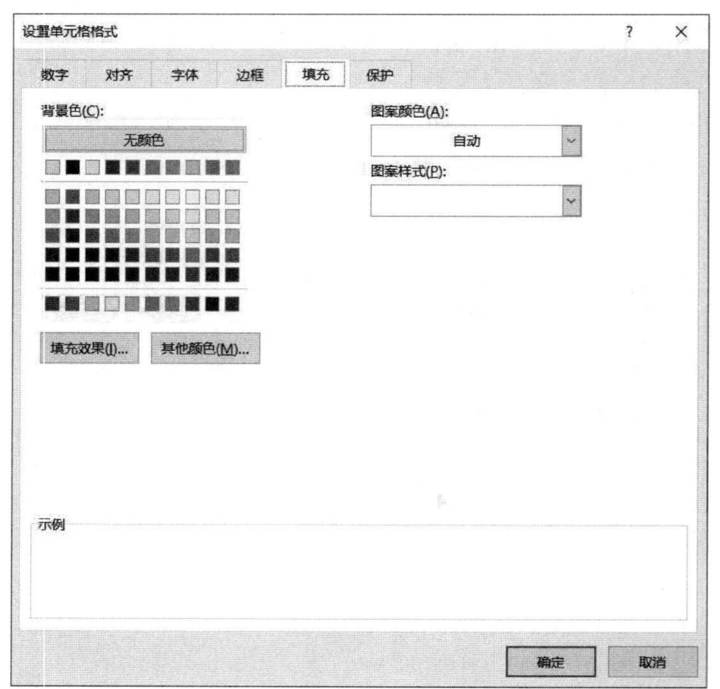

图 8-48　设置底纹

③ 在颜色列表中选择需要的底纹颜色。

④ 在“图案颜色”和“图案样式”列表框中分别选择图案的前景色和式样。

⑤ 单击“确定”按钮。

6. 自动套用格式

用户除了可以自定义各种各样的格式外，Excel 2016 系统内部还提供了一些典型的表格格式。自动套用这些内置格式的操作步骤如下：

①选择要设置格式的单元格区域。

②在“开始”选项卡“样式”选项组中单击“套用表格格式”按钮，在弹出的格式中选择一种格式，如图 8-49 所示。

7. 条件格式

Excel 2016 中的条件格式功能可根据用户设置的条件，对符合条件的数据以特殊的格式显示。添加条件格式的操作步骤如下：

① 选择要设置条件格式的单元格区域。

②在“开始”选项卡“样式”选项组中单击“条件格式”按钮，在弹出的下拉菜单中选择条件和格式进行设置。

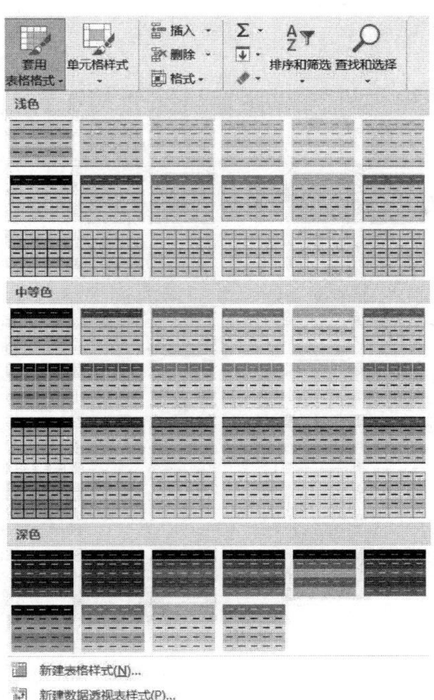

图 8-49　自动套用格式

8. 格式的复制和删除

(1) 格式的复制。

在多个地方都要设置相同的格式时，只要在一处设置格式，其余只要使用格式复制即可完成格式的设置，具体操作步骤如下：

① 选择要复制格式的单元格。

② 单击“开始”选项卡“剪贴板”选项组中的“格式刷”按钮，此时鼠标指针变成小刷子的形状。

③ 在目标单元格或区域上单击，即可完成格式的复制。

(2) 格式的删除。

在“开始”选项卡的“编辑”选项组中，单击“清除”按钮，在弹出的下拉菜单中执行“清除格式”命令即可，格式被删除后，会保留数据的默认格式。

8.6　公式与函数

在分析和处理工作表中的数据时，经常要使用公式和函数。通过公式和函数，用户可以在工作表中进行数字计算、逻辑运算和比较运算。当原始数据发生变化时，用户无须进行重新操作，Excel 2016 会自动进行重新计算。本节主要介绍公式和函数的使用。

8.6.1 使用公式

公式是在工作表中对数据进行分析计算的等式。公式以等号“＝”开头，其中可以包含运算符、数字、文本、逻辑值、函数和单元格地址等。

1. 公式中使用的运算符

如表 8-1 所示列出了 Excel 2016 中的常用运算符，并按优先级从高到低排列。

表 8-1 公式中使用的运算符

分类		含义	示例
引用运算符	：（冒号）	区域运算符，对两个引用之间包括这两个引用在内的所有单元格进行引用	A1：B2（引用 A1 到 B2 范围内的所有单元格）
	，（逗号）	联合运算符，将多个引用合并为一个引用	SUM（A1：B1，A2：B2）将 A1：B2 和 A2：B2 两个区域合并为一个
	（空格）	交叉运算符，产生同时属于两个引用的单元格区域的引用	SUM（A1：B2 B2：C3）（B2 同时属于两个引用 A1：B2，B2：C3）
算术运算符	－（负号）	负数	－2
	%（百分比）	百分比	20%
	^（平方）	乘幂	4^2（4 的平方）
	*（星号）、/（斜杠）	乘、除	2*3、6/2
	＋（加号）、－（减号）	加、减	3＋4、5－2
文本运算符	&（连字符）	将两个文本连接起来产生连续的文本	“学会”&“求和”产生“学会求和”
比较运算符	＝（等于）	等于	A1＝A2
	＞（大于）	大于	A1＞A2
	＜（小于）	小于	A1＜A2
	＞＝（大于等于）	大于等于	A1＞＝A2
	＜＝（小于等于）	小于等于	A1＜＝A2
	＜＞（不等于）	不等于	A1＜＞A2

2. 输入公式

输入公式的操作类似输入文本型数据的操作，区别在于，在输入公式的时候总以“＝”号作为开头，后面是公式的表达式。在单元格输入公式后，单元格中显示的是公式的计算结果，而编辑栏中显示的是公式。输入公式的步骤如下：

（1）选择存放计算结果的单元格，如 F5。

（2）输入等号“＝”。

（3）输入公式内容。例如“C5＋D5＋E5”。

（4）按“Enter”键或单击编辑栏上的“输入”按钮，结果出现在单元格中。

如果要在单元格中显示公式而不是其计算结果，可在“公式”选项卡“公式审核”选项组中单击“显示公式”按钮，如图 8-50 所示。

3. 公式的编辑

（1）选择公式所在的单元格。

（2）在编辑栏中修改公式。

（3）按“Enter”键或单击编辑栏上的“输入”按钮。

4. 在公式中引用单元格

在公式中引用单元格是通过输入单元格的地址来完成的。单元格的引用有三种：相对引用、绝对引用和混合引用。

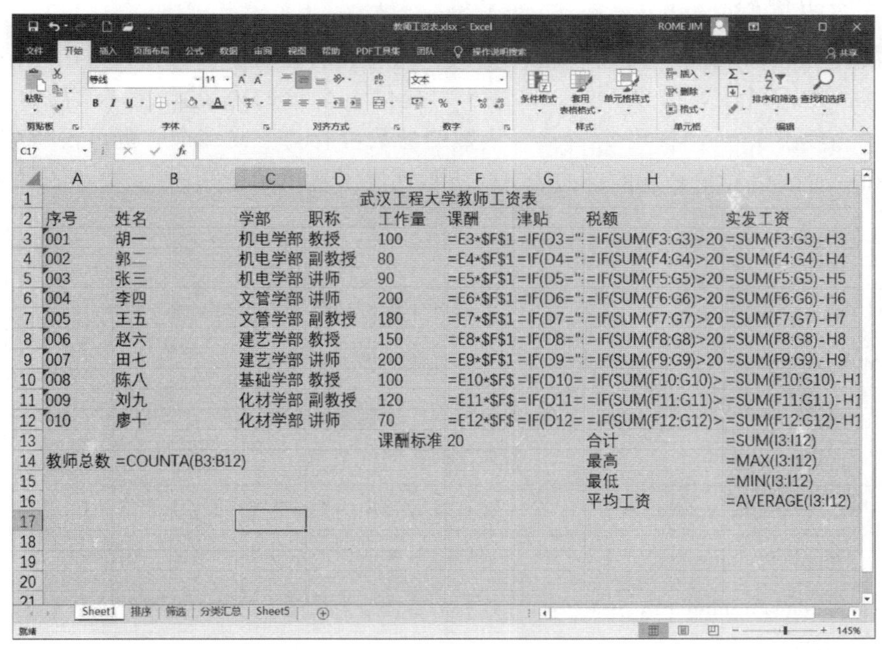

图 8-50　设置单格式显示公式

相对引用是引用一个或多个相对位置的单元格，相对引用中单元格地址直接使用列标和行号，例如 A1、B2 等。在公式复制时，单元格地址会随之发生改变。例如 C1 单元格中有公式“＝A1＋B1”，当将公式复制到 C2 单元格时会变为“＝A2＋B2”，当将公式复制到 D1 单元格时变为“＝B1＋C1”。

绝对引用是引用一个或几个特定位置的单元格。绝对引用是在单元格地址的列标和行号之前加上“＄”，例如＄A＄2、＄B＄5。在公式复制时，单元格地址不会发生改变。例如 C1 单元格中有公式 “= A1+ B1”，当将公式复制到 C2 单元格时仍为 “= A1+ B1”，当将公式复制到 D1 单元格时仍为 “= A1+ B1”。

混合引用是将相对引用和绝对引用混合使用，例如 $B5、B$5。在公式复制时，单元格地址绝对引用部分不发生改变，而相对引用部分发生改变。例如 C1 单元格中有公式 “= $A1+B$1”，当将公式复制到 C2 单元格时变为 “= $A2+B$1”，当将公式复制到 D1 单元格时变为 “= $A1+C$1”。

在 Excel 2016 中，不仅可以引用当前工作表的单元格，还可以引用工作簿中其他工作表的单元格，或引用其他工作簿中的单元格。

引用同一工作簿的不同工作表的单元格时，其引用格式为：工作表名！单元格地址。如引用 Sheet2 表中 A5 单元格，可表示为“Sheet2！ A5”。

引用其他工作簿中的单元格时，其引用格式是：在公式中同时包括工作簿名、工作表名和单元格地址，引用格式为：［工作簿名］工作表名！单元格地址。如引用 Book2 工作簿中 Sheet2 表的 A5 单元格，可表示为“［Book2］Sheet2！ A5”。

8.6.2 使用函数

函数其实是 Excel 提供的一些特殊公式，它可以将指定的参数按特定的顺序或结构进行计算，并返回计算结果。Excel 2016 中提供了大量的内置函数。函数的格式为：函数名（［参数 1］［，参数 2］…），函数的参数可有一个或多个，也可没有参数，但函数名和一对圆括号是必需的。如表 8-2 所示列出了常用的函数。

表 8-2 常用函数

语法	作用
SUM（number1，number2，…）	返回单元格区域中所有数值的和
AVERAGE（number1，number2，…）	计算参数的算术平均值
IF（logical _ test，value _ if _ true，value _ if _ false）	执行真假值判断，根据对指定条件进行逻辑评价的真假而返回不同的结果
COUNT（value1，value2，…）	计算参数表中的数字参数和包含数字的单元格的个数
MAX（number1，number2，…）	返回一组数值中的最大值，忽略逻辑值和文本字符
MIN（number1，number2，…）	返回一组数值中的最小值，忽略逻辑值和文本字符
INT（number）	将数值向下取整为最接近的整数
SUMIF（range，criteria，sum _ range）	根据指定条件对若干单元格求和
ABS（number）	返回给定数值的绝对值，即不带符号的数值
AND（logical1，logical2，…）	如果所有参数值均为 TRUE，将返回 TRUE；如果任一参数值为 FALSE，将返回 FALSE

1. 输入函数

输入函数的方法有多种，常用的有以下几种方法：

方法一：直接在单元格中输入函数。

(1) 选择要输入函数的单元格，如 C12。

(2) 输入等号“＝”。

(3) 在“＝”后输入函数名及参数。如输入“AVERAGE (C4：C11)”。

(4) 按“Enter”键或单击编辑栏上的“输入”按钮。

方法二：使用插入函数按钮。

(1) 选定需要输入函数的单元格，如 C12。

(2) 单击编辑栏中的“插入函数”按钮，将会弹出“插入函数”对话框，在“或选择类别”的下拉列表框中选择待插入函数类型，如常用函数，如图 8-51 所示。

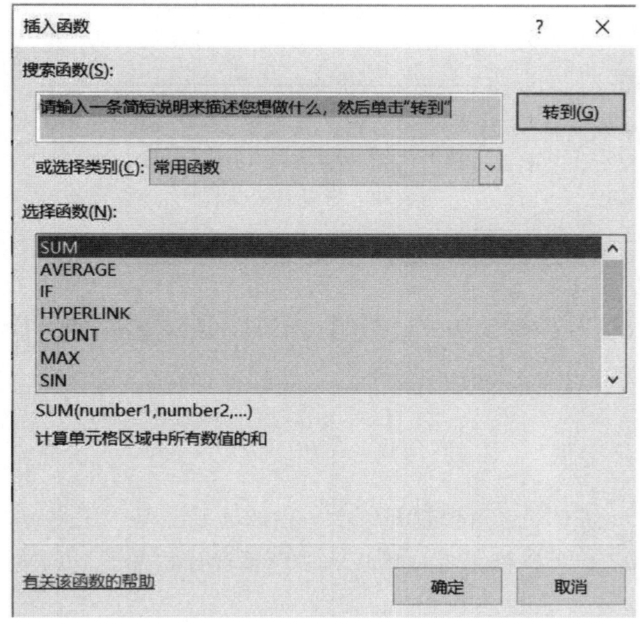

图 8-51　选择函数

(3) 在“选择函数”列表框中，选择所需函数，如 AVERAGE。

(4) 单击“确定”按钮将弹出“函数参数”对话框，如图 8-52 所示。其中显示了函数名称、函数功能、参数、参数的描述、函数的当前结果等。

(5) 在参数文本框中输入数值或单元格引用区域，或者用鼠标在工作表中选定单元格区域，单击“确定”按钮。则在单元格中显示出函数计算的结果，并在编辑栏中显示函数。

方法三：使用“函数库”组。

在“公式”选项卡“函数库”组中对 Excel 中的函数进行了归类，单击“函数库”组上的按钮，也可以完成插入函数操作。

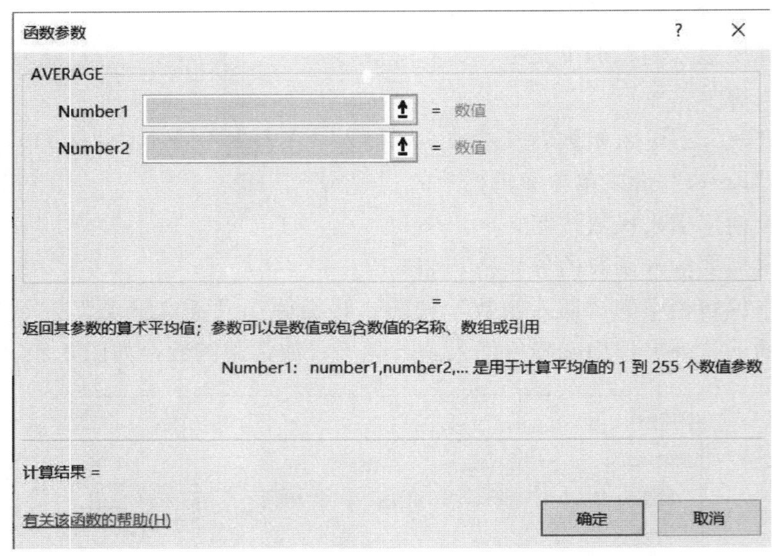

图 8-52 设置函数参数

8.7 PowerPoint 2016 的基本操作

8.7.1 创建演示文稿

启动 PowerPoint 2016 之后会打开一个空白的演示文稿，用户可以直接在空白的演示文稿中进行编辑，也可以使用各种模板和主题来设计特殊的演示文稿。

1. 创建空白的演示文稿

常用的创建空白演示文稿的方法有以下几种：

方法一：在启动 Microsoft PowerPoint 2016 时，应用程序自动创建一个名为“演示文稿 1”的空白演示文稿。

方法二：在“文件”选项卡中执行“新建”命令，在中间的“可用的模板和主题”区域选择“空白演示文稿”，再单击右侧区域中的“创建”按钮（或者直接双击“空白演示文稿”），如图 8-53 所示。

方法三：使用组合键“Ctrl＋N”。

创建空白演示文稿不提供任何外观风格和内容大纲，完全由用户自己设计。当用户对所创建文档的结构和内容已经有全盘构思时，适宜用这种方法创建演示文稿。

2. 根据模板创建演示文稿

根据模板创建的演示文稿为用户设计了合适的外观，并提供了与内容相关的演示大纲，用户只需根据需要编辑和修改演示文稿的具体内容。利用模板创建演示文稿的方法有两种，分别是使用“样本模板”和“office. com 模板”。使用“样本模板”的具

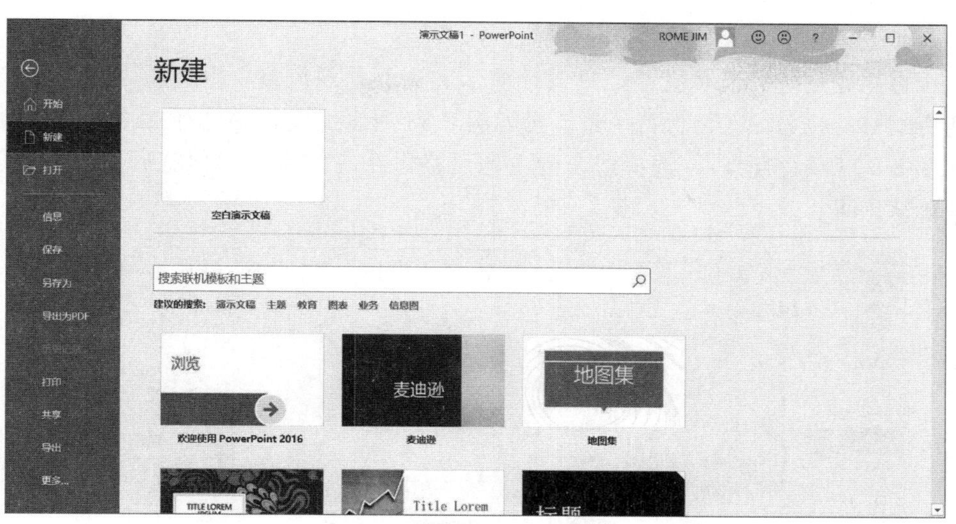

图 8-53　创建空白演示文稿

体操作步骤如下：

(1) 在“文件”选项卡中执行“新建”命令，单击“样本模板”按钮。在“样本模板”区域中选择用户所需要的模板，如图 8-54 所示。

(2) 右侧窗口中将出现选中模板的预览效果，单击“创建”按钮确认即可。

“样本模板”提供的是 PowerPoint 的内置模板；而“office. com 模板”是通过网络在 office. com 网站上下载的模板。在“office. com 模板”区域中选择所需的模板类型，从中选择合适的模板。单击“下载”按钮将模板保存到计算机中即可进行编辑。在“在 office. com 上搜索模板”文本框中，输入关键字后按“Enter”键，可以找到更多的模板类型。

图 8-54　样本模板

3. 根据主题创建演示文稿

根据主题创建的演示文稿，只设计演示文稿的外观风格，不包含内容，并且可以使所有幻灯片页面的风格保持一致。在如图 8-53 所示的窗口中选择“主题”选项，出现如图 8-55 所示的窗口，选择适合的主题风格，在右侧窗口中预览后，单击“创建”按钮确认即可。

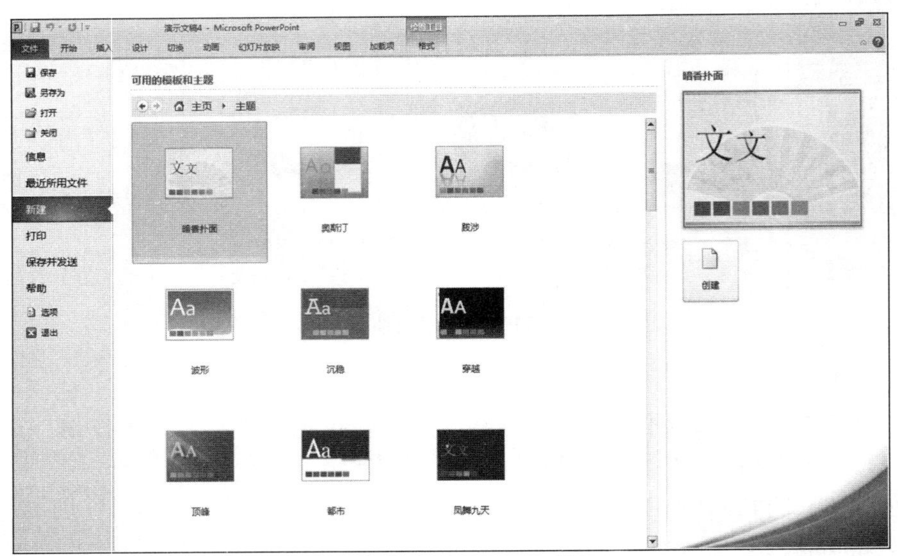

图 8-55 主题

利用主题创建的演示文稿，初始时只有一个标题页面，需要用户在编辑区输入文字。新添加的幻灯片页面将具有与选中主题相同的外观风格。

8.7.2 保存与关闭演示文稿

保存 PowerPoint 文件的方法和保存 Word 文档、Excel 工作簿的方法一样，第一次保存时，将弹出“另存为”对话框，要求用户设定文件名称和保存路径。PowerPoint 文件的扩展名为 .pptx；若将幻灯片保存为模板，其扩展名为 .potx；若将幻灯片保存为自动播放文件，则扩展名为 .ppsx。

单击 PowerPoint 标题栏最右侧的“关闭”按钮，或者使用快捷键“Alt+F4”将关闭当前窗口。

一、选择题

1. 在 Word 字处理软件中，不小心删除错了，或者复制、粘贴错了，用（　　）命令可以挽回。

A. 撤消　　B. 重复　　C. 剪切　　D. 复制

2. 在 Word 中打印文档时，下述说法不正确的是（　　）。

A. 在同一页上，可以同时设置纵向和横向打印

B. 在同一文档中，可以同时设置纵向和横向两种页面方向

C. 在打印预览时可以同时显示多页

D. 在打印时可以指定须打印的页面

3. 在 Word 编辑状态下，操作的对象经常是被选择的内容，若鼠标在某行行首的左边，下列哪种操作可以仅选择光标所在的行（　　）。

A. 单击　　B. 将鼠标左键击三下

C. 双击　　D. 右击

4. 在 Word 中，按（　　）快捷键可打开一个已存在的文档。

A. Ctrl＋N　　B. Ctrl＋O　　C. Ctrl＋S　　D. Ctrl＋P

5. 在 Excel 工作表的公式中，“AVERAGE（B3：C4）”的含义是（　　）。

A. B3 与 C4 两个单元格中的数据求和

B. 从 B3 与 C4 的矩阵区域内所有单元格中的数据求和

C. 将 B3 与 C4 两个单元格中的数据示平均

D. 将从 B3 到 C4 的矩阵区域内所有单元格中的数据求平均

6. Excel 中，一个完整的函数包括（　　）。

A. “＝”和函数名　　B. 函数名和变量

C. “＝”和变量　　D. “＝”、函数名和变量

7. 如果将选定单元格（或区域）的内容消除，单元格依然保留，称为（　　）。

A. 重写　　B. 删除　　C. 改变　　D. 清除

8. 在单元格中输入公式时，编辑栏上的“√”按钮表示（　　）操作。

A. 取消　　B. 确认　　C. 函数向导　　D. 拼写检查

二、多选题

1. 对表格可以进行（　　）等操作。

A. 数据的导入导出　　B. 表格和单元格属性的设置

C. 表格内容的移动　　D. 表格中数据的排序

2. 下列关于公式输入说法正确的是（　　）。

A. 公式必须以等号“＝”开始

B. 公式中可以是单元格引用、函数、常数，用运算符任意组合起来

C. 在单元格中，列标必须直接给出，而行号可以通过计算

D. 引用的单元格内，可以是数值，也可以是公式

3. 下面关于 Word 中，表格处理的说法正确的是（　　）。

A. 可以通过标尺调整表格的行高和列宽

B. 可以将表格中的一个单元格拆分成几个单元格

C. Word 提供了绘制斜线表头的功能

D. 可以用鼠标调整表格的行高和列宽

4. 采用（　　）做法，能增加标题与正文之间的段间距。

A. 增加标题的段前间距　　B. 增加第一段的段前间距

C. 增加标题的段后间距　　D. 增加标题和第一段的段后间距

三、判断题

1. 在 Excel 中，在对一张工作表进行页面设置后，该设置对所有工作表都起作用。（　　）

2. Excel 规定在同一工作簿中不能引用其他表。（　　）

3. Excel 的数据透视表和一般工作表一样，可在单元格中直接输入数据或变更其内容。（　　）

4. Excel 中的清除操作是将单元格的内容删除，包括其所在的地址。（　　）

5. 在 PowerPoint 中排练计时是经常使用的一种设定时间的方法。（　　）

6. 在 Excel 中数据筛选是指从数据清单中选取满足条件的数据，将所有不满足条件的数据行都隐藏起来。（　　）

7. 用户只能在编辑栏中修改单元格中的数据。（　　）

8. 通过常用工具栏用户最多只能插入 4 行 5 列的表格。（　　）

9. 行间距是指行与行之间的距离。（　　）

10. 要移动多张连在一起的幻灯片，先选中要移动多张幻灯片中的第一张，然后按住“Shift”键并单击最后一张幻灯片，执行前面的操作即可。（　　）

11. 若输入的数值前后有圆括号，则系统认为输入的内容自动转为负数。（　　）

12. 表格创建完成后不能再进行插入行或列的操作。（　　）

13. 数据清单的排序，既可以按行进行，也可以按列进行。（　　）

第 9 章　软件工程

软件工程是一门指导计算机软件系统开发和维护的学科，它采用工程的概念、原理、技术和方法来开发和维护计算机软件，将工程管理技术的成功经验与具体的软件开发过程、研究技术相结合，形成一整套适合计算机软件开发的方法、规范和技术。因此，软件工程的学习，对于从事软件开发研究的专业人员，特别是高层次的管理、分析、开发人员，显得尤为重要。本章主要介绍软件危机的概念、软件工程研究的内容和软件生命周期等内容。

9.1　软　件

9.1.1　软件的概念

1. 软件的概念

软件是计算机系统中不可或缺的一部分，自从第一台计算机出现到目前为止，软件的开发与研究经历了几十年的发展。在计算机发展的初期，计算机的功能主要由计算机的各个硬件部件通过有机地协调工作来完成。当时所谓的软件就是程序，它的作用没有得到人们的足够重视。

随着计算机的发展，人们越来越认识到高质量的软件会使计算机的功能和效率得到大大提高，于是，程序在计算机系统中越来越重要。人们通常把不同功能的程序，包括系统程序、应用程序、用户自己编写的程序等称为软件。然而，当计算机的应用日益普及，软件日益复杂，规模日益增大，人们逐渐意识到软件并不仅仅等同于程序。

如今，软件指的是计算机系统中包括程序、数据和相关文档的完整集合。

2. 软件的发展历程

软件的发展历程，可以分为 4 个阶段，如图 9-1 所示。

(1) 程序设计阶段，二十世纪五六十年代。

(2) 程序系统阶段，二十世纪六七十年代。

(3) 软件工程阶段，二十世纪七十年代以后。

(4) 面向对象软件工程阶段，二十世纪八十年代以后。

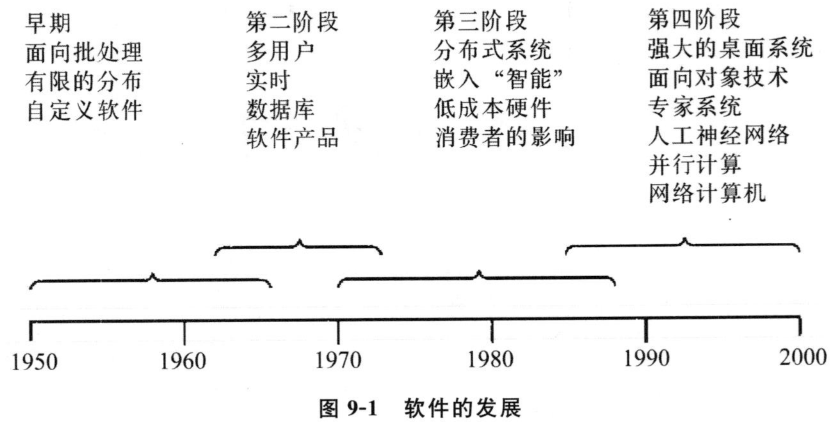

图 9-1　软件的发展

软件发展历程最根本的变化体现在以下几个方面：

（1）大众对软件的看法发生改变。在二十世纪五六十年代时，程序设计曾经被看作是一种任人发挥创造才能的技术领域。当时人们认为，程序运行后只要能在计算机上得出正确的结果，程序的写法可以不受任何约束。随着计算机的使用范围日趋广泛，人们要求这些程序易懂、易使用，并且易修改和扩充。于是，程序便从按个人意图创造的艺术品转变为能被广大用户接受的工程化产品。

（2）软件的需求是软件发展的动力。早期的程序开发只是为了满足开发者的需要，这种自给自足的生产方式是其处于低级阶段的表现。进入软件工程阶段后，软件开发的成果具有社会属性，它要在市场中流通以满足广大用户的需要。

（3）软件工作的考虑范围从只顾及程序的编写扩展到涉及整个软件生命周期。

9.1.2　软件的特点

计算机系统由软件和硬件组成。作为计算机系统的重要组成部分，软件功能的发挥依赖于计算机硬件的支持，它与硬件相比，主要具有以下一些特点：

（1）软件是一种逻辑实体，而不是具体的物理实体。因此，它具有抽象性。

（2）软件的生产与硬件不同，软件是由开发或工程化而形成的，它没有明显的制造过程。对软件的质量控制，必须立足于软件开发方面。软件成为产品之后，其制造只是简单的复制而已。

（3）任何机械、电子设备在运行和使用过程中，存在着磨损和老化问题，其失效率大致遵循如图 9-2 所示的 U 型曲线（即浴盆曲线）。软件的情况与此不同，它不存在磨损和老化问题。然而，它存在退化问题，设计人员必须多次修改（维护）软件。如图 9-3 所示给出了软件故障率的理想曲线，如图 9-4 所示给出了实际的软件故障率曲线。

（4）软件的开发和运行往往受到计算机系统的限制，对计算机系统有着不同程度的依赖性。为了解除这种依赖性，在软件开发中提出了软件移植的问题。

（5）迄今为止，虽然有许多软件工具能够帮助我们自动生成一些软件代码、结构和框架，但是总体来说，软件的开发尚未完全摆脱手工的方式。

(6) 软件本身是复杂的。软件的复杂性可能来自它所反映的实际问题的复杂性，也可能来自程序逻辑结构的复杂性。

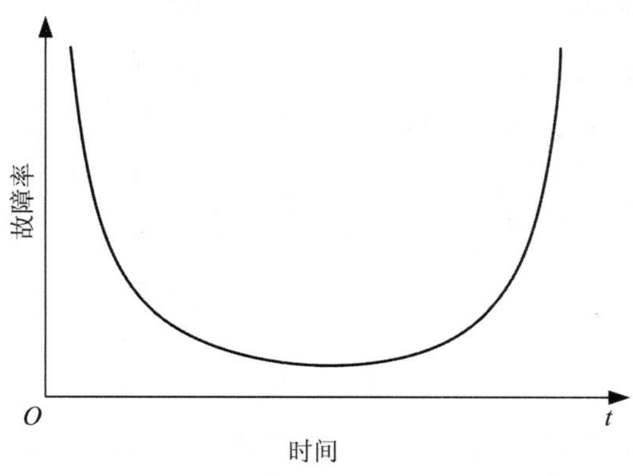

图 9-2 硬件的故障率曲线示意图

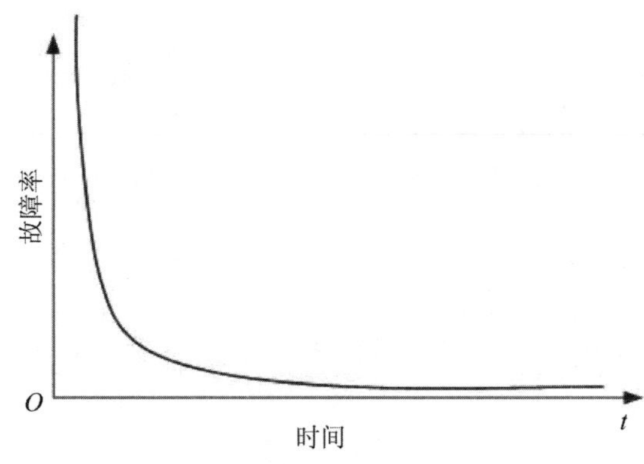

图 9-3 软件的理想故障曲线

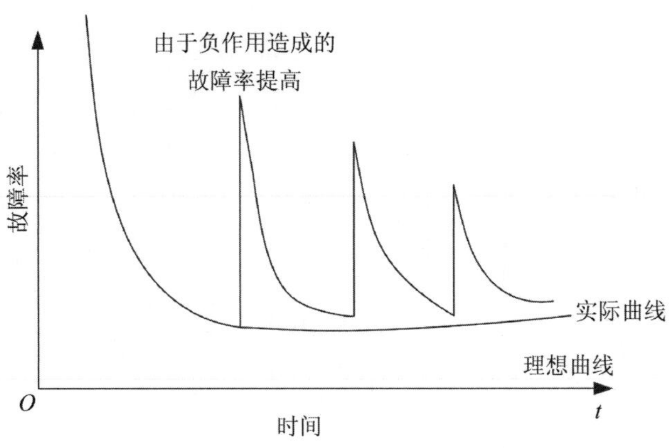

图 9-4 软件的实际故障率曲线

(7) 软件的成本相当昂贵。软件的研制工作需要投入大量的、复杂的、高强度的脑力劳动，它投入的成本是比较高的。

(8) 相当多的软件工作涉及社会因素。许多软件的开发和运行涉及机构设置、体制运作及管理方式等问题，甚至涉及人们的观念和心理，这些因素直接影响到项目的成败。

(9) 从市场上买到的软件，它本身就是一个完整的软件，而不能作为构件再组装成新的程序。但目前已有大量支持软件复用的软件和中间件作为相对独立的构件。

随着软件的发展，以上这些特点也会发生相应的变化，这就要求软件工程也要不断研究和适应软件新的变化和特点，随时了解和掌握软件发展新规律。

9.1.3 软件的分类

1. 按照软件功能划分

按照软件功能进行划分，软件可以分为系统软件、支撑软件（实用软件）和应用软件。

系统软件为其他程序提供最底层系统服务，它与具体的应用领域无关，如操作系统、设备驱动程序等。

支撑软件（实用软件）是以提高系统性能为主要目标，协助用户开发的工具软件，如编辑程序、程序库、图形软件包等。

应用软件是提供特定应用服务的软件，如工程与科学计算软件、CAD/CAM 软件、CAI 软件、信息管理系统等。

2. 按照软件规模划分

按照软件功能进行划分，软件可以分为微型、小型、中型、大型、甚大型和极大型软件（见表 9-1）。

表 9-1 软件规模

类　别	参加人数	研制期限	产品规模（源代码行数）
微　型	1	1～4 周	500
小　型	1	1～6 月	1000～2000
中　型	2～5	1～2 年	5000～50 000
大　型	5～20	2～3 年	5000～500 000
甚大型	100～1000	4～5 年	500 000～1000 000
极大型	2000～5000	5～10 年	1 000 000～10 000 000

9.2 软件危机

20 世纪 60 年代后期，随着计算机应用的日益普及，软件数量急剧膨胀，众多因素

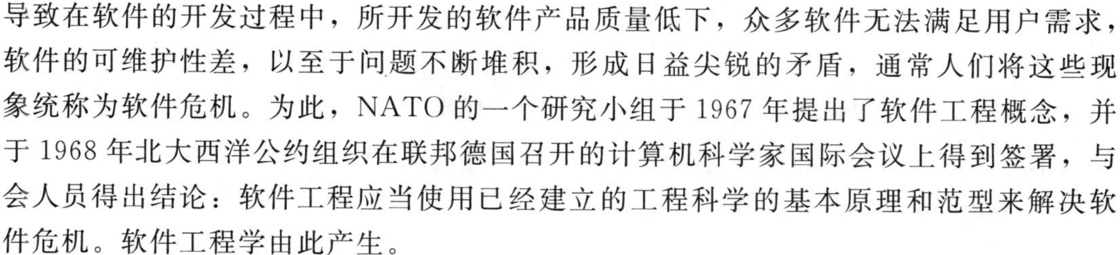

导致在软件的开发过程中，所开发的软件产品质量低下，众多软件无法满足用户需求，软件的可维护性差，以至于问题不断堆积，形成日益尖锐的矛盾，通常人们将这些现象统称为软件危机。为此，NATO 的一个研究小组于 1967 年提出了软件工程概念，并于 1968 年北大西洋公约组织在联邦德国召开的计算机科学家国际会议上得到签署，与会人员得出结论：软件工程应当使用已经建立的工程科学的基本原理和范型来解决软件危机。软件工程学由此产生。

9.2.1　软件危机的表现

软件危机是指在计算机软件的开发和维护过程中所遇到的一系列严重问题。这些问题绝不仅仅是无法正常运行的软件才具有的，而是几乎所有软件都不同程度地存在这些问题。软件危机的出现是由于软件的规模越来越大，复杂度不断增加，软件需求量增大。而软件开发过程是一种高密集度的脑力劳动，软件开发的模式及技术不能适应软件发展的需要。致使大量质量低劣的软件涌向市场，或者有的软件花费大量人力财力，而在开发过程中就夭折。

概括地说，软件危机包含下述两方面的问题：如何开发软件来满足对软件的日益增长的需求；如何维护数量不断膨胀的已有软件。具体地说，软件危机主要有下述一些表现形式：

(1) 对软件开发成本和进度的估计常常很不准确。实际成本比估计成本有可能高出一个数量级，实际进度比预期进度拖延几个月甚至几年的现象并不罕见。这种现象降低了软件开发组织的信誉。而为了赶进度和节约成本所采取的一些权宜之计又往往会降低软件产品的质量，从而不可避免地会引起用户的不满。

(2) 用户对“已完成的”软件系统不满意的现象经常发生。软件开发人员常常在对用户要求只有模糊的了解，甚至对所要解决的问题还没有确切认识的情况下，就仓促上阵，匆忙着手编写程序。软件开发人员和用户之间的信息交流往往很不充分，“闭门造车”必然导致最终的产品不符合用户的实际需要。

(3) 软件产品的质量往往不能保证。软件可靠性和质量保证的确切的定量概念刚刚出现不久，软件质量保证技术（审查、复审和测试）还没有完全地应用到软件开发的全过程中，这些都导致软件产品发生质量问题。

(4) 软件常常是不可维护的。很多程序中的错误是非常难改正的，实际上不可能使这些程序适应新的硬件环境，也不能根据用户的需要在原有程序中增加一些新的功能。“可重用的软件”还是一个目前并没有完全做到的、正在努力追求的目标，人们仍然在重复开发类似的或基本类似的软件。

(5) 软件通常没有相关的文档资料。计算机软件不仅仅是程序，还应该有一整套文档资料。这些文档资料应该是在软件开发过程中产生，而且应该和程序代码完全一致。软件开发组织的管理人员可以使用这些文档资料作为参照，来管理和评价软件开发工程的进展状况；软件开发人员可以利用它们作为通信工具，在软件开发过程中准确地交流信息；对于软件维护人员而言，这些文档资料更是至关重要、必不可少的。缺乏必要的文档资料或者文档资料不合格，必然给软件开发和维护带来许多严重的困难和问题。

(6) 软件成本在计算机系统总成本中所占的比例逐年上升。由于微电子学技术的进步和生产自动化程度不断提高，硬件成本逐年下降，然而软件开发需要大量人力，软件成本随着通货膨胀以及软件规模的不断扩大和数量的增加而持续上升。美国在1985年软件成本大约已占计算机系统总成本的90%。

(7) 软件开发生产率提高的速度，远远跟不上计算机应用迅速普及深入的趋势。软件产品“供不应求”的现象使人类不能充分利用现代计算机硬件提供的巨大潜力。

以上列举的仅仅是软件危机的一些较明显的表现，与软件开发和维护有关的问题远远不止这些。

9.2.2 软件危机的原因

在软件开发和维护的过程中存在这么多严重问题，一方面与软件本身的特点有关，另一方面也和软件开发维护的错误方法有关。

软件不同于硬件，它是计算机系统中的逻辑部件，而不是物理部件。在写出程序代码并在计算机上试运行之前，软件开发过程的进展情况较难衡量，软件开发的质量也比较难评价，因此管理和控制软件开发过程相当困难。此外，软件在运行过程中不会因为使用时间过长而被用坏，如果运行中发现错误，很可能是遇到了一个在开发时引入的在测试阶段没能检测出来的故障。因此，软件维护通常意味着改正或修改原来的设计，这就在客观上使得软件较难维护。

软件不同于一般程序，它的一个显著特点是规模庞大。例如，美国四代宇宙飞船的软件规模呈指数增长，穿梭号宇宙飞船的软件包含4000万行目标代码。如何保证每个人完成的工作合在一起能构成一个高质量的大型软件系统，更是一个极端复杂和困难的问题，不仅涉及许多技术问题，诸如分析方法、设计方法、形式说明方法、版本控制等，更重要的是必须有严格而科学的管理。

软件本身独有的特点给开发和维护带来了一些客观困难，但是人们在开发和使用计算机系统的长期实践中，也积累和总结出了许多成功的经验。如果坚持不懈地使用经过实践考验和证明是正确的方法，许多困难是完全可以克服的。过去也确实有一些成功的范例。但是，目前相当多的软件专业人员对软件开发和维护认识不够清晰，在实践过程中或多或少地采用了错误的方法和技术，这可能是使软件问题发展成软件危机的主要原因。

与软件开发和维护有关的许多错误认识和做法的形成，可以归因于在计算机系统发展的早期软件开发的个体化特点。错误认识和做法主要表现为忽视软件需求分析的重要性，认为软件开发就是写程序并设法使之运行，轻视软件维护等。

事实上，对用户需求没有完整准确的认识就匆忙着手编写程序是许多软件开发工程失败的主要原因之一。只有用户才真正了解他们自己的需要，但是许多用户在开始时并不能准确具体地描述他们的需要，软件开发人员需要做大量深入细致的调查研究工作，反复多次地和用户交流信息，才能真正全面、准确、具体地了解用户的要求。对问题和目标的正确认识是解决任何问题的前提和出发点，软件开发同样也不例外。

做好软件定义阶段的工作，是降低软件开发成本和提高软件质量的关键。如果软件开发人员在定义阶段没有正确全面地理解用户需求，直到测试阶段或软件交付使用后才发现已完成的软件不完全符合用户的需要，这时再修改为时已晚。

严重的问题是，在软件开发的不同阶段进行修改需要付出的代价是大不相同的，在早期进行修改，涉及的面较少，因而代价也比较低；而在开发的中期，软件大部分工作已经完成，引入一个变动要对所有已完成的配置部分都做相应的修改，不仅工作量大，而且逻辑上也更复杂，因此付出的代价剧增；在软件已经完成时再引入变动，当然需要付出更多的代价。根据美国一些软件公司的统计资料，在后期引入一个变动比在早期引入相同变动所需付出的代价高2～3个数量级。

通过上面的论述不难认识到，轻视维护是一个最大的错误。许多软件产品的使用寿命长达10年甚至20年，在这样漫长的时期中不仅需要改正使用过程中发现的每一个潜伏的错误，而且当环境变化时（如硬件或系统软件更新换代）还必须相应地修改软件以适应新的环境，特别是必须经常改进或扩充原来的软件以满足用户不断变化的需要。所有这些改动都属于维护工作，而且是在软件已经完成之后进行，因此维护是极端艰巨和复杂的工作，需要花费很大代价。统计数据表明，实际上用于软件维护的费用占软件总费用的55%～70%。

总而言之，产生软件危机的原因主要有如下几点：

(1) 软件缺乏可见性，在运行前往往难以衡量，质量也难以评价。

(2) 软件不会因为长期使用而损坏，软件维护通常意味着修正或修改原来的设计，较难维护。

(3) 规模庞大，需分工合作，如何保证每个人的工作可以协调运作是极端复杂的问题。

了解产生软件危机的原因，改正错误认识，建立起关于软件开发和维护的正确概念，还仅仅是解决软件危机的开始，全面解决软件危机需要一系列综合措施。

9.2.3 软件危机的解决途径

软件开发不是某种个体劳动的技巧，而应该是一种组织良好，管理严密，各类人员协同配合，共同完成的工程项目。必须充分吸取和借鉴人类长期以来从事各种工程项目所积累的行之有效的原理、概念、技术和方法，特别要吸取几十年来人类从事计算机硬件研究和开发的经验教训。

应该推广使用在实践中总结出的开发软件的成功技术和方法，并且研究探索更好更有效的技术和方法，尽快消除在计算机系统早期发展阶段形成的一些错误概念和做法。

应该开发和使用更好的软件工具。正如机械工具可以“放大”人类的体力一样，软件工具可以“放大”人类的智力。在软件开发的每个阶段都有许多烦琐重复的工作需要做，在适当的软件工具辅助下，开发人员可以把这类工作做得既快又好。如果把各个阶段使用的软件工具有机地集合成一个整体，支持软件开发的全过程，则称为软件工程支撑环境。

总之，为了解决软件危机，既要有技术措施（方法和工具），又要有必要的组织管理措施。软件工程正是从管理和技术两方面研究如何更好地开发和维护计算机软件的一门新兴学科。

9.3 软件工程

9.3.1 软件工程的概念

自从1968年提出软件工程术语以来，对于软件工程就有了各种各样的定义，但是它们的基本思想都是强调在软件开发过程中应用工程化原则的重要性。采用工程的概念、原理、技术和方法来开发与维护软件，把经过时间考验而证明正确的管理技术和当前能够得到的最好的技术方法结合起来，能经济地开发出高质量的软件并有效地维护它，这就是软件工程。

概括地说，软件工程是指导计算机软件进行开发和维护的工程学科。

软件工程包括3个要素：方法、工具和过程。

软件工程方法为软件开发提供了“如何做”的技术，是指导研制软件的某种标准规范。它包括了多方面的任务，如项目计划与估算、软件系统需求分析、数据结构、系统总体结构的设计、算法的设计、编码、测试以及维护等。软件工程方法常采用某种特殊的语言或图形的表达方法。

软件工具是指软件开发、维护和分析中使用的程序系统，为软件工程方法提供自动的或半自动的软件支撑环境。

软件工程的过程则是将软件工程的方法和工具综合起来以达到合理、及时地进行计算机软件开发的目的。过程定义了方法使用的顺序，要求交付的文档资料，为保证质量和协调变化所需要的管理及软件开发各个阶段完成的里程碑。

9.3.2 软件工程的发展

到目前为止，软件工程的发展经历了三个阶段：

(1) 程序设计时代（20世纪40年代到50年代）。采用“个体生产方式”，即软件开发完全依赖于程序员个人的能力水平。这个时期的软件实际上就是规模较小的程序，程序的编写者和使用者往往是同一个人。由于规模小，程序编写起来也比较容易，没有系统化的方法。

(2) 程序系统时代（20世纪60年代到70年代）。由于软件应用范围及规模的不断扩大，个体生产已经不能够满足软件生产的需要，一个软件需要由几个人协同完成，采用“生产作坊方式”。

该阶段的后期，随着软件需求量、规模及复杂度的增大，生产作坊的方式已经不能够适应软件生产的需要，出现软件危机。

(3) 软件工程时代（20世纪70年代至今）。这阶段的主要任务是为了克服软件危

机，适应软件发展的需要，而采用工程化的生产 方式。

9.3.3　软件工程的目标和原则

1. 软件工程的基本目标

组织实施软件工程项目是为了获得项目的成功，即达到以下主要目标：

（1）付出较低的开发成本。

（2）达到预期的软件功能。

（3）取得较好的软件性能。

（4）使开发的软件易于移植。

（5）需要较低的维护费用。

（6）能按时完成开发工作，及时交付使用。

但在项目的实际开发中，使以上几个目标都达到理想的程度往往是非常困难的。

2. 软件工程的原则

软件工程基本目标适用于所有软件工程项目。为达到这些目标，在软件开发过程中必须遵循下列软件工程原则：

（1）抽象：抽取事物最基本的特性和行为，忽略非基本细节。采用分层次抽象，自顶向下、逐层细化的办法控制软件开发过程的复杂性。

（2）信息隐蔽：将模块设计成“黑盒”，实现细节隐藏在模块内部，模块的使用者不能直接访问。即所谓信息封装的原则。使用者只能通过模块接口访问模块中封装的数据。

（3）模块化：模块是程序中在逻辑上相对独立的成分，是单独的编程单位，并有良好的接口定义，如 C 语言程序中的函数过程、C＋＋语言程序中的类。模块化有助于信息隐蔽和抽象以表示复杂的系统。

（4）局部化：在一个物理模块内集中逻辑上相互关联的计算机资源，保证模块之间有较弱的耦合，模块内部有较强的内聚。这有助于控制各个模块的复杂性。

（5）确定性：软件开发过程中所有概念的表达应是确定的、无歧义的、规范的。这样有助于人们在交流时不会产生误解、遗漏，保证整个开发工作的协调一致。

（6）一致性：整个软件系统（包括程序、文档和数据）的各个模块应使用一致的概念、符号和术语；程序内、外部接口应保持一致；软件同硬件、操作系统的接口应保持一致；系统规格说明与系统行为应保持一致；用于形式化规格说明的公理系统应保持一致。

（7）完备性：软件系统不丢失任何重要成分，可以完全实现系统所要求的功能。为了保证系统的完备性，在软件开发和运行过程中需要严格的技术评审。

（8）可验证性：开发大型的软件系统时需要对系统自顶向下、逐层分解。系统分解应遵循使系统易于检查、测试、评审的原则，以确保系统的正确性。

除上述原则外，在现代软件开发过程中，还需特别注意的一个原则是事物分离原则。它强调分析模型和设计模型应该分别建立，分析模型用于捕捉事物的本质或逻辑的需求，不考虑基于实现的系统需求。而设计模型则以考虑描述在某一特定的实现环境下如何建立一个特定的软件系统为主要任务。

使用一致性、完备性和可验证性的原则可以帮助开发者设计一个正确的系统。随着计算机技术和理论的发展，软件工程理论和应用也在不断的发展中。

9.4 软件过程

9.4.1 软件的生命周期

软件生命周期指从软件开发到报废的全过程。软件生命周期中，软件开发与维护时的费用越低，软件的使用寿命越长，产生的价值就越大。

概括地说，软件生命周期由软件定义、软件开发和运行维护 3 个时期组成，每个时期又可进一步划分成若干个阶段，共分成 8 个阶段：

软件定义期：包括问题定义、可行性研究和需求分析 3 个阶段。

软件开发期：包括概要设计、详细设计、实现和测试 4 个阶段。

运行维护期：即运行维护阶段。

软件生命周期各个阶段的活动可以有重复，执行时也可以有迭代，如图 9-5 所示。

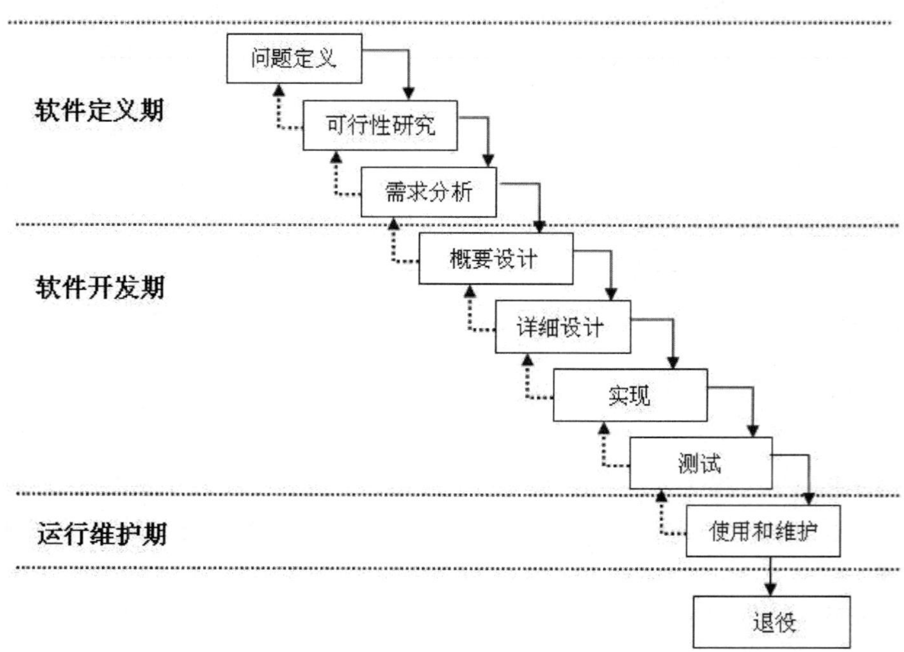

图 9-5　软件生命周期

9.4.2　软件生命周期各个阶段的主要任务

1. 制定计划

在软件系统开发之前，首先应当制定项目开发计划，开发计划中包含问题定义和可行性分析两个阶段，其主要任务如下：

(1) 确定要开发软件系统的总目标。

(2) 给出功能、性能、可靠性以及接口等方面的要求。

(3) 完成该软件任务的可行性研究。

(4) 估计可利用的资源（硬件、软件和人力等）、成本、效益和开发进度。

(5) 制定出完成开发任务的实施计划，连同可行性研究报告，提交至管理部门审查。

2. 需求分析和定义

当完成计划制定之后，需要对用户的需求去粗取精、去伪存真、正确理解，然后用软件工程开发语言表达出来。其主要任务如下：

(1) 到用户处做需求调研，让用户提出对软件系统的所有需求。

(2) 对用户提出的需求进行分析、综合，并给出详细的定义。

(3) 编写软件需求说明书及初步的系统用户手册，提交管理机构评审。

3. 软件设计

需求分析和定义阶段结束之后，对于软件必须“做什么”的结论已经明确，下一步是如何实现软件的需求，即进入软件设计阶段，该阶段又可分为概要设计和详细设计两部分。其主要工作如下：

(1) 概要设计：把各项软件需求转化为软件系统的总体结构和数据结构，结构中每一部分都是意义明确的模块，每个模块都和某些需求相对应。

(2) 详细设计：即过程设计，对每个模块要完成的工作进行具体的描述，即给出详细的数据结构和算法，为源程序的编写打下基础。

(3) 编写设计说明书，提交评审。

4. 编程实现

软件设计解决了软件“怎么做”的问题，而程序编写是在计算机上真正实现一个具体的软件系统。具体的工作包括以下两个方面：

(1) 把软件设计转换成计算机可以接受的程序代码，即写成以某一种特定的程序设计语言表示的源程序清单。

(2) 要求写出的程序应该是结构良好、清晰易读的，且与设计相一致。

5. 软件测试

软件分析和设计、编程过程中难免有各种各样的错误，需要通过测试来查找和修改，以保证软件的质量。其主要工作如下：

(1) 单元测试：查找各模块在功能和结构上存在的问题并加以纠正。

（2）集成测试：将已测试通过的模块按一定顺序组装起来进行测试。

（3）有效性测试：按规定的各项需求，逐项进行测试，判断已开发的软件是否合格，能否交付用户使用。

6．运行和维护

软件项目开发成功后，要投入运行。软件系统在运行过程中，会不断受到系统内、外环境变化及各种人为的、技术的、设备的影响，要求软件能够适应这种变化，不断地完善，这就要进行软件维护，以保证正常而可靠地运行，并能使软件不断地得到改善和提高，充分发挥其作用。软件维护有4种类型，它们分别完成以下任务：

（1）纠正性维护：运行中发现了软件中的错误而进行的修改工作。

（2）适应性维护：为了适应变化的软件工作环境，而做出适当的变更。

（3）完善性维护：为了增强软件的功能而做出的变更。

（4）预防性维护：为未来的修改与调整奠定更好的基础而进行的工作。

9.4.3 生命周期模型

软件生命周期模型是描述软件开发过程中各种活动如何执行的模型。

目前有若干软件生命周期模型，各种模型有其不同的特点，并适用于不同的开发方法。常见的生命周期模型包括以下几种：瀑布模型、快速原型模型、增量模型、螺旋模型和喷泉模型。

1．瀑布模型

瀑布模型是20世纪80年后之后最受推崇的软件开发模型，它是一种线性的开发模型，它将软件生命周期各活动规定为依线性顺序联结的若干阶段。

瀑布模型整个软件开发过程按照问题定义、可行性研究和需求分析、概要设计、详细设计、实现、测试、运行维护各个阶段按顺序进行的，每个阶段的任务完成之后，才能进入到下一个阶段。

瀑布模型的优点如下：

（1）为项目提供了按阶段划分的检验点。

（2）当前一阶段完成后，只需要去关注后续阶段。

瀑布模型的缺点如下：

（1）在项目各个阶段之间极少有反馈。

（2）只有在项目生命周期的后期才能看到结果。

（3）通过过多的强制完成日期和里程碑来跟踪各个项目阶段。

2．增量模型

增量模型是把需要开发的软件模块化，每个模块作为一个增量组件，从而分批次地分析、设计、编码和测试这些增量组件。这个过程是递增式的，开发人员不需要一次性交付整个软件产品，而是可以分批次提交。增量模型是一种非整体开发的模型。

该模型具有较大的灵活性，适合于软件需求不明确、设计方案有一定风险的软件项目。

增量模型和瀑布模型之间的本质区别是：瀑布模型属于整体开发模型，它规定在开始下一个阶段的工作之前，必须完成前一阶段的所有细节。而增量模型属于非整体开发模型，它推迟某些阶段或所有阶段中的细节，从而较早地产生软件产品。

增量模型的优点如下：

采用增量模型的优点是人员分配灵活，刚开始不用投入大量人力资源。如果核心产品很受欢迎，则可增加人力实现下一个增量。当配备的人员不能在设定的期限内完成产品时，它提供了一种先推出核心产品的途径。这样即可先发布部分功能给客户，起到镇静剂的作用。此外，增量能够有计划地管理技术风险，提高产品的可维护性。

增量模型的缺点如下：

(1) 由于各个构件是逐渐并入已有的软件体系结构中的，所以加入构件必须不破坏已构造完成的系统部分，这需要软件具备开放式的体系结构。

(2) 在开发过程中，需求的变化是不可避免的。增量模型的灵活性可以使其适应这种变化的能力大大优于瀑布模型，但也很容易退化为边做边改模型，从而使软件过程的控制失去整体性。

3. 快速原型模型

快速原型模型是快速建立起一个可以反映用户需求的原型系统，让用户在计算机上进行试用，通过实践来获取目标系统的概貌。用户试用原型系统后会提出修改意见，开发人员再按照用户的意见修改原型系统。快速原型模型按以下步骤循环执行：

(1) 快速分析。快速确定软件系统的基本要求，确定原型所要体现的特性（总体结构、功能、性能、界面等）。

(2) 构造原型。根据基本规格说明，忽略细节，只考虑主要特性，快速构造一个可运行的系统。有三类原型：用户界面原型，功能原型和性能原型。

(3) 运行和评价原型。用户试用原型并与开发者之间频繁交流，发现问题，目的是验证原型的正确性。

(4) 修正与改进。对原型不合理的地方进行修改和增删。

快速原型模型的优点：克服瀑布模型的缺点，减少由于软件需求不明确而带来的开发风险。

快速原型模型的缺点：所选用的开发技术和工具不一定符合主流的发展；快速建立起来的系统结构加上连续的修改可能会导致产品质量低下。

4. 螺旋模型

对于大型软件，只开发一个原型往往达不到要求，项目越大，软件越复杂，承担该项目所冒的风险就越大。因此在软件开发过程中必须及时识别和分析风险。

螺旋模型将瀑布模型和快速原型模型结合起来，并加入了风险分析来尽量降低风险。

螺旋模型将开发过程分为几个螺旋周期，每个螺旋周期可分为4个工作步骤：

(1) 确定目标、方案和限制条件；

(2) 评估方案、标识风险和解决风险；

(3) 开发确认产品；

(4) 计划下一周期工作。

螺旋的限制条件如下：

(1) 螺旋模型强调风险分析，但要求许多客户接受和相信这种分析，并做出相关反应是不容易的，因此，这种模型往往适应于内部的大规模软件开发。

(2) 如果执行风险分析将大大影响项目的利润，那么进行风险分析毫无意义，因此，螺旋模型只适合于大规模软件项目。

(3) 软件开发人员应该擅长寻找可能的风险，准确地分析风险，否则将会带来更大的风险。

螺旋模型的优点如下：

(1) 设计上的灵活性，可以在项目的各个阶段进行变更。

(2) 以小的分段来构建大型系统，使成本计算变得简单容易。

(3) 客户始终参与每个阶段的开发，保证了项目不偏离正确方向以及项目的可控性。

(4) 随着项目推进，客户始终掌握项目的最新信息，从而能够和管理层有效地交互。

(5) 客户认可这种公司内部的开发方式带来的良好的沟通和高质量的产品。

(6) 提高软件的可维护性。

螺旋模型的缺点如下：

很难让用户确信这种演化方法的结果是可控的。建设周期长，而软件技术发展比较快，所以可能出现软件开发完毕后，和当前的技术水平有了较大的差距，无法满足当前用户需求。

因此，螺旋模型适应于新近开发，以及需求不明确的项目，用螺旋模型进行开发，便于风险控制和需求变更。

5. 喷泉模型

该模型是由 B. H. Sollers 和 J. M. Edwards 于 1990 年提出的一种新的开发模型。主要用于采用对象技术的软件开发项目。它克服了瀑布模型不支持软件重用和多项开发活动集成的局限性，喷泉模型使开发过程具有迭代性和无间隙性。

其特点如下：

(1) 开发过程有分析、系统设计、软件设计和实现 4 个阶段。

(2) 各阶段相互重叠，它反映了软件过程并行性的特点。

(3) 以分析为基础，资源消耗成塔型，分析阶段消耗的资源最多。

(4) 反映了软件过程迭代性的自然特性，从高层返回低层无资源消耗。

(5) 强调增量开发，它根据“分析一点，设计一点”的原则，并不要求一个阶段的彻底完成，整个过程是一个迭代的逐步提炼过程。

喷泉模型的优点如下：

区别于瀑布模型，喷泉模型需要分析活动结束后才开始设计活动，设计活动结束后才开始编码活动。该模型的各个阶段没有明显的界限，开发人员可以同步进行开发。

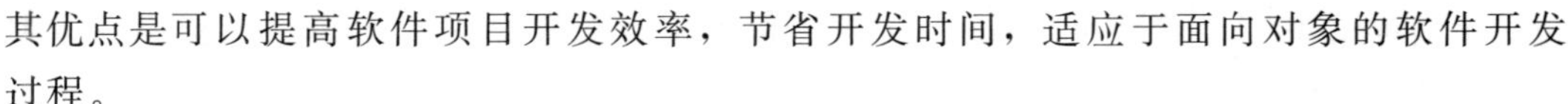

其优点是可以提高软件项目开发效率，节省开发时间，适应于面向对象的软件开发过程。

喷泉模型的缺点如下：

由于喷泉模型在各个开发阶段是重叠的，因此在开发过程中需要大量的开发人员，不利于项目的管理。此外这种模型要求严格管理文档，使得审核的难度加大，尤其是面对可能随时加入各种信息、需求与资料等情况的发生。

9.5　软件开发方法和工具

9.5.1　软件开发方法

软件开发的目标是要在规定的投资和时间内，开发出符合用户的需求，高质量的软件，为此需要有成功的开发方法。

为了克服软件危机，从 20 世纪 60 年代末开始，一直在进行软件方法的研究与实践，提出了多种软件开发方法和技术，对软件产业的发展起着不可估量的作用。

软件开发方法分类：结构化开发方法、面向数据结构的开发方法、原型化开发方法和面向对象的开发方法等。

1. 结构化开发方法

结构化开发方法是现有的软件开发方法中最成熟、应用最广泛的方法，其主要特点是快速、自然和方便。

结构化方法总的指导思想是自顶向下、逐步求精。它的基本原则是功能的分解与抽象。

结构化开发方法的组成：

（1）20 世纪 70 年代初产生结构化程序设计方法（Structured Program，SP）；

（2）20 世纪 70 年代中产生结构化设计方法（Structured Design，SD）；

（3）20 世纪 70 年代末产生结构化分析方法（Structured Analysis，SA）；

（4）SA，SD，SP 法相互衔接，形成了结构化开发方法。若将 SA，SD 法结合起来，又称为结构化分析与设计技术（SADT 技术）。

结构化开发方法的常用软件生命周期模型为瀑布模型，但从 20 世纪 80 年代开始，逐渐发现该方法存在一定的不足之处。软件开发过程是个具备回溯的过程。而瀑布模型将其分割为独立的几个阶段，不能从本质上反映软件开发过程本身的规律。此外，过分强调复审，并不能完全避免较为频繁的变动。尽管如此，瀑布模型仍然是开发软件产品的一个行之有效的工程模型。

2. 面向数据结构的开发方法

结构化开发方法是面向数据流、数据封闭性的开发方法，JACKSON 系统开发方法则是面向数据结构的开发方法。其基本思想是先建立输入输出的数据结构，再将其转换为软件结构。

JACKSON 方法的设计过程：

(1) 建立数据结构。JACKSON 方法中数据结构通常表示为树型结构，有顺序、选择和循环三种基本结构，按照三种基本结构建立输入和输出的数据结构。

(2) 以数据结构为基础，建立相应的程序结构图。当没有结构冲突时，转换过程是简单的。一般情况，数据结构与模块结构是相对应的，因此不难从数据结构导出程序结构。

3. 原型化方法

原型是软件开发过程中软件的一个早期可运行的版本，它反映了最终系统的部分重要特性。原型化方法的基本思想是花费少量代价建立一个可运行的系统，使用户及早获得学习的机会，强调的是软件开发人员与用户的不断交互，通过原型的演进不断适应用户任务改变的需求。原型化方法将维护和修改阶段的工作尽早进行，使用户验收提前。

原型化方法按运用原型的目的和方式的不同，分为两类：

(1) 快速建立需求规格原型（RSP 法）。RSP（Rapid Specification Prototyping）法所建立的原型反映了系统的某些特征，让用户学习，有利于获得更加精确的需求说明书，待需求说明书一旦确定原型被废弃，后阶段的工作仍按照瀑布模型开发。

(2) 快速建立渐进原型（RCP 法）。RCP（Rapid Cyclic Prototyping）法采用循环渐进的开发方式，对系统模型作连续精化，将系统需要具备的性质逐步添加上去，直至所有性质全部满足，此时的原型模型即最终的产品。

4. 面向对象的开发方法

面向对象的开发方法（OOSD）是 20 世纪 80 年代推出的一种全新的软件开发方法。非常实用且强有力，被誉为 20 世纪 90 年代软件的核心技术之一。

其基本思想是：对问题领域进行自然分割，以更接近人类通常思维的方式建立问题领域的模型，以便对客观的信息实体进行结构和行为的模拟，从而使设计的软件更直接地表现问题的求解过程。面向对象的开发方法以对象作为最基本的元素，是分析和解决问题的核心。

OOSD 由三部分组成：

(1) OOA（Object-Oriented Analysis）：面向对象的分析。

(2) OOD（Object-Oriented Design）：面向对象的设计。

(3) OOP（Object-Oriented Program）：面向对象的程序设计。

OOA 解决“做什么”的问题，强调的是对一个系统中的对象特征和行为的定义。OOA 法的基本任务是要建立三种模型：对象模型（信息模型）、动态模型（状态模型）和功能模型（函数模型）。

对象模型（信息模型）定义构成系统的类和对象以及它们的属性与操作，常用类图来描述。动态模型（状态模型）描述任何时刻对象的联系及其联系的改变，即时序，常用状态图、事件追踪图描述。功能模型（函数模型）描述系统内部数据的传送处理，

常用数据流图和用例图描述。显然，在三大模型中，最重要的是对象模型。

OOD法在需求分析的基础上，进一步解决“如何做”的问题，它与OOA密切配合，顺序实现对现实世界的进一步建模。OOD法也分为概要设计和详细设计。概要设计主要包括细化对象行为、添加新对象、认定类、组类库、确定外部接口及主要数据结构。详细设计主要任务是对象描述。

OOP是面向对象的技术中发展最快的，使用面向对象的程序设计语言，比如C++。Coad和Yourdon给出一个面向对象的定义：面向对象＝对象＋类＋继承＋消息，如果一个软件系统是按照以上四个概念设计和实现，则可以认为这个软件系统是面向对象的。

9.5.2 软件开发工具

工具对软件过程中的过程和方法提供自动或者半自动的支持。有效地利用工具软件可以提高软件开发的质量，减少成本，缩短工期，方便项目管理。

按照软件开发过程划分，软件开发工具可以划分为分析设计工具、编程工具、测试工具等。

1. 分析设计工具

（1）Microsoft Visio。Visio是Office软件系列中的负责绘制流程图和示意图的软件，是一款便于IT和商务人员就复杂信息、系统和流程进行可视化处理、分析和交流的软件。使用具有专业外观的Visio图表，可以促进开发人员对系统和流程深入了解，以便做出更好的业务决策。

（2）Rational Rose。Rational Rose是Rational公司开发的一款面向对象的统一建模语言的可视化建模工具。可用于可视化建模和公司级水平软件应用的组件构造。软件开发人员使用Rational Rose，使用拖放式符号的程序表中的有用的案例元素、目标和消息/关系设计各种类，来创建模型。

2. 编程工具

（1）Microsoft Visual Studio。Microsoft Visual Studio（简称VS）是美国微软公司的开发工具包系列产品。VS是一个基本完整的开发工具集，它包括了整个软件生命周期中所需要的大部分工具，如UML工具、代码管控工具、集成开发环境（IDE）等。Visual Studio是目前最流行的Windows平台应用程序的集成开发环境。

（2）Eclipse。Eclipse是一个开放源代码的、基于Java的可扩展开发平台。就其本身而言，它只是一个框架和一组服务，通过插件组件构建开发环境。Eclipse最初是由IBM公司开发的替代商业软件Visual Age for Java的下一代IDE开发环境，2001年11月贡献给开源社区，现在它由非营利软件供应商联盟Eclipse基金会（Eclipse Foundation）管理。

（3）Delphi。Delphi是Windows平台下著名的快速应用程序开发工具（Rapid Application Development，RAD）。Delphi是一个集成开发环境（IDE），使用的核心是由传统Pascal语言发展而来的Object Pascal，以图形用户界面为开发环境，透过IDE、

VCL 工具与编译器，配合连结数据库的功能，构成一个以面向对象程序设计为中心的应用程序开发工具。

3. 测试工具

（1）LoadRunner。LoadRunner 是一种预测系统行为和性能的负载测试工具。通过以模拟上千万用户实施并发负载及实时性能监测的方式来确认和查找问题，LoadRunner 能够对整个企业架构进行测试。企业使用 LoadRunner 最大限度地缩短测试时间，优化性能和加速应用系统的发布周期。LoadRunner 可适用于各种体系架构的自动负载测试，能预测系统行为并评估系统性能。

（2）SilkTest。SilkTest 是业界领先的、用于对企业级应用进行功能测试的产品，可用于测试 Web、Java 或是传统的 C/S 结构。SilkTest 提供了许多功能，使用户能够高效率地进行软件自动化测试。这些功能包括：测试的计划和管理；直接的数据库访问及校验；灵活、强大的 4Test 脚本语言，内置的恢复系统（recovery system）以及具有使用同一套脚本进行跨平台、跨浏览器和技术进行测试的能力。

小结

软件工程是一门指导软件开发的工程学科，它是在克服软件危机的过程中产生和发展的。为了克服软件危机，提高软件开发的效率和质量，提出了在软件生产中采用工程化的方法，采用一系列科学的、现代化的方法技术来开发软件，并将这种工程化的思想贯穿到软件开发和维护的全过程。这些软件开发的方法和技术，对软件产业的发展起着不可估量的作用。

一、选择题

1. 下列说法中，不是软件的特性是（　　）。

A. 包括数据　　B. 高成本

C. 包括程序和文档　　D. 可独立构成计算机系统

2. 软件工程方法学三要素是（　　）。

A. 技术、方法和工具　　B. 方法、工具和过程

C. 方法、对象和类　　D. 过程、模型、方法

3. 包含风险分析的软件生命周期模型是（　　）。

A. 螺旋模型　　B. 瀑布模型　　C. 增量模型　　D. 喷泉模型

4. 下列说法中，不是软件危机的主要表现是（　　）。

A. 软件通常没有适当的文档资料　　B. 软件产品的质量低劣

C. 软件开发人员明显不足　　D. 软件生产率低下

5. 结构化开发方法的主要工作模型是（　　）。

A. 螺旋模型　　B. 循环模型　　C. 瀑布模型　　D. 专家模型

二、判断题

1. 软件就是程序，编写软件就是编写程序。（　　）
2. 瀑布模型的最大缺点是将软件开发的各个阶段划分得十分清晰。（　　）
3. 结构化方法的工作模型是使用螺旋模型进行开发。（　　）
4. 螺旋模型适合于大型软件的开发。（　　）
5. 原型化开发方法包括生成原型和实现原型两个步骤。（　　）
6. 面向对象的开发方法包括面向对象的分析、面向对象的设计和面向对象的程序设计。（　　）
7. 软件工程过程关键是编写程序。（　　）

3. 简答题

1. 什么是软件危机？其产生的原因是什么？
2. 什么是软件生命周期模型？它有哪些主要模型？
3. 软件生命周期各阶段的基本任务是什么？
4. 软件工程的基本目标是什么？
5. 常用的软件开发工具有哪些？

参考文献

[1] 杨玉蓓，王继鹏等．大学计算机应用基础和实训教程［M］．北京：电子工业出版社，2017.

[2] 王继鹏，朱思斯等．大学计算机应用基础和实验指导［M］．北京：电子工业出版社，2014.

[3] 赵振华．C语言程序设计教程［M］．北京：人民邮电出版社，2015.

[4] 顾刚，程向前．大学计算机基础［M］.2版．北京：高等教育出版社，2011.

[5] 战德臣，孙大烈．大学计算机［M］．北京：高等教育出版社，2009.

[6] 陆汉权．计算机科学基础［M］．北京：电子工业出版社，2011.

[7] 吴宁等．大学计算机基础［M］．北京：电子工业出版社，2011.

[8] 程向前．计算机应用技术基础［M］．北京：电子工业出版社，2010.

[9] 董荣胜. 计算机科学导论——思想与方法［M］．北京：高等教育出版社，2007.

[10] 董荣胜，古天龙. 计算机科学与技术方法论［M］．北京：人民邮电出版社，2002.